LE BONOBO DIEU ET NOUS

DU MÊME AUTEUR

La Politique du chimpanzé, Le Rocher, 1987.
Le Bon Singe. Les bases naturelles de la morale, Bayard, 1997.
Bonobos. Le bonheur d'être singe, Fayard, 1999.
Quand les singes prennent le thé. De la culture animale, Fayard, 2001.
De la réconciliation chez les primates, Flammarion, 2002.
Le Singe en nous, Fayard, 2006.
Primates et philosophes, Le Pommier, 2008.
L'Âge de l'empathie. Leçons de la nature pour une société solidaire, Les liens qui libèrent, 2010 ; Babel n° 1062.
Le Bonobo, Dieu et nous. À la recherche de l'humanisme chez les primates, Les liens qui libèrent, 2013.

Titre original :
The bonobo and the atheist

ISBN 978-2-330-04856-3

FRANS DE WAAL

LE BONOBO, DIEU ET NOUS

À la recherche de l'humanisme chez les primates

avec dessins de l'auteur

essai traduit de l'anglais (États-Unis)
par Françoise et Paul Chemla

BABEL

À Catherine, ma primate favorite.

Chapitre 1

Le Jardin des délices

L'homme n'est-il qu'une bourde de Dieu ?
Ou Dieu qu'une bourde de l'homme ?
Friedrich NIETZSCHE[1]

Je suis né à Den Bosch, la ville néerlandaise dont Jérôme Bosch a pris le nom[2]. Cela ne fait pas de moi un spécialiste de ce peintre, mais, peut-être parce que j'ai grandi avec sa statue sur la place du marché, j'ai toujours adoré son imagerie surréaliste, son symbolisme, et leur lien avec la place de l'humanité dans un univers où l'influence de Dieu décline.

Son célèbre triptyque où batifolent des personnages nus, *Le Jardin des délices*, est un hommage à l'innocence paradisiaque. Le panneau central est bien trop joyeux et détendu pour coller à l'interprétation, faite de débauche et de péché, qu'avancent les experts puritains. Il montre l'humanité libre, hors de la culpabilité et de la honte, avant la Chute ou sans Chute. Pour un primatologue comme moi, la nudité, les allusions au sexe et à la fécondité, la surabondance des oiseaux et des fruits, les déplacements en groupes, enfin, sont tout à fait familiers et ne nécessitent aucune interprétation religieuse ou morale. Bosch nous a représentés dans notre état naturel, en réservant son regard moralisateur pour le panneau de droite, où il punit *non pas* les batifoleurs du panneau central, mais des moines, des nonnes, des gloutons, des joueurs, des soudards et des ivrognes. Il n'était pas un grand admirateur du clergé et de sa cupidité, ce qui explique un petit détail de l'œuvre, où l'on voit un homme refuser de signer le don de sa fortune à une truie voilée en religieuse dominicaine. Ce malheureux, dit-on, est le peintre lui-même.

Cinq siècles plus tard, nous restons englués dans des débats sur la place de la religion dans la société. Comme du temps de Bosch, le thème central est la morale. Pouvons-nous envisager un monde sans Dieu ? Ce monde serait-il bon ? N'allez pas croire un seul instant que, dans la guerre actuelle entre le fondamentalisme chrétien et la science, la ligne de front soit déterminée par les preuves. Il faut être joliment imperméable aux faits pour douter de l'évolution. C'est pourquoi écrire des livres et tourner des documentaires pour convaincre les sceptiques est une perte de temps. Ces livres et ces documentaires seront utiles pour ceux qui sont disposés à entendre, mais ils ne sauraient atteindre leur public cible. Le débat porte moins sur la vérité que sur ce qu'il faut en faire. Pour qui est persuadé que l'éthique vient tout droit du Créateur, accepter l'évolution ouvrirait un abîme moral. Écoutons le révérend Al Sharpton apostropher l'athée militant Christopher Hitchens : « S'il n'y a pas d'ordre dans l'univers, donc un être, une force qui l'a ordonné, qui détermine ce qui est bien ou mal ? Il n'y a rien d'immoral s'il n'y a rien aux commandes[3].» Dans la même veine, j'ai entendu certains s'écrier, en paraphrasant Ivan Karamazov chez Dostoïevski : « Si Dieu n'existe pas, je suis libre de violer ma voisine ! »

Ce n'est peut-être qu'une réaction personnelle, mais je me méfie de ceux que seul un système de croyances sépare d'un comportement répugnant. Pourquoi ne pas postuler que notre humanité, qui comprend la retenue nécessaire à une société vivable, nous est inhérente ? Qui pense sérieusement que nos ancêtres n'avaient aucune norme sociale avant d'avoir une religion ? N'aidaient-ils jamais leurs semblables en difficulté, ne protestaient-ils jamais contre une injustice ? Les humains se sont forcément préoccupés du fonctionnement de leurs communautés bien avant la naissance des religions actuelles, qui ne datent que de deux ou trois millénaires. Ce type de durée n'impressionne absolument pas les biologistes.

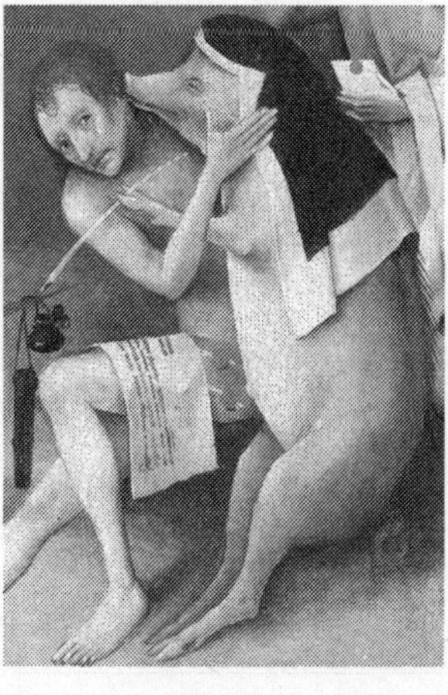

Dans l'angle inférieur droit du *Jardin des délices*, Bosch s'est représenté lui-même en train de résister à une truie vêtue en nonne qui tente de le séduire par ses baisers et lui offre le salut en échange de tous ses biens (d'où la plume, l'encre et le document d'allure officielle). *Le Jardin des délices* a été peint vers 1504, une dizaine d'années avant que Martin Luther ne galvanise la protestation contre ces pratiques de l'Église.

La tortue du dalaï-lama

Les lignes qui précèdent ont servi d'introduction à un billet intitulé « Morale sans Dieu ? » que j'ai publié sur le site Internet du *New York Times*. J'y soutenais que la morale est plus ancienne que la religion et qu'on peut apprendre quantité de choses sur ses origines en étudiant nos frères primates[4]. Contrairement à ce que suggère l'habituelle vision sanguinolente de la nature, les animaux ne sont pas dénués de tendances que notre morale approuve, et j'en conclus qu'en la matière les humains ont moins innové que nous nous plaisons à le croire.

Puisque c'est le sujet de ce livre, je vais exposer ses thèmes principaux en relatant la semaine qui a suivi la publication de mon billet. Semaine où, notamment, je me suis rendu en Europe. Mais juste avant, j'ai assisté à une rencontre entre science et religion à l'université Emory d'Atlanta, où je travaille. Elle a eu lieu à l'occasion d'un débat public avec le dalaï-lama sur son thème favori : la compassion. Être compatissant me paraît un excellent choix de vie ; j'ai donc accueilli favorablement le message de notre honorable invité. En ma qualité de premier interlocuteur dans ce débat, j'étais assis à côté de lui, noyé dans une mer de chrysanthèmes rouges et jaunes. On m'avait donné pour instruction de l'appeler « Votre sainteté », mais de parler de lui aux autres en disant « Sa Sainteté » – j'en fus suffisamment déconcerté pour éviter toute forme d'adresse. L'un des hommes les plus admirés de la planète ôta ses chaussures, s'assit en tailleur sur sa chaise et se coiffa d'une énorme casquette de base-ball assortie à sa robe orange, tandis qu'un public de plus de trois mille personnes buvait chacun de ses mots. Avant mon exposé, les organisateurs m'avaient dûment dégrisé en me rappelant que nul n'était venu m'entendre *moi*; tous ces gens n'étaient là que pour *lui* et ses perles de sagesse.

Dans mes remarques, j'ai passé en revue les preuves les plus récentes de l'altruisme animal. Par exemple, les grands singes iront volontairement ouvrir une porte pour permettre à un compagnon d'avoir accès à des denrées alimentaires, même si ce faisant ils en perdent eux-mêmes une partie. Et les sapajous sont prêts à solliciter des récompenses pour d'autres. Nous le constatons quand nous en mettons deux côte à côte et que l'un d'eux négocie avec nous à l'aide de jetons de couleurs différentes. Une couleur récompense uniquement le négociateur, l'autre récompense les deux singes. Très vite, le singe préfère le jeton « social ». Ce n'est pas par peur : les singes dominants (qui ont le moins à craindre) sont les plus généreux.

Les bonnes actions se produisent aussi spontanément. Une vieille femelle, Peony, passe ses journées dehors avec d'autres chimpanzés à la station de terrain du Centre national Yerkes de recherche sur les primates. Les mauvais jours, quand son arthrite se réveille, elle a du mal à marcher et à grimper, mais d'autres femelles l'aident. Peony souffle et halète en cherchant à monter dans la structure d'escalade où plusieurs grands singes se sont rassemblés pour une séance de toilette. Mais une femelle plus jeune et sans lien de parenté passe derrière elle, met les deux mains sur son ample postérieur et la pousse avec un effort évident, jusqu'au moment où Peony a rejoint les autres.

Nous avons également vu Peony se lever et se diriger lentement vers le point d'eau, qui se trouve à une distance très respectable. Parfois, des femelles plus jeunes courent en avant, prennent de l'eau puis reviennent jusqu'à Peony et la lui donnent. Au début, nous n'avions aucune idée de ce qui se passait : nous voyions seulement une femelle placer sa bouche contre celle de Peony. Mais au bout d'un certain temps, les choses se sont éclaircies. Peony ouvrait grand la bouche et la jeune femelle y crachait un jet d'eau.

Ces observations s'inscrivent dans le champ émergent de l'empathie animale, qui traite non seulement des primates, mais aussi des canidés, des éléphants et même des rongeurs. Les chimpanzés qui consolent les affligés en les prenant dans les bras, en leur faisant des baisers, en donnent une illustration typique, et si fréquente que des milliers de cas – littéralement des milliers – sont attestés. Les mammifères sont sensibles à leurs émotions mutuelles et réagissent en voyant l'un des leurs en difficulté. Si les gens remplissent leurs maisons de carnivores à fourrure et non d'iguanes et de tortues, c'est parce que les mammifères offrent quelque chose qu'aucun reptile n'apportera jamais. Ils donnent de l'affection, ils veulent de l'affection, et ils réagissent à nos émotions comme nous réagissons aux leurs.

Jusqu'ici, le dalaï-lama m'avait écouté attentivement, mais voici qu'il lève sa casquette pour m'interrompre. Il veut en savoir plus sur les tortues. Il a un faible pour ces bêtes, parce qu'elles sont censées porter le monde sur leur dos. Connaissent-elles aussi l'empathie? se demande le dirigeant bouddhiste. La tortue de mer femelle, rappelle-t-il, sort de l'eau et vient ramper sur terre pour chercher le meilleur endroit où déposer ses œufs : elle démontre ainsi qu'elle se soucie de ses futurs petits. Comment cette mère se comporterait-elle si elle rencontrait ses petits? s'interroge-t-il. À mon sens, ce processus suggère que la tortue a été préprogrammée pour rechercher l'environnement le plus adapté à l'incubation. Elle creuse un trou dans le sable au-dessus de la ligne des hautes eaux, y dépose ses œufs et les recouvre en tassant bien le sable avec ses nageoires arrière, puis elle abandonne le nid. Les petits en sortent quelques mois plus tard et se ruent vers l'océan au clair de lune. Ils ne connaîtront jamais leur mère.

L'empathie nécessite une conscience de l'autre et une sensibilité à ses besoins. Elle est probablement née des soins parentaux, comme ceux que l'on trouve chez les mammifères, mais il y a aussi des preuves d'empathie chez les oiseaux. Je me suis rendu un jour à la Station de recherche Konrad Lorenz de Grünau, en Autriche, où l'on garde des corbeaux dans d'immenses volières. Ce sont des oiseaux impressionnants, notamment quand ils se posent sur votre épaule avec leur bec puissant à proximité immédiate de votre visage ! Cela m'a rappelé des souvenirs : j'avais des choucas apprivoisés quand j'étais étudiant – des oiseaux beaucoup plus petits, mais de la même famille des corvidés. À Grünau, les scientifiques, qui observent les combats spontanés entre corbeaux, ont vu des oiseaux spectateurs réagir à la détresse du perdant : il peut compter sur ses amis pour un lissage de plumes douillet ou un petit bec à bec d'encouragement. Dans la même station, des descendantes du troupeau d'oies de Lorenz, vivant en liberté dans la nature, ont été équipées d'émetteurs de fréquence cardiaque. Puisque chaque oie adulte a un conjoint, ce dispositif ouvre une fenêtre sur l'empathie. Si un oiseau livre combat à un autre, le cœur de son partenaire commence à battre très vite : même si ce partenaire n'est impliqué en aucune façon dans ce qui se passe, son rythme cardiaque révèle qu'il se soucie de la querelle. Chez les oiseaux aussi, on ressent la douleur des autres.

Si l'on trouve une certaine empathie à la fois chez les oiseaux et chez les mammifères, il est probable que cette aptitude remonte à leurs ancêtres reptiliens. Mais pas n'importe quels reptiles, puisque la plupart ignorent les soins parentaux. L'un des signes les plus sûrs de cette sollicitude, selon Paul MacLean, l'expert américain en neurosciences qui a situé dans le système limbique le siège des émotions*, est l'« appel de détresse » des jeunes animaux. Les jeunes singes le font tout le temps. Laissés en arrière par maman, ils appellent jusqu'à ce qu'elle se retourne. Qu'ils ont l'air malheureux, assis tout seuls sur une branche maîtresse, à émettre, lèvres retroussées, des appels qui ne s'adressent à personne en particulier, longue série de couinements plaintifs ! MacLean relève qu'il n'y a pas d'« appel de détresse » chez la plupart des reptiles, par exemple les serpents, les lézards et les tortues.

Mais chez quelques espèces reptiliennes, les jeunes appellent bel et bien quand ils se sentent mal à l'aise ou en danger, pour que maman vienne s'occuper d'eux. Avez-vous jamais tenu en main un bébé alligator ? Soyez prudent, parce qu'ils ont de belles dents, mais aussi parce qu'ils émettent des vagissements gutturaux quand on les dérange, et voici la femelle (leur mère) qui vole sur l'eau ! Ça vous apprendra à douter des sentiments reptiliens !

J'ai donné ces explications au dalaï-lama. On ne peut attendre de l'empathie, lui ai-je dit, que des seuls animaux qui ont des attachements, et peu de reptiles sont dans ce cas. Je ne suis pas sûr que cette réponse l'ait satisfait, parce que, s'il voulait en savoir plus, c'était sur les tortues,

* Paul MacLean est l'auteur de la théorie du « cerveau triunique », à trois étages (le cerveau reptilien, le cerveau limbique et le néocortex). [*Toutes les notes de bas de page sont des traducteurs.*]

bien sûr, qui ont l'air tellement plus mignonnes que les monstres féroces aux dents longues de la famille crocodilienne. Mais les apparences sont trompeuses. Certains membres de cette famille transportent doucement leurs jeunes entre leurs grandes mâchoires ou sur leur dos et les défendent contre le danger. Ils les laissent même, parfois, arracher des bouts de viande de leur gueule. Les dinosaures aussi prenaient soin de leurs petits, et peut-être les plésiosaures – des reptiles marins géants – ont-ils même été vivipares, et donné naissance dans l'eau à un seul rejeton vivant, comme aujourd'hui les baleines. Tout ce que nous savons le confirme : plus le nombre de petits que fait naître un animal est réduit, mieux il va s'occuper d'eux, et c'est pourquoi on estime que les plésiosaures étaient des parents gâteaux. Ce qui, soit dit en passant, est tout aussi vrai des oiseaux, que la science regarde comme des dinosaures à plumes.

Me poussant dans mes derniers retranchements, le dalaï-lama a bondi jusqu'aux papillons et m'a interrogé sur leur empathie. Là, je n'ai pas pu me retenir de plaisanter : « Ils n'ont pas le temps, ils ne vivent qu'une journée ! » La vie éphémère des papillons est en réalité un mythe, mais, quels que soient les sentiments qu'ont ces insectes les uns pour les autres, je doute qu'ils aient grand rapport avec l'empathie. Je n'entends nullement minimiser le principe général qui sous-tendait la question du dalaï-lama : tous les animaux agissent au mieux pour eux-mêmes et pour leurs petits. En ce sens, toute vie est sollicitude : elle ne l'est peut-être pas consciemment, mais elle l'est. Le dalaï-lama avançait vers sa conclusion : la compassion touche à la racine de ce qu'est la vie.

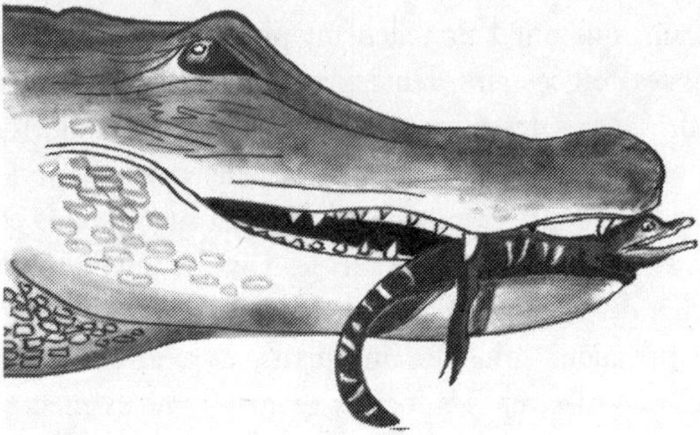

Peu de reptiles connaissent les soins parentaux, mais la famille des crocodiles les pratique. Ici, une femelle alligator transporte un de ses petits en toute sécurité.

Retrouvailles avec Mama

Après quoi le débat est passé à d'autres sujets. Par exemple : comment mesurer la compassion dans les cerveaux de moines bouddhistes qui ont médité sur elle toute leur vie ? Richard Davidson, de l'université du Wisconsin, a raconté que des moines arrivés tout droit du Tibet avaient refusé son invitation à se soumettre aux expériences des neurosciences, en faisant valoir que le siège de la compassion n'était évidemment pas dans le cerveau mais dans le cœur ! Hilarité générale du public – notamment des moines présents dans l'assistance, qui se tordaient de rire. Mais ceux du Tibet n'avaient pas entièrement tort. Davidson a fini par révéler le lien entre l'esprit et le cœur : la méditation sur la compassion accélère la fréquence cardiaque lorsqu'on entend les sons de la souffrance humaine.

J'ai pensé aux oies, forcément. Mais je méditais aussi sur cette heureuse rencontre des esprits. En 2005, le dalaï-lama avait lui-même parlé du besoin d'intégrer science et religion. Il avait expliqué à des milliers de scientifiques, réunis à Washington pour l'Assemblée générale annuelle de la Society for Neuroscience [Société des neurosciences], combien la société avait du mal à se maintenir au niveau de leurs recherches pionnières : « Il est plus qu'évident que nos codes moraux n'ont tout simplement pas pu suivre le rythme extrêmement rapide de nos progrès en matière d'acquisition du savoir et du pouvoir[5]. » Quel écart rafraîchissant avec les efforts pour enfoncer un coin entre science et religion !

J'avais le sujet à l'esprit en me préparant à partir pour l'Europe. À peine eus-je reçu une bénédiction et une *khata* (longue écharpe de soie blanche) autour du cou, et vu le dalaï-lama disparaître dans sa limousine entouré de gardes du corps lourdement armés, que je volais vers Gand, belle ville chargée d'histoire de la Belgique flamande. Le sud des Pays-Bas, dont je suis originaire, est culturellement plus proche de cette région que de la Hollande – située au nord du pays. Nous parlons tous la même langue, mais la Hollande est calviniste, alors que les provinces du Sud ont été maintenues au XVIe siècle dans la religion catholique par les Espagnols, qui nous ont apporté le duc d'Albe et l'Inquisition. Et pas celle, inepte, des *Monty Python*, avec son slogan : « Nul n'attend l'Inquisition espagnole ! » Non, une Inquisition qui vous met un étau à pouces pour vous les écraser si vous allez jusqu'à douter de la virginité de Marie. N'ayant pas le droit de verser le sang, les inquisiteurs adoraient l'estrapade, sorte de pendaison à l'envers : la victime était pendue par les poignets attachés derrière le dos et on la lestait d'un poids aux chevilles. Ce traitement était suffisamment épuisant pour lui faire vite abandonner toutes ses idées préconçues sur le lien entre rapport sexuel et conception. Ces derniers temps, le Vatican a lancé une campagne pour adoucir l'image de l'Inquisition – elle ne tuait pas *tous* les hérétiques, elle suivait des procédures opérationnelles standard –, mais les jésuites qui l'animent auraient sûrement dû prendre quelques cours de compassion.

Ce lointain passé explique aussi pourquoi on chercherait en vain des tableaux de Jérôme Bosch aux Pays-Bas. La plupart sont exposés au Prado, à Madrid. On pense que le duc de fer a obtenu *Le Jardin des délices* en 1568, quand il a mis hors la loi le prince d'Orange et confisqué tous ses biens. Puis le duc a laissé le chef-d'œuvre à son fils ; il est passé ensuite à l'État espagnol. Les Espagnols adorent le peintre qu'ils appellent *El Bosco* : son imagerie a inspiré Joan Miró et Salvador Dalí. Lors de ma première visite au Prado, je n'ai pas pu vraiment jouir du chef-d'œuvre de Bosch, car je me disais sans cesse : « Pillage colonial ! » Aujourd'hui, le musée a numérisé la célèbre œuvre d'art à une résolution incroyablement élevée, pour que tout le monde puisse la « posséder » sur Google Earth. C'est tout à son honneur.

Après ma conférence à Gand, des collègues scientifiques m'ont emmené voir la collection zoologique de bonobos la plus vieille du monde. Commencée au zoo d'Anvers, elle avait été transférée au parc animalier de Planckendael. Puisque les bonobos sont originaires d'une ex-colonie belge, leur présence à Planckendael n'est guère surprenante. Ramener des spécimens d'Afrique, morts ou vifs, est une autre forme de pillage colonial, mais sans elle nous n'aurions peut-être jamais connu ce grand singe rare. La découverte a eu lieu en 1929, dans un musée pas très éloigné : un anatomiste allemand a épousseté un petit crâne rond étiqueté comme celui d'un jeune chimpanzé et a compris que c'était celui d'un adulte à tête inhabituellement réduite. Il a aussitôt annoncé la découverte d'une nouvelle sous-espèce. Mais sa déclaration a vite été rejetée dans l'ombre par celle, plus historique encore, d'un anatomiste américain : nous avions entre nos mains une espèce entièrement nouvelle, dont l'anatomie était étonnamment proche de celle de l'homme. Les bonobos sont bâtis plus gracieusement et ont des jambes plus longues que tout autre grand singe. Cette espèce a été classée dans le genre *Pan*, le même que le chimpanzé. Pendant le reste de leur longue vie, les deux scientifiques allaient illustrer la puissance de la rivalité savante : ils n'ont jamais pu déterminer d'un commun accord qui avait fait cette découverte historique. J'étais là quand l'Américain s'est levé, au beau milieu d'un colloque sur les bonobos, pour déclarer d'une voix vibrante d'indignation qu'on lui avait « volé la vedette » un demi-siècle plus tôt.

Le scientifique allemand avait écrit en allemand, et le savant américain en anglais, donc devinez quelle est la version la plus souvent citée. De nombreuses langues souffrent de l'essor de l'anglais, mais j'étais heureux de bavarder en néerlandais : bien que je vive à l'étranger depuis des décennies, cet idiome franchit encore mes lèvres une fraction de seconde plus vite que tout autre. Tandis qu'un jeune bonobo qui se balançait à une corde apparaissait, disparaissait, et attirait notre attention en frappant la vitre à chaque passage, nous discutions de la ressemblance entre son expression faciale et un rire humain. Il s'amusait bien, notamment quand nous sautions d'un bond loin de la fenêtre en simulant la terreur. Il nous paraissait à présent inimaginable que les deux espèces du genre *Pan* aient pu être autrefois mêlées. Il existe une célèbre photographie du spécialiste américain Robert Yerkes tenant sur ses genoux deux jeunes primates, qu'il pensait être tous deux des chimpanzés. On ne connaissait pas encore le bonobo. Yerkes avait bien remarqué que l'un des deux était infiniment plus sensible et empathique que tous les chimpanzés qu'il connaissait, et peut-être aussi plus intelligent. Il l'a qualifié de « génie anthropoïde », et c'est essentiellement sur ce « chimpanzé »-là qu'il a écrit son livre *Almost Human* [Presque humain], sans savoir qu'il avait affaire, en réalité, à l'un des premiers bonobos vivants à avoir atteint l'Occident.

La colonie de Planckendael affiche d'emblée sa différence avec les chimpanzés : elle est dirigée par une femelle. Le biologiste Jeroen Stevens m'a dit que l'atmosphère dans le groupe s'était détendue depuis qu'on avait transféré dans un autre zoo la femelle alpha qui le régissait de longue date – une vraie dame de fer. Elle terrifiait la plupart des autres bonobos, notamment les mâles. La nouvelle alpha avait meilleur caractère. L'échange de femelles entre zoos est une pratique nouvelle et louable : elle correspond au comportement naturel des bonobos. Dans la nature, les fils restent avec leur mère tout au long de l'âge adulte, tandis que les filles migrent vers d'autres lieux. Pendant des années, les zoos ont transféré les mâles, et multiplié ainsi les désastres, car les bonobos mâles prennent des raclées en l'absence de leur maman. On finissait souvent par isoler ces pauvres mâles dans une zone écartée du zoo, pour leur sauver la vie. On évite quantité de problèmes en laissant chaque mâle avec sa mère et en respectant leurs liens.

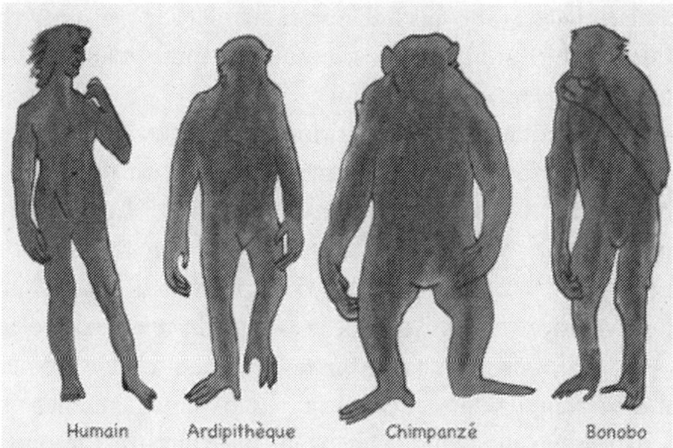

Au cours de l'évolution humaine, la locomotion bipède a demandé des jambes plus longues. De tous les grands singes, ce sont les bonobos qui ont le rapport bras/jambe le plus proche de celui de notre ancêtre l'ardipithèque. (Le dessin n'est pas à l'échelle : les humains modernes sont plus grands que les autres.)

Cela montre que les bonobos ne sont pas des anges. Mais aussi à quel point les mâles sont des « fils à maman », ce qui n'est pas toujours bien vu. Certains hommes se sentent offensés par cette espèce de primates matriarcaux où les mâles sont des « froussards ». À la fin d'une de mes conférences en Allemagne, un célèbre professeur âgé qui se trouvait parmi mes auditeurs a rugi : « *Was ist vrong* chez ces mâles ? » Le destin a voulu que les bonobos fassent irruption sur la scène scientifique dans une période où anthropologues et biologistes voulaient mettre en valeur la violence et la guerre, donc n'étaient pas intéressés par des parents primates pacifiques. Nul ne sachant que faire d'eux, les bonobos sont vite devenus les moutons noirs de la littérature sur l'évolution humaine. Un anthropologue américain est allé jusqu'à recommander de les ignorer purement et simplement, puisque, de toute manière, ils étaient proches de l'extinction[6].

Tirer argument de la disparition imminente d'une espèce pour la condamner, c'est extraordinaire ! Y a-t-il un problème chez les bonobos ? Sont-ils inadaptés ? L'extinction ne dit rien, pourtant, de l'adaptation initiale. Le dodo se multipliait jusqu'au jour où des marins ont débarqué sur l'île Maurice et découvert que cet oiseau incapable de voler constituait une proie facile (certes répugnante). De même, il est certain que nos ancêtres ont été parfaitement adaptés à un certain moment, même si aucun d'eux n'existe plus. Devons-nous cesser de nous intéresser à eux ? Toujours est-il qu'ils nous captivent. Chaque fois que l'on découvre une trace infime de notre passé, les médias s'enflamment – réaction encouragée par la personnalisation des fossiles, auxquels on donne des noms comme Lucy et Ardi.

Si je suis bien disposé à l'égard des bonobos, c'est justement parce que leur contraste avec les chimpanzés enrichit notre vision de l'évolution humaine. Il montre que notre lignée n'est pas uniquement marquée par la domination des mâles et la xénophobie, mais aussi par l'amour de l'harmonie et la sensibilité aux autres. Puisque l'évolution se produit à la fois par la lignée mâle et par la lignée femelle, il n'y a aucune raison de mesurer le progrès humain au seul nombre de batailles que nos hommes ont gagnées contre d'autres homininés[7]. Prêter attention à l'aspect femelle de l'histoire ne ferait pas de mal, et être attentif à la sexualité non plus. À notre connaissance, nous n'avons pas conquis d'autres groupes : nous les avons fait disparaître en nous reproduisant – en faisant l'amour, pas la guerre. Les humains modernes portent de l'ADN de Neandertal, et je ne serais pas surpris si nous portions aussi des gènes d'autres homininés. Vue sous ce jour, la voie bonobo ne paraît pas si étrangère.

Après avoir quitté ces gentils grands singes, je me suis arrêté au zoo d'Arnhem aux Pays-Bas, où j'ai commencé ma carrière avec l'autre espèce du genre *Pan*. Le professeur allemand aurait adoré les chimpanzés, car chez eux les mâles dominent sans partage et rivalisent en permanence pour le pouvoir, à tel point que j'ai écrit un livre entier, *La Politique des chimpanzés*, sur leurs manœuvres de séduction et leurs intrigues. Quand j'étais étudiant, je me suis mis à lire Nicolas Machiavel pour avoir des éclairages que les manuels de biologie ne pouvaient m'offrir. L'un des principaux acteurs mâles de cette période tumultueuse, aujourd'hui vieille de quatre décennies, a été tué alors que j'étais encore là, et cet événement continue à me hanter, surtout parce que ses agresseurs lui ont arraché horriblement les testicules. Les autres mâles de l'époque sont tous morts au fil des ans, mais la colonie comprend encore leurs fils adultes, qui ont une inquiétante ressemblance avec leurs pères et émettent les mêmes sons qu'eux lorsqu'ils s'esclaffent ou hurlent. Les chimpanzés ont des voix bien distinctes. J'étais alors capable de reconnaître à leur seul appel chacun des vingt-cinq. Je me sentais tout à fait à l'aise avec ces primates et je les trouvais absolument fascinants, mais je ne me suis jamais fait la moindre illusion sur leur « gentillesse », même s'ils paraissaient aimables à la plupart des gens. Ils prennent leurs jeux de pouvoir très au sérieux et sont prêts à tuer leurs rivaux. Ils tuent parfois des humains, ou leur arrachent le visage d'un coup de dent – cela s'est produit avec des chimpanzés apprivoisés aux États-Unis –, mais il faut bien s'y attendre si l'on garde un animal sauvage dans une situation où sa jalousie sexuelle et sa pulsion de domination risquent d'être éveillées par la faiblesse de notre espèce. À lui tout seul, un chimpanzé mâle adulte a une telle puissance musculaire (sans parler de ses canines-poignards et de ses quatre « mains ») que même une équipe de cinq hommes très forts ne pourra jamais le maîtriser. Les chimpanzés élevés au contact des humains en sont parfaitement conscients.

Les femelles que j'avais connues à Arnhem, elles, sont toujours là, notamment l'impressionnante matriarche de la colonie, nommée Mama. Si elle n'a jamais eu le rôle d'une matriarche bonobo, qui gouverne le lieu, elle a toujours été alpha chez les femelles, aussi loin que je me souvienne. À son apogée, Mama participait activement aux luttes des mâles pour le pouvoir. Elle ralliait le soutien des femelles à tel ou tel mâle, qui lui serait redevable s'il parvenait au sommet. Auquel cas il serait bien inspiré de rester dans ses bonnes grâces, car, si Mama se retournait contre lui, sa carrière risquait fort de s'arrêter là. Mama allait jusqu'à punir les femelles qui soutenaient des mâles n'ayant pas son aval : elle imposait la discipline comme un chef de file de groupe parlementaire. Les mâles chimpanzés dominent physiquement les femelles, mais n'en concluons pas que celles-ci ignorent tout de la politique ou s'en tiennent à l'écart. En milieu naturel, les femelles le font souvent, mais sur l'île d'Arnhem ce n'est pas une option. Par conséquent, l'écart de pouvoir entre les sexes se réduit. Puisque toutes les femelles sont constamment présentes et se soutiennent activement entre elles, elles font bloc et aucun mâle ne peut contourner leur pouvoir.

J'ai toujours été proche de Mama, qui me salue avec un mélange de respect et d'affection chaque fois qu'elle me voit. Elle le faisait déjà il y a tant d'années, et elle le fait encore régulièrement quand elle repère mon visage dans une foule de visiteurs. Je me rends au zoo tous les deux ans, et parfois je me livre à un début de toilette amicale avec elle, mais cette fois je suis arrivé avec une centaine de personnes derrière moi : les participants à un colloque au centre des congrès du zoo. Tandis que nous marchions vers l'île des Chimpanzés, Mama et une autre vieille femelle, Jimmy, sont venues en toute hâte me saluer : elles ont émis une série de grognements graves et Mama a tendu une main vers moi à distance. Les femelles utilisent très souvent ce geste du « viens ici » quand elles sont sur le point de se déplacer et qu'elles veulent que leur petit saute sur leur dos. Je lui ai rendu son geste ; un peu plus tard, j'ai aidé un gardien à nourrir les chimpanzés en leur jetant des fruits par-dessus les douves : j'ai veillé à ce que Mama, qui se déplace lentement et n'est pas aussi vive que les autres pour saisir des oranges au vol, en reçoive assez.

C'est alors que la jalousie s'est manifestée : la fille adulte de Mama, Moniek, qui s'était approchée furtivement jusqu'à se trouver à une douzaine de mètres, nous a lancé une lourde pierre. Avec sa trajectoire parabolique, le projectile de Moniek m'aurait touché à la tête si je ne l'avais pas tenue à l'œil. J'ai attrapé la pierre au vol. À la naissance de Moniek, je travaillais encore au zoo, et j'avais vu plusieurs fois combien elle haïssait l'intérêt que me portait sa mère. Il est probable qu'elle ne se souvient pas de moi, et qu'elle n'a donc aucune idée de ce qui incite Mama à saluer cet étranger comme un vieil ami. Le mieux est de lui lancer quelque chose à la tête ! Puisque certains chercheurs voient dans le jet ciblé une spécificité humaine liée à l'évolution du langage, j'ai invité les défenseurs de cette théorie à faire l'expérience directe de ce dont les chimpanzés sont capables, mais je n'ai jamais eu aucun volontaire. Peut-être ont-ils conscience que les pierres pourraient être remplacées par des fluides corporels malodorants.

Émus par les retrouvailles entre Mama et moi, les participants au colloque se sont demandé à quel degré les chimpanzés nous reconnaissent et à quel degré nous les reconnaissons. À mon avis, les visages simiesques sont aussi différents que les visages humains, même si chacune des deux espèces est plus sensible aux distinctions en son sein. C'est cette préférence pour sa propre espèce qu'on avait ignorée il n'y a pas si longtemps quand on avait conclu que seuls les humains étaient doués pour la reconnaissance faciale. Les grands singes avaient mal réussi des tests que l'on avait fait passer aux humains avec les mêmes supports – autrement dit, on avait testé les grands singes sur des visages *humains*. C'est ce que j'appelle le « biais anthropocentrique » dans la recherche sur les grands singes, et il est à l'origine de beaucoup d'informations erronées. Quand l'une de mes collègues à Atlanta, Lisa Parr, a utilisé les centaines de photographies que j'avais prises à Arnhem pour tester les chimpanzés sur des portraits de leur *propre* espèce, ils ont été excellents. En regardant ces portraits sur un écran d'ordinateur, ils étaient même capables d'indiquer que tel jeune était l'enfant de telle femelle, et cela sans connaître personnellement les chimpanzés photographiés. De même, quand nous feuilletons un album de photos, nous pouvons souvent dire au vu des seuls visages quels humains ont des liens de sang.

Nous vivons à une époque où notre parenté avec les grands singes est de mieux en mieux acceptée. Il est vrai que l'humanité n'est jamais à court de thèses sur ce qui la distingue, mais il est rare qu'une de ces revendications d'unicité tienne plus de dix ans. Si nous regardons notre espèce sans nous laisser aveugler par les progrès techniques des derniers millénaires, nous voyons un être de chair et de sang avec un cerveau qui, bien que trois fois plus gros que celui d'un chimpanzé, ne contient aucune composante nouvelle. Même notre cortex préfrontal tant vanté s'avère d'une taille assez ordinaire, comparé à ceux des autres primates. Nul ne doute de la supériorité de notre intellect, mais il n'est aucun de nos besoins et désirs fondamentaux qui ne soit présent aussi chez nos proches parents. Tout comme nous, les singes petits et grands luttent pour le pouvoir, jouissent du sexe, veulent la sécurité et l'affection, tuent pour le territoire et valorisent la confiance et la coopération. Nous avons, certes, des ordinateurs et des avions, mais notre constitution psychologique reste celle d'un primate social.

C'est pourquoi nous tenions tout un colloque au zoo sur ce que les professionnels de la santé et les sociologues pouvaient apprendre de la primatologie. Le primatologue, c'était moi, bien sûr, mais j'ai moi-même appris quelque chose au cours d'une discussion marginale. Nous nous interrogions sur ce qui justifie la morale. D'où lui vient son poids ? Si ce n'est pas d'en haut, à qui ou à quoi le doit-elle ? Les Néerlandais, a fait remarquer un collègue, se sont totalement laïcisés dans les dernières décennies, mais il y a un problème croissant d'autorité morale. Personne ne corrige plus personne en public, donc les gens sont devenus moins civilisés. J'ai vu les hochements approbateurs autour de la table. N'étaient-ce que récriminations frustrées de la vieille génération, toujours prête à se plaindre de la jeune ? Ou y avait-il un problème structurel ? La laïcisation nous entoure partout en Europe, mais ses conséquences morales sont mal comprises. Même le philosophe allemand Jürgen Habermas, marxiste athée s'il en fut, a fini par laisser entendre que l'abandon de la religion n'était peut-être pas entièrement bénéfique : « Lorsque le péché est devenu faute, a-t-il écrit, quelque chose a été perdu[8]. »

Le dilemme athée

Je ne suis pas convaincu pour autant que la morale doive recevoir son poids d'en haut. Peut-il venir de l'intérieur ? Ce serait sûrement possible pour la compassion, mais peut-être aussi pour notre sens de la justice. Il y a quelques années, nous avons démontré que des primates accomplissent avec joie une tâche en échange de tranches de concombre, jusqu'au moment où ils en voient d'autres recevoir des raisins, tellement meilleurs. Les mangeurs de concombres s'agitent, jettent leurs rondelles et font la grève. Un aliment parfaitement convenable est devenu immangeable parce qu'on a vu un compagnon obtenir mieux. Nous avons baptisé cette attitude l'*aversion pour l'iniquité*, et, depuis, des recherches ont été menées à ce sujet sur d'autres animaux, dont les chiens. Un chien fera et refera un exercice sans aucune récompense, mais il refusera de le faire dès qu'un autre chien recevra des morceaux de saucisse pour le même tour.

Ces constats ont des conséquences pour la moralité humaine. À en croire la plupart des philosophes, c'est par la raison que nous en arrivons aux vérités morales. Même s'ils ne font pas mention de Dieu, ils proposent malgré tout un processus vertical, qui va de haut en bas : nous formulons des principes, puis nous les imposons au comportement humain. Mais les délibérations morales ont-elles réellement lieu sur un plan aussi élevé ? Ne sont-elles pas nécessairement ancrées dans qui nous sommes, dans ce que nous sommes ? Serait-il réaliste, par exemple, d'inciter les gens à être prévenants avec les autres si nous n'étions pas déjà naturellement enclins à l'être ? Cela aurait-il un sens d'en appeler à l'équité et à la justice si leur absence ne suscitait pas chez nous des réactions fortes ? Imaginez quel serait notre fardeau cognitif s'il nous fallait passer au crible d'une logique venue d'en haut toutes les décisions que nous prenons ! Je crois fermement, avec David Hume, que la raison est l'esclave des passions. Nous sommes partis de sentiments moraux et d'intuitions morales, et c'est là aussi que nous trouvons le plus de continuité avec les autres primates. Loin d'avoir élaboré la morale à partir de rien par la réflexion rationnelle, nous avons reçu une puissante impulsion de notre réalité profonde d'animaux sociaux.

Mais en même temps, je me refuse à dire qu'un chimpanzé est un « être moral ». Parce que les sentiments ne suffisent pas. Nous nous efforçons d'établir un système logiquement cohérent, nous discutons de questions comme : la peine de mort est-elle compatible avec les arguments en faveur du respect de la vie ? Ou : une orientation sexuelle qu'on n'a pas choisie peut-elle être moralement mauvaise ? Ces débats sont propres aux humains. Rien n'indique que les autres animaux se demandent si des actes qui ne les touchent pas directement sont convenables ou non. Le grand pionnier de la recherche sur la morale, l'anthropologue finlandais Edvard Westermarck, a expliqué que les émotions morales d'une personne sont déconnectées de sa situation immédiate. Elles traitent du bien et du mal à un niveau plus abstrait, désintéressé. C'est ce qui fait la spécificité de la morale humaine : c'est un mouvement vers des normes universelles, associé à un système complexe de justification, de surveillance et de sanction.

C'est là qu'intervient la religion. Pensons au soutien narratif qu'elle apporte à la compassion, par exemple dans la parabole du bon Samaritain, ou au défi qu'elle lance à notre sentiment de l'équité, comme dans celle des ouvriers envoyés à la vigne, avec sa célèbre conclusion : « Les derniers seront premiers, et les premiers seront derniers. » Ajoutons son goût presque skinnérien * de la récompense et de la sanction – des vierges que l'on rencontre au ciel aux feux de l'enfer qui attendent les pécheurs – et son habile exploitation de notre désir d'être « digne d'éloge », comme disait Adam Smith **. De fait, les humains sont si sensibles à l'opinion publique qu'il nous suffit de voir l'image de deux yeux collée sur un mur pour bien nous conduire. La religion l'a compris depuis longtemps, et elle utilise l'image de l'œil qui voit tout pour symboliser un Dieu omniscient.

Mais attribuer ce modeste rôle à la religion est déjà, pour certains, une abomination. Ces dernières années, nous nous sommes habitués à un athéisme strident qui soutient que Dieu n'est pas grand (Christopher Hitchens) ou qu'il est une illusion (Richard Dawkins). Ces néo-athées se qualifient d'esprits « brillants », ce qui sous-entend que les croyants ne sont pas aussi brillants. Si saint Paul pensait que les non-croyants vivent dans les ténèbres, ils ont remplacé son idée par le point de vue diamétralement opposé :

* Allusion au psychologue béhavioriste américain Burrhus Frederic Skinner (1904-1990). Il préconisait un « conditionnement opérant » qui encourageait par des récompenses ou décourageait par des sanctions la répétition d'un comportement.

** Au chapitre 2 de la troisième partie de *Théorie des sentiments moraux* : « De l'amour de l'éloge, et du désir d'en être digne; de la crainte du blâme, et de la crainte d'en être digne » (trad. fr. de Michaël Biziou *et al.*, Paris, PUF, coll. « Quadrige », 2003, p. 176 *sq.*).

seuls les non-croyants ont vu la lumière. Ils appellent à faire confiance à la science et souhaitent ancrer l'éthique dans la vision du monde naturaliste. Je partage leur scepticisme à l'égard des institutions religieuses et de leurs primats* – papes, évêques, mégaprédicateurs, ayatollahs et rabbins –, mais en quoi pourrait-il être fructueux d'insulter les multitudes qui jugent la religion précieuse ? Et surtout, quelle alternative la science a-t-elle à offrir ? Ce n'est pas l'affaire de la science d'énoncer le sens de la vie, et moins encore de nous dire comment nous devons la vivre. Le philosophe britannique John Gray l'a formulé en ces termes : « [...] la science n'est pas la sorcellerie. L'expansion du savoir élargit ce que les humains peuvent faire. Elle ne peut les dispenser d'être ce qu'ils sont[9]. » Nous, scientifiques, nous sommes habiles à trouver pourquoi les choses sont comme elles sont, ou fonctionnent comme elles le font, et je crois que la biologie nous aide à comprendre pourquoi la morale a le profil qui est le sien. De là à donner des avis éthiques, il y a un monde.

Même l'athée le plus convaincu, s'il a grandi dans une société occidentale, n'a pu éviter d'absorber les principes de base du christianisme. Les Européens du Nord, qui sont de plus en plus laïcs et dont je connais les cultures par expérience directe, disent eux-mêmes que leur perspective générale est largement chrétienne. Tout ce que les humains ont accompli partout – de l'architecture à la musique, de l'art à la science – s'est développé main dans la main avec la religion, jamais séparément. Il est donc impossible de savoir à quoi ressemblerait la morale sans la religion. Il faudrait aller voir une culture humaine qui n'est pas et n'a jamais été religieuse. Le fait même qu'il n'y en ait aucune devrait nous faire réfléchir.

* Ou primates : les deux mots sont indistinguables en anglais.

Bosch se colletait au même problème – pas l'athéisme, qui n'était pas une option possible, mais la place de la science dans la société. Les petits personnages de ses tableaux qui portent un entonnoir renversé sur la tête ou, à l'arrière-plan, les bâtiments en forme d'alambics et de fourneaux sont des allusions au matériel chimique. Quel que soit le regard que nous portons aujourd'hui sur la science, il est bon de prendre conscience qu'à ses débuts elle n'était pas une entreprise très rationnelle. L'alchimie était en plein essor au temps de Bosch, encore mêlée à l'occultisme et riche en charlatans et pseudo-savants, que le peintre a représentés avec beaucoup d'humour face à leur public crédule. L'alchimie ne s'est transformée en science empirique que lorsqu'elle s'est affranchie de ces influences et qu'elle a élaboré des procédures d'autocorrection. Mais on ne voit toujours pas comment la science pourrait contribuer à une société morale.

Les œuvres de Bosch regorgent d'allusions à l'alchimie, l'ancêtre mystique de la chimie. Le personnage le plus reconnaissable du *Jardin* – qu'on appelle l'« homme-œuf » ou l'« homme-arbre » – porte sur la tête un carrousel avec un engin fumant en forme de cornemuse, couramment utilisé comme vase alchimique.

Les autres primates, bien sûr, n'ont aucun de ces problèmes, mais eux aussi cherchent à atteindre un certain type de société. Nous reconnaissons dans leur comportement les valeurs auxquelles nous aspirons nous-mêmes. Par exemple, on a vu des femelles chimpanzés tirer des mâles réticents l'un vers l'autre pour qu'ils se réconcilient après un combat, tout en leur enlevant les armes des mains. De plus, les mâles de haut rang interviennent régulièrement en arbitres impartiaux pour régler les différends dans la communauté. De ces indices de «souci de la communauté», je conclus que les éléments de base de la morale sont plus anciens que l'humanité, et que nous n'avons pas besoin de Dieu pour expliquer comment nous en sommes arrivés là où nous en sommes aujourd'hui. D'un autre côté, que se passerait-il si nous excisions la religion de la société ? J'ai du mal à voir comment la science et la vision du monde naturaliste pourraient combler le vide et inspirer le bien.

À la fin de mon excursion d'une semaine outre-Atlantique, j'ai trouvé le temps, dans l'avion du retour, de lire d'un bout à l'autre les quelque sept cents réactions qu'avait suscitées mon billet «Morale sans Dieu ?». La plupart des commentaires étaient constructifs, soutenaient ma démarche et exprimaient des positions nuancées au sujet des origines de la morale. Mais les athées n'ont pu résister à cette occasion de lancer encore plus de piques contre la religion, outrepassant ainsi mes intentions. À mon sens, il est beaucoup plus judicieux de chercher à comprendre le besoin de religion que d'attaquer la religion. Le problème central de l'athéisme, qui est l'(in)existence de Dieu, me paraît monumentalement inintéressant. Qu'avons-nous à gagner à entrer dans une controverse émotionnelle sur l'existence de quelque chose que nul ne peut prouver ni réfuter ? En 2012, Alain de Botton a fait grincer des dents en commençant son livre *Petit guide des religions à l'usage des mécréants* par la phrase : « La question la plus ennuyeuse et la plus stérile que l'on puisse poser au sujet de toute religion est celle de savoir si elle est vraie ou non – en tant que doctrine envoyée par le ciel au son de trompettes[10]. » Néanmoins, ce problème reste, pour certains, le seul dont ils puissent parler. Comment en sommes-nous arrivés à cette étroitesse d'esprit ? C'est comme si nous avions adhéré à un club de discussion où l'on ne peut rien faire d'autre que gagner ou perdre.

La science n'a pas réponse à tout. Étudiant, j'ai appris la définition du « sophisme naturaliste* » : ce serait pour des scientifiques le comble de l'arrogance de penser que leur travail pourrait éclairer la distinction entre le bien et le mal. Cela dit, c'était peu après la Seconde Guerre mondiale, et elle nous avait apporté le mal, massif, justifié par une théorie scientifique de l'évolution autodirigée. Les savants avaient participé très activement à la machine génocidaire, il y avait eu des expériences inimaginables. On avait cousu des enfants pour créer des jumeaux fusionnés, on avait opéré des personnes vivantes sans anesthésie, on avait relocalisé chirurgicalement des jambes et des yeux sur le corps d'êtres humains. Je n'ai jamais oublié cette période noire de l'après-guerre où tout scientifique qui parlait avec l'accent allemand était suspect. Mais les scientifiques américains et britanniques n'étaient pas innocents non plus, parce que c'étaient eux qui, au début du siècle, nous avaient apporté l'eugénisme. Ils avaient préconisé des lois racistes

* Repéré par David Hume, ce sophisme est l'erreur logique qui consiste à déduire de l'énoncé d'un fait un jugement de valeur.

sur l'immigration, et la stérilisation forcée des sourds, des aveugles, des malades mentaux et des handicapés physiques, ainsi que des criminels et des membres de minorités ethniques. Des opérations chirurgicales à cet effet étaient effectuées secrètement sur des victimes hospitalisées pour d'autres raisons. À ceux qui ne souhaitent pas reprocher cette histoire sordide à la science et préfèrent parler à ce sujet de « pseudo-science », il est bon de rappeler que l'eugénisme était alors une discipline sérieuse dans beaucoup d'universités. En 1930, il existait en Angleterre, en Suède, en Suisse, en Russie, en Amérique, en Allemagne et en Norvège des instituts qui lui étaient consacrés. Ses théories étaient soutenues par des personnalités de tout premier plan, parmi lesquelles des présidents des États-Unis. Son père fondateur, l'anthropologue et chercheur polydisciplinaire britannique Sir Francis Galton, avait été admis à la Royal Society et fait chevalier bien après avoir pris fait et cause pour l'amélioration de la race humaine. Galton jugeait notamment le citoyen moyen « de trop mauvaise qualité pour le travail quotidien de la civilisation moderne[11] ».

Il a fallu Adolf Hitler et ses sbires pour que la faillite morale de ces idées devienne évidente. L'inévitable résultat a été une chute vertigineuse de la foi dans la science et en particulier la biologie. Dans les années 1970 encore, il était courant d'assimiler biologistes et fascistes : pensons à l'ardente campagne de dénonciation contre la « sociobiologie* ». Étant moi-même biologiste, je suis heureux que

* Lors de sa publication en 1975, le livre d'Edward O. Wilson *Sociobiology : The New Synthesis* [trad. fr. de la version abrégée, *La Sociobiologie*, Paris, Éd. du Rocher, 1987], qui privilégiait la « base biologique » pour expliquer les phénomènes sociaux, avait immédiatement suscité de très vives polémiques.

cette période d'acrimonie soit terminée, mais en même temps je me demande bien comment quiconque pourrait oublier ce passé et voir dans la science notre sauveur moral. Comment sommes-nous passés de la profonde méfiance à l'optimisme naïf? Si je suis tout à fait favorable à une science de la morale – mon propre travail en fait partie –, je ne peux comprendre que l'on appelle la science à *déterminer* les valeurs humaines (comme dans le sous-titre du livre de Sam Harris *The Moral Landscape* [Le paysage moral])[12]. La pseudo-science appartient-elle au passé? Les scientifiques modernes sont-ils affranchis des préjugés moraux? Pensons à l'étude de Tuskegee sur la syphilis*, il y a seulement quelques décennies, ou à la participation actuelle de médecins à la torture des détenus de Guantanamo[13]. Je suis extrêmement sceptique sur la pureté morale de la science, et j'estime que son rôle ne devrait jamais dépasser celui de servante de la morale.

Voici l'illusion qui me paraît être à la source de cette pensée confuse : pour avoir une société bonne, il nous suffit d'en savoir plus. Une fois défini l'algorithme central de la morale, soutient ce raisonnement, nous pouvons en toute tranquillité nous en remettre à la science. Elle garantira que les choix effectués seront les meilleurs. Un peu comme si l'on pensait qu'un célèbre critique d'art est nécessairement un grand peintre, ou un critique gastronomique un grand

* Il s'agit d'une expérience menée pendant quarante ans à Tuskegee (Alabama) par le service de santé publique des États-Unis (U.S. Public Health Service) pour étudier la progression naturelle de la syphilis quand on ne procède à aucun traitement. Les hommes noirs sur lesquels elle s'effectuait pensaient recevoir un traitement gratuit. Ils devaient accepter une autopsie après leur décès. En 1972, des fuites dans les médias ont entraîné instantanément l'arrêt de cette étude, qui avait fait de nombreuses victimes chez les participants et dans leurs familles. On disposait d'un traitement efficace contre la syphilis depuis 1947.

chef. Après tout, les critiques apportent de précieux éclairages sur des produits particuliers. Ils maîtrisent le savoir pertinent, donc pourquoi ne pas les laisser faire le travail ? Mais la spécialité d'un critique est l'évaluation *a posteriori*, pas la création. Et la création demande intuition, adresse et vision. Même si la science nous aide à évaluer le mode de fonctionnement de la morale, cela ne signifie pas qu'elle puisse la guider, pas plus qu'on ne peut demander à qui connaît le goût que doivent avoir les œufs de pondre un œuf.

La vision de la morale comme ensemble de principes immuables, ou de lois, qu'il nous incombe de découvrir vient en dernière analyse de la religion. Peu importe, au fond, que ce soit Dieu, la raison humaine ou la science qui formulent ces lois. Toutes ces approches sont verticales, orientées de haut en bas : leur grande prémisse, c'est que les humains ne savent pas se comporter correctement et que quelqu'un doit le leur dire. Et si la morale se créait dans l'interaction sociale quotidienne, et non sur un plan intellectuel abstrait ? Et si elle était ancrée dans les émotions, qui échappent, la plupart du temps, aux classifications claires et nettes qu'affectionne la science ? Puisque mon livre n'a d'autre but que de plaider pour une orientation de bas en haut, je reviendrai évidemment à ces questions. Mes idées sont en harmonie avec ce que nous savons du fonctionnement de l'esprit humain, où les réactions viscérales précèdent les rationalisations, et aussi avec la façon dont l'évolution crée le comportement. Reconnaître que nous sommes fondamentalement des animaux sociaux et examiner comment cela nous prédispose à nous traiter mutuellement est un bon point de départ. C'est une démarche qui mérite de retenir l'attention en ces temps où même des athées déclarés, incapables de se sevrer d'une morale semi-religieuse, pensent que le monde serait meilleur si un clergé en blouse blanche prenait la relève du clergé en soutane.

Chapitre 2
Pourquoi la bonté

Les instincts sociaux poussent l'animal à trouver du plaisir dans la société de ses semblables, à éprouver une certaine sympathie pour eux, et à leur rendre divers services.

Charles Darwin[1]

Amos était l'un des mâles les plus élégants que j'aie connus, sauf peut-être le jour où il s'est engouffré deux pommes entières dans la bouche, ce qui m'a rappelé que les chimpanzés peuvent faire des choses qui nous sont impossibles. Il avait de grands yeux dans un visage symétrique, une physionomie amicale, un pelage noir, dense et lustré et des muscles bien dessinés aux bras et aux jambes. Jamais ouvertement agressif comme peuvent l'être certains mâles, il n'en était pas moins, à son apogée, d'une assurance suprême. Amos était adoré. Quand il est mort, certains d'entre nous ont pleuré, et les grands singes, ses semblables, ont gardé un étrange silence pendant plusieurs jours. Leur appétit en a pris un coup.

À ce moment-là, nous ne savions pas de quoi il souffrait. Mais nous avons constaté *post mortem* qu'outre un foie énormément dilaté, qui occupait l'essentiel de son abdomen, il avait plusieurs tumeurs cancéreuses. Il avait perdu 15 % de son poids en un an. Sa maladie se développait forcément depuis des années ; néanmoins, il s'est comporté normalement jusqu'au moment où son corps n'a plus été capable de dissimulation. Cela faisait sûrement des mois qu'Amos se sentait mal, mais le moindre signe de vulnérabilité lui aurait fait perdre son statut. Apparemment, les chimpanzés comprennent cela. En milieu naturel, si un mâle qui boite s'isole plusieurs semaines pour soigner ses blessures, il viendra tout de même, de temps à autre, faire une vigoureuse démonstration de force et d'agressivité dans sa communauté, avant de se retirer à nouveau. Pour que personne ne se fasse d'idées.

Amos n'a laissé paraître son état que la veille de sa mort. Ce jour-là, nous l'avons trouvé haletant au rythme de soixante respirations par minute, le visage en sueur, assis sur un sac de jute dans une des cages de nuit tandis que les autres étaient dehors au soleil. Il refusait de sortir, donc nous l'avons laissé à part en attendant qu'un vétérinaire puisse l'examiner de près. Comme les autres chimpanzés ne cessaient de revenir à l'intérieur voir ce qui lui arrivait, nous avons ouvert grand la porte derrière laquelle Amos était assis pour permettre le contact. Amos s'est mis juste à côté de l'ouverture et une femelle, Daisy, lui a pris doucement la tête pour nettoyer la zone tendre derrière ses oreilles. Puis elle s'est mise à pousser de grosses quantités de laine de bois par l'ouverture. Les chimpanzés adorent se construire des nids avec ces copeaux. Ils en disposent tout autour d'eux et dorment dessus. Daisy a donné à Amos la laine de bois, après quoi nous avons vu un mâle en faire autant. Voyant qu'Amos était assis le dos au mur et ne faisait pas grand-chose de la laine de bois, Daisy est allée plusieurs fois l'enfoncer entre son dos et le mur.

C'était une scène remarquable. Ne suggérait-elle pas que Daisy comprenait qu'Amos était sûrement mal à l'aise et qu'il se sentirait mieux s'il s'appuyait sur quelque chose de doux, un peu comme nous redisposons les oreillers derrière un patient à l'hôpital ? Elle extrapolait probablement à partir de ce qu'elle ressentait *elle-même* quand elle s'adossait à de la laine de bois, et nous la considérions, effectivement, comme une « accro de la laine de bois » (en temps normal, loin de la partager, elle l'accaparait). Je suis convaincu que les grands singes adoptent le point de vue des autres, notamment quand il s'agit d'amis en difficulté. Il est vrai que ces aptitudes n'ont pas toujours été confirmées lorsqu'on les a testées en laboratoire, mais dans ce type d'étude on demande en général aux grands singes de comprendre des *humains* dans un cadre artificiel. J'ai déjà signalé la distorsion anthropocentrique de notre science. Dans les tests d'« adoption de point de vue » de singe à singe, les chimpanzés se sont infiniment mieux comportés, et en milieu naturel ils sont attentifs à ce que les autres savent ou ne savent pas[2]. Donc, si Daisy semblait saisir la situation d'Amos, il n'y a rien là de surprenant.

Le lendemain, Amos a été euthanasié. Il n'y avait aucun espoir de survie, seule la certitude d'une douleur encore plus vive. Cette histoire illustre deux faces opposées de la vie sociale des primates. Premièrement, ils vivent dans un monde implacable, ce qui oblige un mâle à dissimuler le plus longtemps possible son handicap physique pour garder l'apparence d'un dur. Mais deuxièmement, ils appartiennent aussi à une communauté étroitement soudée dans laquelle ils peuvent compter sur l'affection et l'assistance des autres, même hors de tout lien de parenté. Ces réalités duales sont difficiles à saisir. Les vulgarisateurs préfèrent simplifier : ils présentent les chimpanzés soit en termes hobbésiens – des brutes odieuses –, soit en les montrant sous leur jour amical, mais en fait ce n'est jamais l'un ou l'autre. C'est toujours les deux à la fois. Et quand certains me demandent comment on peut parler d'empathie chez les chimpanzés alors qu'on sait qu'il leur arrive de s'entretuer, je réponds toujours par une autre question : si nous retenions ce critère, ne nous faudrait-il pas abandonner aussi la notion d'empathie chez les humains ?

Cette dualité est cruciale. La morale serait superflue si nous étions universellement gentils. De quoi faudrait-il s'inquiéter si les humains ne faisaient rien d'autre que de se manifester mutuellement de la sympathie, et qu'il ne leur arrivait jamais de voler, poignarder dans le dos, ou convoiter l'épouse d'un autre ? Il est clair que nous n'avons pas ce profil, et c'est pourquoi des règles morales sont nécessaires. Mais, d'un autre côté, même si nous élaborions un trillion de règles en faveur du respect et de l'attention aux autres, elles ne serviraient à rien si nous ne penchions pas déjà dans cette direction. Elles seraient comme des graines semées sur une plaque de verre : sans la moindre chance de prendre racine. Ce qui nous permet de distinguer le bien du mal, c'est notre aptitude à être bon et mauvais.

L'assistance apportée par Daisy à Amos entre officiellement dans le champ de l'« altruisme », défini comme un comportement qui a un coût pour celui qui le pratique (par exemple une prise de risque, ou une dépense d'énergie) alors que ses bénéfices vont à un autre. En biologie, cependant, la plupart des débats sur l'altruisme ne se soucient pas beaucoup des motivations. On se demande seulement quel impact ce type de comportement a sur les autres et pourquoi l'évolution l'a produit, si c'est bien le cas. C'est un débat vieux de plus de cent cinquante ans, mais il est devenu central dans les toutes dernières décennies.

Le point de vue des gènes

« Mettez d'abord votre masque à oxygène avant d'aider les autres à mettre le leur », nous intime-t-on au début de chaque vol. L'altruisme exige que nous commencions par prendre soin de nous, et c'est justement ce qu'a omis de faire, avec des conséquences tragiques, l'un des principaux théoriciens du sujet, explique l'historien des sciences israélien Oren Harman dans son livre passionnant *The Price of Altruism* [Le Prix de l'altruisme].

George Price était un chimiste américain excentrique qui s'était installé à Londres en 1967. Devenu spécialiste de la génétique des populations, il essayait de percer le mystère de l'altruisme par de brillantes formules mathématiques. Mais il avait du mal à résoudre ses propres problèmes. Il ne s'était guère montré sensible aux autres dans la première phase de sa vie (il avait abandonné son épouse et ses filles et s'était comporté lamentablement avec sa vieille mère), mais ensuite le balancier est reparti à l'autre extrême. Cet ancien sceptique et athée convaincu s'est mué en chrétien dévot qui consacrait sa vie aux vagabonds de la ville. Il a donné tout ce qu'il possédait et s'est totalement négligé. À cinquante ans, il était sec et émacié comme un vieillard, avec des dents pourries et une voix rauque. En 1975, il a mis fin à ses jours avec une paire de ciseaux.

Fidèle à une vieille tradition, Price adorait opposer l'altruisme et l'égoïsme. Plus le contraste était tranché, plus le mystère de la source d'où avait pu jaillir l'altruisme était profond. On ne manque évidemment pas d'énigmes de ce genre. Les abeilles qui défendent leur ruche meurent peu après avoir piqué l'intrus. Les chimpanzés se portent mutuellement secours en cas d'attaque de léopard. Les écureuils lancent des cris d'alarme qui avertissent les autres du danger. Les éléphants s'efforcent de relever leurs camarades tombés à terre. Mais pourquoi un animal agit-il au profit d'un autre ? N'est-ce pas contraire aux lois de la nature ?

L'altruisme des éléphants sur les plateaux kényans. Avec ses défenses, Grace (*à droite*) remet sur ses pieds Eleanor, trois tonnes, qui est tombée, puis essaie de la faire marcher en la poussant. Mais Eleanor retombe et, finalement, meurt, tandis que Grace émet des sons, les glandes temporales ruisselantes – signe de profonde détresse. Puisqu'elles étaient matriarches de troupeaux différents, ces deux éléphantes n'avaient probablement aucun lien de parenté.

Les scientifiques ont passionnément travaillé, débattu et polémiqué sur un problème théorique qui paraît ésotérique aux non-initiés mais qui est au cœur des progrès récents en biologie du comportement et en psychologie évolutionniste. En dehors du drame de la vie et de la mort de Price, ce débat n'a pas manqué d'événements spectaculaires et d'affrontements personnels, comme cet épisode d'une ironie sublime : John Maynard Smith, illustre biologiste évolutionniste britannique, apporte à l'encore plus illustre J.B.S. Haldane sur son lit de mort un livre affirmant que les oiseaux évitent la surpopulation en limitant leur reproduction personnelle. Pour un biologiste, une telle conduite relèverait de l'altruisme, puisqu'elle revient à permettre à d'autres de se reproduire en s'imposant un coût à soi-même. Mais l'idée a été totalement ridiculisée dans les années suivantes, car il était tout à fait invraisemblable que des animaux fassent passer l'intérêt général avant le leur. Haldane a vu immédiatement le problème, et a dit à ses visiteurs avec un sourire malicieux :

> Eh bien, il y a des poules de bruyère, voyez-vous, les coqs sont tous à se pavaner autour, et de temps à autre une femelle se présente et l'un d'eux s'accouple avec elle. Ils ont un bâton, et chaque fois qu'ils s'accouplent avec une femelle ils y font une petite entaille. Quand ils ont fait douze entailles, si d'autres femelles s'avancent, ils leur disent : « Ah non mesdames, trop c'est trop[3] ! »

Les vulgarisateurs soulignent souvent que certains traits contribuent à la survie d'une espèce ou d'un groupe, mais la plupart des biologistes (c'est mon cas) récusent les scénarios évolutionnistes qui mettent l'accent sur le collectif. La raison est simple : la plupart des groupes ne fonctionnent pas comme des unités génétiques. Chez les primates, par exemple, la quasi-totalité des membres de l'un des deux sexes (les mâles chez la plupart des petits singes, mais les femelles chez les grands singes) quittent leur groupe à la puberté pour rejoindre les voisins, exactement comme les humains, qui pratiquent fréquemment le mariage entre tribus. Cela brouille sérieusement les lignées. Les groupes de primates ont trop de « fuites » génétiques pour que la sélection naturelle puisse avoir prise sur eux. Les seules unités qui pourraient se qualifier sont celles qui se fondent sur des gènes communs, telles les familles étendues. Haldane a été l'un des principaux architectes de la vision de l'évolution « du point de vue des gènes ». Vu sous cet angle, l'altruisme revêt une signification spéciale. Même si l'on sacrifie sa vie pour sauver un parent, on perpétue les gènes qu'on a en commun avec lui. Aider les membres de sa famille revient donc à s'aider soi-même. On dit que, dans les vapeurs de l'ivresse, Haldane, penché sur sa bière, aurait marmonné : « Je me jetterai dans un fleuve pour deux frères et huit cousins », anticipant ainsi la théorie de la « sélection de parentèle » qu'allait proposer William Hamilton, l'un des biologistes les plus brillants et sympathiques depuis Charles Darwin.

J'ajoute « sympathique » pour bien distinguer Hamilton du scientifique qui a forgé, en fait, l'expression *kin selection* – « sélection de parentèle » –, dans un article où il volait l'idée de Hamilton sans lui en reconnaître la paternité. C'était ce même Maynard Smith que nous avons déjà mentionné. Quand l'idée de Hamilton lui vint aux oreilles, il se serait exclamé, paraît-il : « Mais bien sûr, comment n'y ai-je pas pensé[4] ? » Dès l'instant où Hamilton découvrit quel examinateur anonyme de son article pionnier en avait retardé la publication, il brûla d'une rancune tenace contre Maynard Smith, malgré les nombreuses excuses qu'il avait reçues. Price faillit subir le même sort quand Maynard Smith envisagea de le remercier, rien de plus, pour ses idées sur le combat limité («Pourquoi les serpents venimeux n'utilisent-ils pas leurs crochets mortels les uns contre les autres ?»), mais il réussit, heureusement, à obtenir le statut de coauteur.

Au début, la sélection de parentèle a rejeté dans l'ombre tout débat sur l'altruisme, parce qu'elle incitait à se concentrer sur les insectes sociaux, comme les abeilles et les termites, qui vivent en colonies de proches parents. Mais une seconde explication est devenue tout aussi influente. Robert Trivers, un biologiste évolutionniste américain, a fait remarquer que la coopération entre non-parents repose souvent sur l'altruisme réciproque : coûteux à court terme, les actes secourables sont avantageux à long terme quand les faveurs sont rendues. Si je sauve un ami sur le point de se noyer et qu'il me sauve ensuite dans des circonstances semblables, nous serons tous deux bien mieux lotis que si chacun n'avait dû compter que sur lui-même. L'altruisme réciproque permet aux réseaux de coopération de s'étendre au-delà des liens de parenté.

La plupart des acteurs de cette longue quête avaient, bien évidemment, des opinions politiques. L'un d'eux, le statisticien et biologiste britannique Ronald Fisher, était un eugéniste avoué, qui estimait que l'espèce humaine pouvait recourir dans une certaine mesure à l'amélioration génétique. Un autre, l'Américano-Hongrois John von Neumann, l'inventeur de la théorie des jeux, était si excité par ses propres calculs qu'en 1955 il avait instamment demandé au Sénat des États-Unis de larguer la bombe atomique sur les Soviétiques : « Si vous dites : "Pourquoi ne pas les bombarder demain ?", je dis : "Pourquoi pas aujourd'hui[5] ?" » Mais d'autres étaient des communistes encartés, et au départ il y a eu, bien sûr, Piotr Kropotkine, le prince anarchiste russe. Bien que ses adversaires dénoncent dans la biologie évolutionniste un complot de la droite, le débat sur l'altruisme a eu lieu pour l'essentiel à gauche et non à droite de l'éventail idéologique. Je suis bien placé pour le savoir, puisque Trivers et Hamilton se rencontraient de temps à autre en Californie aux réunions du Gruter Institute for Law and Behavioral Research [Institut Gruter sur le droit et la recherche comportementale], dont je suis membre depuis des décennies. Un jour, j'ai interviewé Bob sur ce qu'impliquait sa théorie. Voici l'une de ses réponses :

> Question : En lisant entre les lignes, je reconnais dans ton article le même type d'engagement social qui a conduit Kropotkine à développer ses idées…
>
> Réponse : […] Tu as raison au sujet de mes préférences politiques. Lorsque j'ai quitté les mathématiques et ai envisagé ce que j'allais faire à l'université, je me suis dit [ton ironique] : « Bon, je vais faire du droit, et je lutterai pour les droits civiques et contre la pauvreté ! » Quelqu'un a suggéré que j'étudie l'histoire des États-Unis, mais, tu sais, à cette époque, au début des années soixante, leurs livres étaient essentiellement tournés vers l'autosatisfaction. Je me suis finalement décidé pour la biologie.
>
> J'étais toujours politiquement attaché aux idées de gauche, et c'était pour moi très gratifiant de penser que ma thèse sur le « gratte-moi le dos » pouvait rapidement déboucher sur une position soutenant la justice et l'équité,

et qu'elle se situait de l'autre côté de la barrière de cette horrible tradition en biologie, celle du droit du plus fort[6].

Après avoir assisté aux funérailles de Price, Hamilton est allé dans un squat sauver les papiers personnels du scientifique décédé, tout en disant combien il se sentait proche de cet homme qui, à la fin de sa vie, parlait à Dieu (« je m'efforce d'être en toute chose un esclave du Seigneur, et de Lui soumettre toutes les questions, petites et grandes, pour qu'Il décide[7]… »). L'une des explications de la mort prématurée de Price est le trouble profond qu'il a ressenti face aux désagréables conséquences de ses propres calculs, comme l'impossibilité de faire advenir par l'évolution la loyauté à l'égard des membres du groupe sans faire également advenir par l'évolution la torture, le viol et le meurtre des non-membres. Penser que l'altruisme ne serait peut-être pas apparu sans ce revers de la médaille l'a désespéré. Mais Price estimait aussi que l'intérêt personnel contrarie l'altruisme authentique. Cette erreur d'interprétation colossale lui a peut-être coûté la vie, puisqu'il a sondé les frontières de la nature humaine en testant sa propre capacité d'autosacrifice. Il n'a pas tenu compte du fait que l'altruisme humain, dans la plupart de ses manifestations, n'opère pas du tout ainsi. L'altruisme se développe à partir de l'empathie avec des personnes en difficulté, et l'essence même de l'empathie consiste à brouiller la limite entre soi et l'autre. Ce qui, bien évidemment, a tendance à rendre assez floue la différence entre motivations égoïstes et désintéressées.

Ayant compris que l'empathie est une composante nécessaire de toute théorie de l'altruisme humain, Trivers a testé le concept sur Hamilton : « Il y a longtemps, j'en ai parlé à Bill, je lui ai dit : "Et l'empathie, Bill ?" Il a répondu :

“Qu’est-ce que l’empathie?” Comme si ça n’existait pas, comme s’il n’y avait rien de tel[8]. » Dommage, ajouterais-je, car si l’on s’était intéressé au *mode opératoire* de l’altruisme, il y aurait eu moins de controverses et de confusion sur ce dont les gènes sont capables. La route qui va des gènes au comportement est loin d’être rectiligne, et la psychologie qui produit l’altruisme mérite autant d’attention que les gènes eux-mêmes. L’erreur des premières théorisations a été d’esquiver ces phénomènes complexes.

L’empathie est essentiellement une caractéristique des mammifères ; or – cette erreur-là était encore plus grave – de grands penseurs avaient mis toutes les formes d’altruisme dans le même sac. On y trouvait les abeilles qui meurent pour leur ruche, et les millions de cellules des myxomycètes qui, en composant un organisme gélatineux unique, permettent à quelques-unes d’entre elles de se reproduire. Ce type de sacrifice a été placé au même niveau que celui de l’homme qui plonge dans une rivière glacée pour sauver un étranger, ou du chimpanzé qui partage de la nourriture avec un orphelin gémissant. Du point de vue évolutionniste, les deux types d’aide sont comparables, mais, psychologiquement parlant, ils sont radicalement différents. Les myxomycètes ont-ils seulement des motivations, comme nous ? Et quand des abeilles piquent un intrus, ne sont-elles pas mues par l’agressivité plutôt que par la bienveillance que nous associons à l’altruisme ? Les mammifères ont ce que j’appelle une « pulsion altruiste » : ils réagissent aux signes de détresse chez d’autres et ressentent un ardent désir d’améliorer leur situation. Comprendre les besoins des autres et réagir de façon appropriée, ce n’est vraiment pas la même chose qu’une tendance préprogrammée à se sacrifier pour l’intérêt génétique.

Mais, avec la popularité croissante du « point de vue des gènes », on a négligé ces distinctions. Ce qui a conduit à une vision cynique de la nature humaine et animale. L'élan altruiste a été minoré, voire ridiculisé, et la morale entièrement exclue du débat. Nous n'étions que marginalement meilleurs que les insectes sociaux. La tendresse humaine était une comédie, et la moralité une fine couche de vernis sur un chaudron de tendances effroyables. Cette vision des choses, que j'ai baptisée la « théorie du vernis », remonte à Thomas Henry Huxley, dit le « Bouledogue de Darwin ».

Le cul-de-sac du Bouledogue

Darwin défendu par Huxley, c'est un peu comme Albert Einstein défendu par moi. Je suis totalement incapable de saisir la théorie de la relativité. Je n'ai pas l'esprit assez mathématique, même si je peux suivre l'exemple du train qui accélère et autres simplifications pour les nuls. Tout ce qu'Einstein pourrait attendre de moi, ce sont de grandes envolées rhétoriques où j'affirmerais qu'à mon avis il a eu une idée géniale qui a remplacé les notions mécanistes d'Isaac Newton. Cela ne lui serait pas d'un grand secours, évidemment, mais c'est un peu ce qui est arrivé à Darwin quand Huxley a pris fait et cause pour lui. Huxley n'avait pas fait d'études, c'était un grand spécialiste autodidacte de l'anatomie comparée. Mais il avait des réticences notoires à accepter la sélection naturelle comme moteur principal de l'évolution, et le gradualisme lui posait problème aussi. Il ne s'agit pas de petits détails, donc ne soyons pas surpris de la dure conclusion d'Ernst Mayr, l'un des plus grands biologistes du siècle dernier : les écrits de Huxley « n'ont pas du tout reflété le véritable darwinisme[9] ».

Huxley est surtout célèbre pour avoir gagné haut la main, en 1860, un débat public sur l'évolution contre l'évêque «Soapy Sam» Wilberforce. Sam «l'onctueux» lui avait demandé, sarcastique, s'il descendait des primates par son grand-père ou par sa grand-mère. Huxley aurait répondu que cela ne le gênait pas de descendre d'un grand singe, mais qu'il aurait eu honte d'être apparenté à quelqu'un qui abuse de ses talents d'orateur pour obscurcir la vérité.

Il est bon de prendre cette célèbre histoire avec une certaine prudence, cependant. Outre qu'elle a été concoctée plusieurs décennies après l'affrontement en question, il y a le problème de la voix de Huxley : elle n'était pas assez puissante pour s'imposer à un public. Avant l'invention du micro, cela comptait. Un autre scientifique présent au débat a écrit avec dédain que Huxley avait été incapable de parler assez fort pour une assemblée aussi nombreuse, et que c'était lui, le botaniste Joseph Hooker, qui avait affronté l'évêque : «Je l'ai pulvérisé sous un tonnerre d'applaudissements. Je l'ai eu du premier coup, en dix mots pris dans sa propre bouche infâme.» L'évêque lui-même, soit dit en passant, avait le sentiment d'avoir totalement mis hors de combat ses adversaires[10].

Ce fut sûrement l'un des rares débats où tout le monde a gagné ! Mais c'est Huxley qui est entré dans l'histoire en grand champion de la science contre la religion. Étant lui-même d'un naturel infiniment plus réservé, Darwin avait besoin d'un soldat à ses côtés pour développer en public ses idées controversées. Huxley adorait se battre et cherchait une cause à se mettre sous la dent. Après avoir lu *L'Origine des espèces*, il s'était empressé d'offrir ses services à Darwin : «J'aiguise mes serres et mon bec pour être fin prêt[11].»

Thomas Henry Huxley, le combatif défenseur public de Darwin, se disait «agnostique». Il n'en avait pas moins de puissants préjugés religieux qui lui interdisaient d'être d'accord avec Darwin sur le problème de l'évolution morale : il la tenait pour impossible (caricature de Carlo Pellegrini dans *Vanity Fair* du 28 janvier 1871).

Ce qui a fait aussi à Huxley une réputation de tueur de la religion, c'est d'avoir inventé le mot «agnostique» : il entendait par là qu'il n'était pas certain de l'existence de Dieu. Il concevait toutefois l'agnosticisme comme une méthode, pas comme un credo. Il plaidait pour des raisonnements scientifiques uniquement fondés sur les faits et non sur une autorité supérieure, position que l'on qualifie aujourd'hui de «rationaliste». Huxley mérite toute notre admiration pour ce pas essentiel dans la bonne direction. Mais le grand paradoxe est qu'il est resté profondément religieux et a laissé sa religiosité colorer sa perspective générale. Il s'est lui-même qualifié de «calviniste scientifique», et un vaste pan de sa pensée découlait des préceptes lugubres et sans joie de la doctrine du péché originel. Puisque dans le monde la douleur est certaine, disait-il, notre seul espoir est de parvenir à l'endurer en serrant les dents – c'était sa «philosophie "supporte avec le sourire"[12] ». La nature ne peut rien produire de bon. Pour citer les propres termes de Huxley :

> Les doctrines de la prédestination, du péché originel, de la dépravation innée de l'homme et de l'effroyable destin de la majorité de l'humanité, de la primauté de Satan en ce monde, de l'indignité inhérente à la matière, du démiurge malveillant subordonné à un Tout-Puissant bienveillant qui ne s'est révélé que tardivement, si erronées puissent-elles être, me paraissent infiniment plus proches de la vérité que les illusions populaires « libérales » comme « les bébés naissent tous bons » [...][13].

La primauté de Satan ? Est-ce le vocabulaire d'un agnostique ? Dans un livre intitulé *Lay Sermons* [Sermons laïcs], Huxley a eu l'occasion de rivaliser avec les sermons prononcés en chaire. Il l'a fait sur un ton si moralisateur que ses critiques l'ont qualifié de père-la-vertu saturé de convictions puritaines. La mentalité religieuse de Huxley, dissimulée sous un désir de vérité objective, explique pourquoi il a élaboré la « théorie du vernis », avec son évaluation sinistre de la nature humaine. Il voyait l'éthique comme une victoire sur la nature, semblable à celle d'un jardin bien entretenu. Le jardinier lutte tous les jours pour empêcher son jardin de revenir à l'état sauvage. Pour citer ses propres termes, le processus horticole s'oppose au processus cosmique. La nature s'efforce d'anéantir les efforts du jardinier en envahissant sa parcelle d'infâmes mauvaises herbes, limaces et autres insectes prêts à éliminer les plantes exotiques qu'il veut cultiver.

Cette métaphore dit tout : l'éthique est une réponse spécifiquement humaine à un processus évolutionniste chaotique et pervers. Dans sa célèbre conférence « grand public » sur le sujet, prononcée à Oxford en 1893, voici comment Huxley résume sa position :

> La pratique du meilleur sur le plan éthique – ce que nous appelons bonté ou vertu – suppose une ligne de conduite en tout point contraire à celle qui mène au succès dans la lutte cosmique pour l'existence[14].

Où l'humanité a-t-elle pu trouver la volonté et la force de vaincre sa propre nature ? Sur ce point, l'anatomiste ne donne malheureusement aucun indice. Si nous sommes bel et bien dénués de toute bienveillance naturelle, comment et pourquoi avons-nous décidé de devenir des citoyens modèles ? Et si ce choix, comme on l'espère, était avantageux pour nous, pourquoi la nature nous a-t-elle refusé une main secourable ? Pourquoi nous faut-il suer perpétuellement sang et eau dans le jardin pour tenir en respect nos pulsions immorales ? C'est une théorie bizarre, si c'est bien le mot qui convient, de postuler que, dans l'évolution, la morale serait une « idée d'après-coup », à peine capable de dissimuler les pécheurs que nous sommes vraiment. Notons que cette idée noire est entièrement de Huxley. Elle n'a pas la moindre affinité avec la pensée de Darwin – je suis bien d'accord avec Mayr sur ce point. Comme l'écrit le biographe de Huxley, il « poussait son Arche éthique contre le courant darwinien qui l'avait portée jusque-là[15] ».

Finalement, Darwin a eu désespérément besoin d'un défenseur contre son défenseur officiel. Et il en a eu un : Kropotkine, naturaliste de premier ordre. Si Huxley était un citadin qui n'avait guère de connaissance directe des animaux non cadavériques, Kropotkine avait voyagé en Sibérie et constaté combien il était rare que les rencontres entre animaux se déroulent sur le modèle du combat de gladiateurs cher à Huxley, qui imaginait un « affrontement permanent où tous les coups sont permis ». Kropotkine avait remarqué une coopération fréquente entre membres de la même espèce. Se blottir les uns contre les autres dans le froid, résister collectivement aux prédateurs – les chevaux sauvages le faisaient, par exemple, contre les loups –, tout cela était crucial pour la survie. Kropotkine a mis l'accent sur ces thèmes dans son livre de 1902, *L'Entraide : un facteur de l'évolution*, explicitement dirigé contre les « infidèles » comme Huxley, qui interprétaient Darwin de travers. Certes, il est allé trop loin dans l'autre sens, en choisissant arbitrairement des exemples de solidarité animale pour conforter ses idées politiques, mais il avait raison de protester contre l'image que donnait Huxley de la nature, car elle avait peu de liens avec la réalité.

Comment sortir du cul-de-sac huxléyien ? C'est pour moi la plus grande de toutes les questions. Si nous n'avons pas le droit de parler de Dieu et que l'évolution n'offre pas davantage de réponse, qu'est-ce qui pourrait expliquer la morale humaine ? Quand on met hors jeu à la fois la religion et la biologie, je ne vois plus qu'un grand trou noir. Et le plus ahurissant, c'est que les biologistes, en vrais chauffards, nous ont à nouveau conduits dans la même impasse un siècle plus tard.

Ma vie de grenouille des toilettes

En Australie, il n'est pas rare de trouver dans la cuvette de ses toilettes une grenouille de belle taille. On peut essayer de l'en chasser, mais elle retournera d'un bond allègre dans la cuvette, où elle se fixe avec ses doigts à ventouse pendant les tsunamis occasionnels que nous, humains, nous produisons. Quant aux déchets corporels qui descendent en tourbillonnant, il semble que ce ne soit pas un souci pour elle.

Mais pour moi, oui ! Et je me suis senti comme une grenouille des toilettes pendant les trois dernières décennies du XXe siècle. Je devais m'accrocher désespérément chaque fois que sortait un livre sur la condition humaine, que son auteur fût biologiste, anthropologue ou journaliste scientifique, car la plupart de ces ouvrages défendaient des idées absolument incompatibles avec ma vision de notre espèce. On peut considérer les humains soit comme intrinsèquement bons mais capables de faire le mal, soit comme intrinsèquement mauvais mais capables de faire le bien. Il se trouve que j'appartiens au premier camp, mais cette littérature ne mettait l'accent que sur le négatif. Même les traits positifs, elle tenait à les formuler comme s'ils posaient problème. Les animaux et les humains aiment leur famille ? Nous parlerons de « népotisme ». Les chimpanzés autorisent leurs amis à manger des aliments dans leurs mains ? Appelons cela « chapardage », ou « parasitisme ». Le ton dominant était d'une extrême méfiance face à la gentillesse. Voici un énoncé caractéristique, qui revient constamment dans cette littérature :

> Une fois le sentimentalisme écarté, aucune trace d'authentique charité n'améliore notre vision de la société. Ce qui passe pour coopération se révèle n'être qu'un mélange d'opportunisme et d'exploitation. [...] Si quelqu'un a toute latitude d'agir dans son propre intérêt, rien d'autre que son avantage personnel ne le retiendra de violenter, de mutiler, d'assassiner – son frère, son conjoint, son père, sa mère ou son enfant. Grattez un « altruiste », vous verrez saigner un « hypocrite »[16].

Les altruistes ne sont que des hypocrites aux yeux de Michael Ghiselin, biologiste américain si réputé pour ses travaux sur la limace de mer qu'un des produits chimiques défensifs de cet animal porte son nom (la ghiselinine). Mais le passage que je viens de citer ne parlait pas des limaces, il concernait les humains. Il a donné le ton d'une grande partie de ce qui allait suivre – un ton que l'on retrouve deux décennies plus tard dans l'ouvrage du journaliste scientifique Robert Wright *L'Animal moral* : « Feindre l'altruisme fait autant partie de la nature humaine que la fréquente absence de ce même altruisme[17]. » Et il y a aussi George Williams, le biologiste évolutionniste américain qui a pris la position peut-être la plus extrémiste. Avec sa sombre vision de la « scélératesse » de la nature, qualifier celle-ci d'« amorale » ou d'« indifférente à la morale », comme l'avait fait sagement Huxley, lui a paru très insuffisant. Il a accusé la nature d'« immoralité grossière », ce qui a fait de lui le premier et, espérons-le, le dernier biologiste à assimiler le processus de l'évolution à un agent moral[18].

Le raisonnement était en général le suivant : (1) la sélection naturelle est un processus égoïste et cruel ; (2) il produit automatiquement des individus égoïstes et cruels ; (3) seuls les romantiques *peace and love* pensent autrement. On se réclamait de Darwin, bien sûr, dans cette expulsion de la morale hors du champ de la nature. Mais Darwin ne se serait jamais laissé enfermer dans le cul-de-sac de Huxley. Il était trop fin pour cela, comme je vais l'expliquer plus loin ; c'est pourquoi le comble de l'absurdité a été atteint quand Richard Dawkins a explicitement désavoué Darwin, en déclarant lors d'une interview en 1997 : « Dans notre vie sociale et politique, nous sommes en droit de mettre à la porte le darwinisme[19]. »

Je m'abstiendrai de citer des propos plus nauséabonds. Un seul scientifique a tiré de tout cela une conclusion parfaitement logique – même si je suis en désaccord total avec elle : Francis Collins, directeur du plus grand organisme fédéral de recherche des États-Unis, les National Institutes of Health. Puisqu'il avait lu tous les livres contestant que la morale pût être le fruit de l'évolution, et qu'il voyait bien que l'humanité, malgré tout, en possède un peu, il lui a paru incontournable d'admettre une source surnaturelle : « La loi morale incarne toujours à mes yeux l'indice le plus solide de l'existence de Dieu[20]. »

Naturellement, cet éminent généticien est devenu la risée du mouvement athée naissant. Certains ont dit qu'il polluait la science avec la foi, tandis que Dawkins, avec l'indulgence qui le caractérise, a estimé qu'il « n'était pas un esprit brillant[21] ». Et pas un mot sur le problème de fond, qui était clair : en cafouillant gravement sur la question de la morale, les biologistes avaient laissé la porte grande ouverte à d'autres explications. Tout cet épisode aurait pu être évité si Collins avait été confronté à une littérature évolutionniste plus sérieuse, qui se serait inspirée du livre de Darwin *La Descendance de l'homme*. Quand on le lit, on comprend qu'il est parfaitement inutile de pousser le vieux sous l'autobus. Darwin n'avait aucun problème à concilier la morale et le processus évolutionniste, ni à voir la capacité humaine de faire le bien. De plus – c'est pour moi le plus intéressant –, il voyait la continuité émotionnelle avec les autres animaux. Pour Huxley, les animaux étaient des automates sans esprit, mais Darwin a écrit tout un livre sur leurs émotions, parmi lesquelles leur aptitude à la sympathie. Dans un exemple mémorable, il cite un chien qui ne passait jamais à côté du panier où gisait une amie malade, une chatte, sans lui donner quelques coups de langue. Darwin y voyait un signe sûr d'affection. Peu avant de mourir, dans sa dernière note à Huxley, il n'a pu se retenir de moquer gentiment le cartésianisme de son ami en laissant entendre que, si les animaux sont des machines, les humains le sont nécessairement aussi : « Plût à Dieu qu'il y eût dans le monde plus d'automates de votre genre[22]. »

Les écrits de Darwin contredisent totalement la théorie du vernis. Il se demandait, par exemple, si la morale ne découlait pas en droite ligne des instincts sociaux des animaux, en précisant qu'« il serait absurde de prétendre que ces instincts se sont développés à partir de l'égoïsme[23] ». Darwin voyait qu'il existait un potentiel pour l'altruisme authentique, au moins au niveau psychologique. Comme la plupart des biologistes, il traçait une frontière claire entre le *processus* de la sélection naturelle, qui effectivement n'est pas très joli, et ses nombreux *produits*, qui couvrent un large éventail de tendances. Il ne pensait pas du tout qu'un processus cruel produit *ipso facto* un résultat cruel. Ceux qui raisonnent ainsi commettent ce que j'ai appelé « l'erreur Beethoven » : c'est comme s'ils jugeaient la musique de Ludwig van Beethoven en examinant comment et où elle a été composée. L'appartement viennois du maître était une vraie porcherie, puante, chaotique, jonchée de déchets et de pots de chambre non vidés. Nul ne juge à cela la musique de Beethoven. Pour l'évolution génétique, c'est pareil : même si elle procède par la mort et la destruction, cela ne souille pas les merveilles qu'elle a produites.

L'argument paraît évident, mais après l'avoir longuement développé dans mon livre de 1996 *Le Bon Singe*, la fatigue m'a pris : j'en ai eu assez de batailler contre la théorie du vernis. Cela faisait trois longues décennies qu'on l'acclamait avec une exubérance irrationnelle, sans nul doute à cause de sa simplicité : tout le monde la comprenait, tout le monde l'adorait. Comment pouvais-je me déclarer en désaccord avec une vérité aussi flagrante ?

Mais ensuite il s'est passé une chose curieuse : la théorie du vernis s'est évaporée. Au lieu de mourir d'une lente montée de fièvre, elle a eu un infarctus foudroyant. Je ne comprends pas vraiment comment ni pourquoi. Peut-être était-ce le bug de l'an 2000, mais, à la fin du XXe siècle, le besoin de combattre les « infidèles à Darwin » s'est évanoui en un clin d'œil. De nouvelles données sont arrivées, d'abord au compte-gouttes, puis à torrent. Les données ont ceci de merveilleux qu'elles enterrent les théories. Je me rappelle être tombé en 2001 sur un article intitulé « The Emotional Dog and its Rational Tail » [Le chien émotionnel et sa queue rationnelle]. Il était de Jonathan Haidt, un psychologue américain, et soutenait que nous parvenions à nos décisions morales par des processus intuitifs. Nous n'y réfléchissons pratiquement pas. Haidt exposait à des sujets des histoires de comportement inhabituel (par exemple, une aventure d'un soir entre un frère et une sœur), qu'ils réprouvaient immédiatement. Après quoi il démolissait toutes les raisons que ces sujets pouvaient trouver pour expliquer leur réprobation, jusqu'au moment où ils étaient à court d'arguments. Ils faisaient valoir, par exemple, que l'inceste entraîne des anomalies génétiques chez les enfants, mais Haidt répondait que dans son histoire le frère et la sœur avaient utilisé un contraceptif efficace, qui évacuait ce problème. La plupart de ces sujets en arrivaient vite au stade de la « sidération morale » : ils affirmaient obstinément que le comportement était mauvais sans pouvoir expliquer pourquoi.

Conclusion de Haidt : les décisions morales viennent des « tripes ». Nos émotions tranchent, après quoi la raison fait de son mieux pour suivre. Cette entorse à la primauté de la logique a ouvert la voie au retour en force des « sentiments » moraux de Hume. Les anthropologues ont démontré l'existence d'un sentiment d'équité chez des individus du monde entier, les économistes ont découvert que les humains étaient plus coopératifs et altruistes que la théorie de l'*Homo oeconomicus* ne pouvait l'admettre, des expériences menées avec des enfants et des primates ont repéré l'altruisme en l'absence d'incitations, on a dit que les bébés de six mois faisaient la différence entre « méchants » et « gentils », et les experts en neurosciences ont prouvé que nos cerveaux étaient câblés pour ressentir la douleur des autres. En 2011, nous avons atteint la conclusion ultime de cette logique : les êtres humains ont été officiellement déclarés « supercoopérateurs* ».

Chaque nouvelle découverte a enfoncé un clou supplémentaire dans le cercueil de la théorie du vernis, jusqu'au jour où la vision collective s'est totalement inversée. Il est aujourd'hui largement admis que, dans notre corps et notre esprit, nous sommes faits pour vivre ensemble et prendre soin les uns des autres, et que les humains ont une tendance naturelle à juger les autres en termes moraux. Loin d'être un mince vernis, la morale nous vient de l'intérieur. Elle fait partie intégrante de notre biologie, comme le confirment les nombreux parallèles repérés chez d'autres animaux. En quelques décennies, nous sommes passés des appels à inculquer la gentillesse à nos enfants, puisque notre espèce n'a aucune inclination naturelle dans ce sens,

* Allusion au livre de Martin A. Nowak, *Supercooperators. Altruism, Evolution and Why We Need Each Other to Succeed* [Supercoopérateurs. L'altruisme, l'évolution, et pourquoi nous avons besoin les uns des autres pour réussir], New York, Free Press, 2011.

à un tout autre consensus : nous naissons pour être bons, et les plus aimables l'emportent.

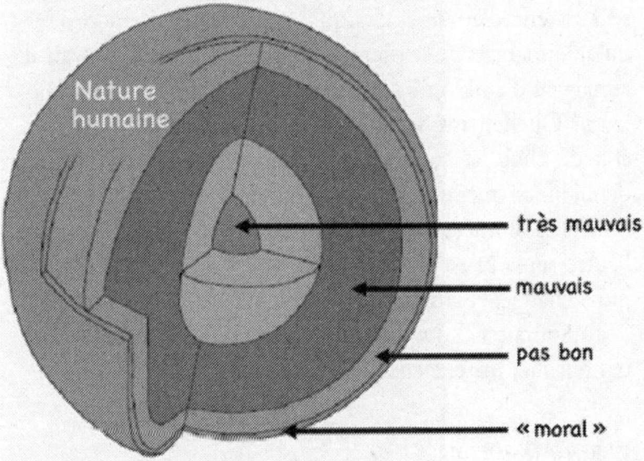

La théorie du vernis était, il y a peu, la vision biologique dominante de la nature humaine. Elle estimait que la gentillesse authentique soit n'existe pas, soit constitue un faux pas de l'évolution. La morale est une fine couche de vernis à peine capable de dissimuler notre vraie nature, qui est entièrement égoïste. Mais, dans la dernière décennie, la théorie du vernis a succombé à des preuves écrasantes de la présence innée de l'empathie, de l'altruisme et de la coopération chez les humains et d'autres animaux.

À quel point ce changement d'état d'esprit est radical, je le constate chaque fois que je cite devant mes auditeurs l'ignoble phrase de Ghiselin qui m'avait initialement envoyé dans les toilettes : « Grattez un altruiste, vous verrez saigner un hypocrite. » Cela faisait des décennies que je mentionnais cette pensée cynique dans mes cours, mais ce n'est que vers 2005 que mes étudiants ont commencé à l'accueillir par des soupirs audibles et de gros rires, comme un énoncé si extravagant, si déconnecté de l'idée qu'ils se faisaient d'eux-mêmes, qu'il leur paraissait incroyable qu'on ait jamais pu le prendre au sérieux. L'auteur n'avait-il jamais eu d'ami ? une femme aimante ? ou un chien, d'ailleurs ? Quelle triste vie il avait dû vivre ! Quand je vois cet état de choc, et combien il est largement partagé, je me demande si mes publics ont changé sous l'influence des nouvelles données ou si le rapport de cause à effet est dans l'autre sens. N'est-ce pas le *Zeitgeist*, l'esprit de l'époque, qui a changé, et la science qui s'aligne ?

Toujours est-il que mes toilettes sentent la rose. Je peux enfin lâcher prise, étendre les jambes et nager.

Erreurs à foison

Il reste néanmoins possible que tout cela soit une erreur colossale. La gentillesse peut être inadaptée, se manifester au mauvais moment et au mauvais endroit. Prenons les attentions de Daisy pour Amos agonisant, ou les soins des humains aux malades en phase terminale. À quoi bon ? Beaucoup s'occupent de leur conjoint âgé, comme l'a fait ma mère pendant les dernières années de vie de mon père. Quel poids elle a porté, elle tellement plus petite, et lui à peine capable de marcher ! Ou pensons à ce qu'il faut faire pour un conjoint atteint de la maladie d'Alzheimer, qui nécessite une surveillance de tous les instants, ne vous sait aucun gré de vos efforts, et manifeste sa surprise chaque fois que vous entrez dans la pièce, en vous reprochant de l'avoir abandonné. Qu'allez-vous y gagner ? Du stress et de l'épuisement, rien d'autre. Dans aucun de ces cas on n'a beaucoup de chances d'être payé de retour, alors que la théorie évolutionniste est très claire : l'altruisme doit bénéficier soit aux parents par le sang, soit à ceux qui ont la volonté et la capacité de rendre la faveur. Un conjoint mourant n'a pas le profil.

Puisque Daisy, ma mère et des millions de personnes dévouées s'écartent du dogme évolutionniste, on a beaucoup discuté de « gènes mal ciblés » qui nous poussent à être meilleurs que nous n'y aurions intérêt. Ne nous laissons pas égarer par ce genre de rhétorique ! Si les « gènes mal ciblés » n'existent pas comme concept en génétique, c'est parce que les gènes ne sont que de petits bouts d'ADN qui ne savent rien et ne veulent rien. Ils ont l'effet qu'ils ont sans avoir aucun objectif à l'esprit, et sont donc incapables de se tromper de cible. Il serait plus juste de qualifier l'altruisme débridé de « glorieux accident* », mais peu de spécialistes sont d'humeur à chanter ses louanges. Leur message est plutôt amer, comme si une splendide théorie sur les sources égoïstes de l'altruisme était lamentablement gâchée par les faits. « Presque tout dans la vie moderne est une erreur du point de vue des gènes », déplorent-ils, sans jamais conclure que, dans ces conditions, leur théorie n'a guère d'intérêt pour comprendre les réalités[24].

Il y a l'erreur d'envoyer de l'argent dans de lointains pays frappés par un tsunami ou un tremblement de terre. Donner son sang anonymement est une erreur. Être bénévole dans une soupe populaire ou déneiger devant la porte d'une vieille dame est une erreur, de même que consacrer toutes ses ressources à un enfant adoptif. Cette erreur-là est

* Titre d'un documentaire de 1993 fait d'interviews d'éminents scientifiques et philosophes sur la place de l'humanité dans le « puzzle cosmique ».

vraiment incompréhensible : elle est commise sur de nombreuses années par des milliers de familles ignorant que des enfants qui ne partagent pas leurs gènes n'ont aucune valeur. Des familles font la même erreur avec les animaux domestiques : elles dispensent des attentions extraordinaires à des bêtes bien incapables de les payer de retour. Et il y a bien d'autres erreurs courantes : avertir un étranger d'un danger, faire remarquer que quelqu'un a oublié son manteau dans un restaurant, aller chercher un conducteur tombé en panne. La vie humaine regorge d'erreurs, c'est un scandale : erreurs à foison, petites et grandes. Il en va de même chez les autres primates.

Prenons Phineas, le père d'Amos. Non qu'Amos ait su que Phineas était son père. Dans la société chimpanzé, il n'y a pas de liens permanents entre mâle et femelle, donc, en principe, n'importe quel mâle peut être votre père. Phineas avait été alpha les premières années, mais, quand il a atteint la quarantaine, il a commencé à se la couler douce. Il adorait jouer avec les jeunes, faire la toilette avec les femelles et rétablir l'ordre. Dès qu'il entendait une querelle, il venait faire une grosse démonstration de force, tous poils hérissés, pour y mettre fin. Il s'interposait entre les adversaires jusqu'au moment où leurs cris s'arrêtaient. Ce rôle d'« autorité de contrôle » est bien attesté aussi chez les chimpanzés sauvages. Il a un aspect remarquable : les mâles qui font la police ne prennent pas parti ; ils défendent le plus faible, même si l'agresseur est leur meilleur copain. Je suis souvent resté perplexe devant leur impartialité, qui tranche avec tant d'autres comportements des chimpanzés. En transcendant les préférences sociales de celui qui l'assume, le rôle d'« autorité de contrôle » sert réellement l'intérêt collectif.

Jessica Flack et moi, nous avons démontré combien ce comportement est bénéfique pour le groupe en retirant momentanément les mâles qui servent d'arbitres. Le résultat a été net : une société qui craquait sous toutes les coutures ; davantage d'agression, moins de réconciliation. Mais l'ordre a été rétabli dès que nous avons réintroduit les mâles dans le groupe[25]. Cela dit, une question reste ouverte : pourquoi agissent-ils ainsi ? Qu'ont-ils à y gagner ? L'idée centrale est que les mâles de haut rang s'assurent respect et popularité en prenant la défense du faible. Mais si cela paraît une stratégie parfaitement judicieuse pour les jeunes mâles, j'ai du mal à appliquer cette analyse à Phineas. Vers la fin de sa vie, ce bon vieux était manifestement sur le retour, et ne semblait plus avoir grande ambition. Pourtant, il surveillait avec zèle les signes de discorde dans le groupe. Son action pour l'harmonie était bénéfique pour tous, sauf peut-être pour lui. Les chimpanzés sont-ils aussi plus généreux qu'ils ne devraient l'être à l'aune des théories génocentriques ?

Il est tout à fait courant que les chimpanzés aident des individus auxquels ils ne sont pas apparentés. C'est par exemple ce qui s'est passé quand Washoe, première femelle chimpanzé du monde à avoir appris la langue des signes américaine, a entendu une femelle qu'elle connaissait à peine tomber à l'eau en hurlant. Elle a bondi par-dessus deux clôtures électriques pour rejoindre la victime et l'a traînée jusqu'à la terre ferme[26]. Dans un autre cas, Tia, une femelle qui vivait en milieu naturel à Fongoli, au Sénégal, avait perdu son nourrisson, capturé par des braconniers. Heureusement, les chercheurs avaient réussi à confisquer le bébé pour le rendre au groupe. Jill Pruetz a relaté la suite : Mike, un adolescent mâle sans lien de parenté avec Tia et trop jeune pour être le père du bébé, a pris celui-ci à l'endroit où les scientifiques l'avaient laissé et l'a immédiatement apporté à Tia. Manifestement, il savait à qui était le bébé, et il est probable qu'il avait remarqué aussi que Tia avait bien du mal à se mouvoir depuis qu'elle avait été molestée par les chiens des braconniers. Pendant deux jours, Mike a porté le bébé durant les déplacements du groupe, tandis que Tia clopinait derrière[27].

Même l'investissement le plus coûteux de tous, l'adoption de jeunes sans lien de parenté, n'est pas inconnu. Et pas seulement chez les femelles, que l'on pense peut-être plus susceptibles de le pratiquer. Un récent rapport envoyé de Côte d'Ivoire par Christophe Boesch énumère au moins dix chimpanzés sauvages mâles qui, sur une période de trois décennies, ont adopté des jeunes ayant perdu leur mère[28]. En 2012, Disneynature a sorti son film grand public *Chimpanzés*, qui montre comment Freddy, le mâle alpha de la communauté, prend Oscar sous son aile. Ce documentaire est fondé sur des faits réels. Quand la mère d'Oscar est morte brutalement de cause naturelle, l'équipe de tournage se trouvait au bon endroit au bon moment. Elle y est restée, même si les perspectives d'avenir du petit Oscar paraissaient sinistres. Freddy a procédé comme font d'autres mâles qui adoptent : ils partagent des aliments avec les jeunes, leur permettent de dormir dans leurs « nids nocturnes* », les protègent contre le danger et se hâtent de partir à leur recherche quand ils sont perdus. Certains s'occupent de ceux qu'ils ont pris en charge pendant plus d'un an, et un mâle l'a fait pendant plus de cinq ans (les chimpanzés ne deviennent adultes qu'à l'âge de douze ans

* Les chimpanzés se construisent des « nids » de branchages et de feuilles pour passer la nuit.

au moins). À part l'allaitement, ces beaux-pères assument toutes les tâches des mères à l'égard de leurs rejetons ; les chances de survie des orphelins en sont donc fortement accrues. Selon les échantillons d'ADN, ces mâles ne sont pas nécessairement apparentés à ceux qu'ils adoptent. Oscar a eu de la chance.

Au lieu de conclure que les chimpanzés aussi font des erreurs, laissons là ce langage normatif et ce qu'il implique – que nous naissons pour obéir à nos gènes. Pourquoi ne pas reconnaître, tout simplement, la déconnexion entre l'origine d'un trait et son usage actuel ? L'évolution a donné aux reinettes des ventouses pour s'accrocher aux feuilles des arbres, mais elles peuvent les utiliser pour survivre dans des toilettes. L'évolution a donné aux primates des mains pour s'accrocher aux branches des arbres, mais je joue du piano avec, et les bébés singes s'en servent pour s'agripper à leur mère. De nombreux traits ont été produits par l'évolution pour telle raison mais ont fini par servir aussi à d'autres usages. Je n'ai jamais entendu personne dire que des doigts qui glissent sur un piano sont « une erreur », donc pourquoi appliquer ce type de vocabulaire à l'altruisme ? On répondra peut-être que pratiquer l'altruisme a un coût, tandis que jouer du piano n'en a pas, et que cela justifie la terminologie de l'« erreur ». Mais sommes-nous vraiment sûrs qu'une empathie généralisée et une vie d'engagement ne finissent pas par payer à long terme ? Je n'ai jamais vu de preuve que ces comportements nous nuisent, et je soupçonne plutôt le contraire. Friedrich Nietzsche, l'auteur de la célèbre formule « Dieu est mort », s'intéressait aux sources de la morale. Attention, disait-il, ne confondons pas l'apparition d'une chose (qu'il s'agisse d'un organe, d'une institution juridique ou d'un rituel religieux) et les usages qu'elle acquiert. « Quelque chose d'existant, quelque chose qui a été produit de façon quelconque est toujours emporté [...] vers de nouveaux desseins, toujours mis à réquisition, armé et transformé pour un emploi nouveau[29]. »

C'est une pensée libératrice, qui nous enseigne à ne jamais tirer argument de l'histoire d'une chose contre ses applications possibles. Même si les ordinateurs servaient au départ à calculer, cela ne nous empêche pas de nous en servir pour jouer. Même si l'évolution a créé la sexualité pour la reproduction, chacun est libre (jusqu'à un certain point) de la pratiquer pour le plaisir. Aucune loi n'impose que les traits continuent en toute occasion à servir les objectifs pour lesquels l'évolution les a créés. Il en va de même pour l'empathie et l'altruisme, et c'est pourquoi nous devrions simplement remplacer le mot « erreur » par « potentialité ». Rien ne m'empêche de ressentir de l'empathie pour une baleine échouée et de me joindre aux efforts pour la haler vers l'océan, même si l'empathie humaine n'est pas née avec les baleines en tête. Je ne fais qu'utiliser ma capacité innée d'empathie au maximum de son potentiel.

Nietzsche avait raison : le passé d'une chose n'a qu'une pertinence limitée dans l'ici et maintenant. Si j'admire les idées pénétrantes de Price, Hamilton, Trivers et autres sur les fondements évolutionnistes de l'altruisme, je ne vois aucune raison de les transformer en dogmes qui dicteraient comment les humains *doivent* se comporter.

Gentillesse hédoniste

La science nous dit que nous respirons pour apporter à notre corps un supplément d'oxygène. Mais si je ne le savais pas, je respirerais exactement de la même façon, comme l'ont fait avant moi des millions d'humains et des milliards d'animaux. La force motrice de la respiration n'est pas la conscience de l'oxygène. De même, quand les biologistes conjecturent que l'évolution a produit l'altruisme parce qu'il est payant, cela ne veut pas dire que les acteurs ont besoin de le savoir. La plupart des animaux ne projettent pas leur pensée dans l'avenir, ils ne peuvent se dire : « Si je fais cela pour lui, il en fera peut-être autant pour moi demain. » Incapables d'anticiper, ils ne font que suivre une pulsion bienveillante. Il en va de même pour les humains. Sauf en affaires ou entre personnes qui ne se connaissent pas, ils font rarement les comptes des coûts et avantages de leurs comportements, notamment entre amis et en famille. Les faire est d'ailleurs mauvais signe, et en thérapie familiale c'est un indice qui révèle qu'un mariage bat de l'aile.

L'altruisme, tant humain qu'animal, peut donc être authentique en ce qu'il n'est pas motivé par des attentes pour l'avenir. C'est si vrai que nous avons parfois du mal à le refouler. James Rilling, un de mes collègues d'Emory, a conclu de certaines expériences de neuro-imagerie que nous avons « des préférences émotionnelles pour la coopération qui ne peuvent être surmontées que par des efforts de contrôle cognitif ». Réfléchissons à ce constat : il signifie que notre impulsion première est de faire confiance et d'aider. Ce n'est que dans un second temps que nous évaluons l'option de *ne pas* le faire, et pour la retenir il nous faut des raisons. C'est exactement le contraire d'une mise en mouvement par des incitations. Une seule catégorie de personnes se trouve dénuée de cet élan naturel, ce qui explique l'une de mes plaisanteries habituelles : la théorie du vernis saisit à la perfection la mentalité des psychopathes. Rilling a montré ensuite que, lorsque des gens normaux aident les autres, des zones du cerveau associées à la récompense sont activées. Quand on fait le bien, on se sent bien.

Ce sentiment d'avoir « chaud au cœur » me rappelle une image touchante que j'ai vue je ne sais combien de fois en travaillant avec des singes rhésus. Le comportement en question n'était pas altruiste au sens strict, mais il touchait presque à la source de tous les soins nourriciers des mammifères. Chaque printemps, les pensionnaires du zoo produisaient des dizaines de nouveau-nés. Ces bébés exerçaient un attrait magnétique sur les toutes jeunes femelles, qui essayaient de mettre leurs petites mains sur eux en faisant patiemment la toilette de leurs mères. Il fallait vraiment passer beaucoup de temps autour de la mère avant qu'elle ne laisse le bébé faire quelques pas mal assurés vers l'aspirante baby-sitter. Celle-ci le prenait dans les bras, le promenait, le renversait pour inspecter ses parties génitales, lui léchait le visage, le nettoyait de tous côtés, mais finissait par s'assoupir en étreignant fermement le bébé. Nous prenions des paris sur la durée de ce sommeil. Cinq minutes, dix minutes ? La somnolence qui submergeait les baby-sitters donnait l'impression qu'elles étaient en transe, ou peut-être en extase, après avoir si longtemps attendu leur chance. Tandis qu'elles tenaient leur trésor, une décharge d'ocytocine – l'hormone dite de l'amour – dans leur sang et leur cerveau leur avait fermé les paupières. Leur sommeil ne durait jamais longtemps, cependant, et elles rendaient vite le bébé à sa mère.

La joie de prendre soin d'un bébé prépare les jeunes femelles à l'acte le plus altruiste de tous. Les soins maternels des mammifères constituent l'investissement le plus coûteux et le plus prolongé dans d'autres êtres que l'on connaisse dans la nature : il commence par l'alimentation du fœtus et se termine bien des années plus tard. Ou jamais, diraient la plupart des parents. Mais, curieusement, les soins maternels ont été pratiquement absents du débat sur l'altruisme. Certains scientifiques refusent même de les classer sous cette rubrique, puisqu'ils n'y retrouvent pas ce qui est pour eux l'élément essentiel de l'altruisme, le sacrifice. Ils ne veulent parler d'altruisme que si l'acte est douloureux pour celui qui l'accomplit, du moins à court terme. Nul ne doit désirer ardemment être altruiste, encore moins y prendre plaisir. C'est ce que j'appelle *l'hypothèse « l'altruisme fait mal »*, et elle est absolument erronée. Après tout, la définition de l'altruisme n'impose pas qu'il fasse nécessairement souffrir, mais seulement qu'il comporte un coût.

Cela dit, les biologistes n'ont pas le moindre problème à expliquer pourquoi une femelle mammifère s'occupe de ses petits. Sans cela, comment se multiplierait-elle ? Nous savons aussi à quel point les femmes veulent des bébés. Je n'ai aucune envie d'être macabre, mais ce désir est assez fort pour en amener certaines à tuer, et à ouvrir le ventre d'une autre. D'autres volent un bébé à la maternité. Ce sont des cas pathologiques, mais ils illustrent ce désir irrésistible. C'est pourquoi s'occuper d'un bébé n'est pas perçu comme un sacrifice. Les soins maternels n'étant pas un bien grand mystère, la science s'est concentrée sur des comportements plus énigmatiques. La science cherche des défis. Pourtant, je persiste à croire que, pour les mammifères au moins, les soins maternels sont la forme typique de l'altruisme, le modèle de toutes les autres. Nous les ignorons à nos risques et périls. Il est révélateur que pas une seule chercheuse, à ma connaissance, ne se soit laissé mener en bateau sur la question de l'origine de l'altruisme. Aux yeux des femmes, il serait bien difficile d'écarter les soins maternels. Deux d'entre elles qui ont écrit des ouvrages sur la naissance de la coopération humaine le disent clairement. L'anthropologue américaine Sarah Hrdy propose une théorie inspirée du principe « Il faut un village* » : l'esprit d'équipe entre humains est né, selon elle, de la prise en charge collective des enfants, pas seulement par les mères mais aussi par tous les adultes présents. De même, Patricia Churchland, philosophe américaine versée dans les neurosciences, voit la morale humaine se développer à partir des tendances maternantes. Le circuit neural qui régule les fonctions corporelles de l'organisme est mis à contribution pour intégrer les besoins des enfants : ils sont pratiquement traités comme des parties du corps supplémentaires. Nos enfants font partie de nous, donc nous les protégeons et prenons soin d'eux sans y penser, comme nous le faisons pour notre corps. Le même mécanisme du cerveau sert de base aux autres relations de sollicitude.

Cela expliquerait des différences observables entre les sexes, qui commencent tôt dans la vie. À la naissance, les bébés filles regardent plus longtemps les visages que les bébés garçons, qui regardent plus longtemps les jouets mécaniques. Plus tard dans la vie, les filles sont plus sociables que les garçons, meilleures interprètes des expressions émotionnelles, plus sensibles aux voix, plus affectées après avoir fait du mal à quelqu'un, et mieux capables d'adopter le point de vue d'un autre. Nous avons aussi

* « Il faut un village pour élever un enfant » est une expression semi-proverbiale, reprise par Hillary Clinton dans le titre de son livre de 1996 *It Takes a Village. And Other Lessons Children Teach*, où elle préconisait une société capable de satisfaire les besoins des enfants. Ce livre a été vivement attaqué par les conservateurs sur le thème : il ne faut pas un village mais une famille.

appris qu'on renforce l'empathie, chez les hommes comme chez les femmes, en leur vaporisant de l'ocytocine dans les narines, c'est-à-dire en les leurrant avec l'hormone maternelle par excellence (l'ocytocine est associée à l'accouchement et à l'allaitement). Dans nos propres travaux, nous avons constaté que, chez les chimpanzés, les femelles consolent plus souvent que les mâles. Elles s'approchent des victimes d'une agression, les enlacent tendrement et les tiennent dans les bras jusqu'au moment où leurs cris cessent. Les femelles sont le sexe le plus réconfortant.

Si les soins maternels ont été une forme de sollicitude presque trop évidente pour intéresser les théoriciens, ils sont aussi la plus gratifiante en soi, ce qui m'amène à *l'hypothèse « avec l'altruisme, on se sent bien »*. Ce que nous avons besoin de faire, la nature l'associe invariablement au plaisir. Puisque nous avons besoin de manger, l'odeur de la nourriture nous fait saliver comme des chiens de Pavlov et la consommation alimentaire est l'une de nos activités favorites. Nous avons besoin de nous reproduire, donc le sexe est à la fois une obsession et une joie. Et pour garantir que nous élèverons nos jeunes, la nature nous donne des attachements, dont aucun n'est plus fort que celui qui lie la mère à sa progéniture. Comme tous les autres mammifères, nous sommes entièrement préprogrammés pour cela, dans le corps et dans l'esprit. C'est pourquoi nous remarquons à peine les efforts que nous faisons quotidiennement pour nos enfants, et nous ne disons que par plaisanterie qu'ils nous coûtent les yeux de la tête. Notre aide est moins importante pour les parents éloignés et les non-parents, évidemment, mais la satisfaction que nous avons à la donner reste la même, comme l'avait déjà vu l'empereur romain du IIe siècle Marc Aurèle dans ses *Pensées pour moi-même*

(« Ne te lasse donc point de te rendre service, en obligeant les autres[30] »). Les humains sont des animaux qui vivent en groupe, qui comptent les uns sur les autres, qui ont besoin les uns des autres, donc qui prennent plaisir à aider et à partager.

Dans le film de 1996 *Simples secrets*, Bessie (jouée par Diane Keaton) reçoit la visite de sa sœur plus matérialiste (Meryl Streep). Bessie a consacré de nombreuses années de sa vie à prendre soin de leur père, sans jamais recevoir d'aide de sa sœur. Quand elle dit à sa sœur qu'elle a le sentiment d'avoir eu de la chance en ayant ses parents auprès d'elle, parce qu'elle a eu tant d'amour dans sa vie, sa sœur comprend de travers, selon sa propre mentalité autocentrée, et lui répond : « Ils t'aiment beaucoup. » Bessie la corrige en disant : « Ce n'est pas ce que je veux dire, non, je veux dire que j'ai eu beaucoup de chance d'être capable d'aimer quelqu'un à ce point-là. » L'altruisme peut nous inonder de bonheur.

Ce qui a conduit George Price à tenter de pousser l'autosacrifice à l'extrême, c'est cette idée bizarre : « L'altruisme doit faire mal. » On ne peut pas être un grand altruiste sans souffrir, s'est-il dit, et c'est pour cela qu'il a décidé de renoncer à tous ses biens et de se négliger jusqu'à se mettre dans un état pitoyable. Il n'a pas compris que l'autonégligence est contre-productive, comme chacun le sait dans les associations caritatives. C'est comme pour les masques à oxygène dans les avions : le moi doit être nourri avant de pouvoir prendre soin des autres. Je me suis souvent demandé d'où avait pu venir cette étrange notion, « l'altruisme fait mal ». C'est une abomination, par exemple, pour le bouddhisme, où la compassion pour les autres est censée nous emplir de joie. Cet effet n'est pas l'apanage des adultes conscients de leurs états mentaux, il se produit aussi chez les tout-petits, qui prennent plus de plaisir à donner des friandises aux autres qu'à en recevoir[31]. Une étude menée sur des personnes qui s'occupent d'un conjoint ou d'un parent malade apporte aussi des éléments de preuve très intéressants. La psychologue Stephanie Brown a constaté qu'elles remarquent à peine les coûts de leur comportement. Elles ont l'impression de ne faire qu'un avec ceux qu'elles prennent en charge, et tirent un tel sentiment d'épanouissement de se voir nécessaires à d'autres qu'elles vivent plus longtemps que les gens qui ne sont pas en situation de devoir prendre en charge quelqu'un.

Sur la base de mon expérience personnelle auprès de mon épouse dont la vie était menacée par un cancer du sein, je suis entièrement d'accord : le mot « sacrifice », même si on l'emploie souvent, est totalement inadapté. Rien ne nous vient plus naturellement que de prendre soin de nos êtres chers. Patricia Churchland a raison de voir une continuité entre s'occuper de son corps, de ses enfants et de ses proches. Notre cerveau a été conçu pour brouiller la frontière entre le moi et l'autre. C'est un câblage neural archaïque qui caractérise tous les mammifères, de la souris à l'éléphant. Dans une réserve naturelle thaïlandaise, j'ai rencontré une éléphante aveugle qui se déplaçait avec son amie voyante. Les deux femelles, sans lien de parenté, paraissaient inséparables. L'aveugle dépendait de l'autre, qui semblait le comprendre. Dès que la seconde s'éloignait, on pouvait entendre des grondements graves en provenance des deux, et parfois même un barrissement, qui indiquait à l'éléphante aveugle où se trouvait sa compagne. Ce bruyant manège continuait jusqu'à ce qu'elles soient à nouveau réunies. Suivaient d'intensives retrouvailles, avec force claquements d'oreilles et contacts mutuels, tactiles et olfactifs. Elles prenaient plaisir à cette étroite amitié, qui permettait à la femelle aveugle de mener une vie d'éléphante relativement normale.

Puisque prendre soin de sa famille ou de ses proches est intrinsèquement gratifiant, certains aiment qualifier ces comportements d'«égoïstes», du moins au niveau émotionnel. Ce n'est pas incorrect, mais il est clair que cela brouille totalement la distinction entre égoïsme et altruisme. Si manger moi-même tout ce qu'il y a sur la table et le partager avec un étranger affamé sont deux conduites tout aussi égoïstes, la langue perd son utilité. Comment un seul et même concept peut-il couvrir des motivations aussi divergentes ? Et surtout, pourquoi assimiler à de l'égoïsme ma satisfaction à voir cet étranger manger ? Pourquoi l'altruisme ne pourrait-il pas apporter du plaisir, comme toutes les autres tendances naturelles des humains ? Beaucoup de gens adorent gâter leur famille et leurs amis, et la plus grande joie que nous pouvons leur offrir est de les laisser faire.

Comment en sommes-nous arrivés à inverser la perspective – à voir l'altruisme non plus comme un sacrifice difficilement explicable mais selon sa conception moderne, qui l'ancre dans les soins nourriciers intrinsèquement gratifiants des mammifères ? Si l'on se retourne sur le chemin parcouru, on est frappé de l'ampleur des éléments idéologiques et religieux qui sont intervenus dans le débat, de la conversion de Price au christianisme à la préoccupation de Huxley pour le péché originel ou de l'anarchisme de Kropotkine à la présentation curieusement populaire de l'altruisme comme une hypocrisie ou une erreur. Une idée a manqué presque de bout en bout : les humains et les autres mammifères parviennent à l'altruisme tout autrement que les insectes sociaux, par exemple. Ce qui nous a égarés, c'est peut-être l'habitude courante de comparer l'altruisme humain à celui des fourmis et des abeilles. Les insectes n'ont pas d'empathie, tandis que nos cerveaux sont faits pour se connecter avec les autres et ressentir leurs douleurs et leurs joies. Il en résulte que l'altruisme peut être à la fois authentique et gratifiant. Si Price a franchi cette frontière en renonçant à sa santé et à sa fortune pour des compagnons d'errance qu'il connaissait à peine, son désespoir final est compréhensible. Il a sous-estimé la nature hédoniste de l'altruisme dirigé vers ceux dont nous nous soucions, et surestimé notre capacité de générosité à l'égard des inconnus. La seconde a de sérieuses limites, mais le premier en a fort peu.

Chapitre 3

Les bonobos dans l'arbre généalogique

Le meilleur moyen d'éliminer un ennemi est d'en faire un ami.

Abraham Lincoln[1].

Ma visite dans un laboratoire médico-légal de Moscou a confirmé mes soupçons : être un proche parent du couronnement de la création ne vous vaut aucun respect. Ce laboratoire était spécialisé dans la « sculpture forensique », par exemple la reconstitution faciale à partir du crâne d'une victime non identifiée. Dans un coin du sous-sol, mes hôtes m'ont montré un visage taillé à la serpe qu'ils conservaient sous emballage. Ils ne m'ont même pas laissé prendre une photo. Ils s'étaient exercés sur un crâne d'homme de Neandertal, et le buste auquel ils étaient parvenus ressemblait si incroyablement à l'un des plus éminents parlementaires de la Douma que ce puissant personnage allait fermer leur institut, redoutaient-ils, si une photographie filtrait à l'extérieur.

Nous n'avons pas une très bonne opinion de nos proches parents, et nous ne voulons à aucun prix leur ressembler. Les néandertaliens passent pour des êtres arriérés, voûtés, qui s'engouffrent dans leurs cavernes ou en surgissent au pas de charge en traînant leur femme par les cheveux. Le plus récemment découvert, le petit « hobbit » de l'île de Flores en Indonésie, a été déclaré microcéphale et peut-être même « crétin ». Si les scientifiques associent ce terme aux déséquilibres thyroïdiens provoqués par le manque d'iode, l'écrasante majorité des gens s'en tiennent à la définition du dictionnaire : un crétin est « un individu stupide, obtus ou mentalement retardé » – et les outils assez complexes retrouvés aux côtés du fossile de Flores n'y changeront rien.

Dans les combats internes sans merci dont ils sont coutumiers, les anthropologues évaluent encore les données sur l'homme de Flores, mais la situation des néandertaliens s'éclaircit de jour en jour. Le cliché traditionnel qui faisait d'eux des brutes épaisses n'a jamais été bien convaincant, puisque leur cerveau était plus gros que le nôtre. La ressemblance avec le membre de la Douma révèle en fait notre propre origine néandertalienne. Lorsque les premiers humains sont sortis d'Afrique, ils ont trouvé des proches parents déjà présents plus au nord depuis deux cent cinquante mille ans, et infiniment mieux adaptés au froid glacial. Au lieu de les vaincre par la conquête, comme dit la version officielle, peut-être avons-nous établi des liens d'amitié avec ces nordiques. Il est sûr que les hommes ont été séduits par les néandertaliennes, que les femmes ont eu un faible pour les néandertaliens et *vice versa*, car on estime que jusqu'à 6 % de l'ADN des membres non africains de notre espèce viennent des néandertaliens. Ce croisement a probablement beaucoup renforcé notre système immunitaire.

Nos frères nordiques enterraient leurs morts, savaient fort bien fabriquer des outils, entretenaient le feu et prenaient soin des infirmes comme les premiers humains. Les fossiles attestent la survie jusqu'à l'âge adulte d'individus souffrant de nanisme, de paralysie des membres ou d'incapacité à mastiquer. Si l'on en juge par des noms exotiques comme Shanidar 1, Romito 2, le Garçon de Windover et le Vieux de la Chapelle-aux-Saints, nos ancêtres maintenaient en vie des êtres qui contribuaient fort peu à la société. La survie des faibles, des handicapés, des arriérés mentaux et d'autres individus qu'il fallait prendre en charge constitue aux yeux des paléontologues une étape majeure dans l'évolution de la compassion. Cet héritage « communautariste » est crucial pour notre réflexion ici, car il suggère que la morale est antérieure aux civilisations et aux religions actuelles d'une centaine de millénaires au moins.

Mais ce n'est pas la seule date qui ne cesse de reculer dans le passé. On peut le supposer sans risque : du brassage de la bière aux expressions artistiques, les choses se sont toujours produites plus tôt qu'on ne le croit. Les blocs d'ocre gravés d'Afrique du Sud, avec leurs structures géométriques complexes, sont deux fois plus anciens que les peintures rupestres de Lascaux. Même la locomotion bipède ne cesse de remonter le temps – on a découvert, par exemple, des empreintes de pied attestant une démarche parfaitement verticale deux fois plus loin de nous qu'on ne le supposait.

Ce que nous faisons et dont nous sommes fiers est nécessairement une invention récente : tel est, invariablement, notre postulat initial. Après quoi nous découvrons que les néandertaliens en faisaient autant, et peut-être aussi les australopithèques, jusqu'au moment où nous remontons jusqu'aux grands singes, qui, de fait, ont peut-être été les premiers. Qui nous dit, par exemple, que l'âge de pierre a commencé dans notre lignage ? Des techniques archéologiques ont permis de mettre au jour en Côte d'Ivoire un site de cassage de noix de plus de quatre mille ans, avec marteau et enclume de pierre, mais les types de noix découverts, la taille des outils (grands et lourds) et l'écologie (forêt vierge) indiquent que les utilisateurs étaient des chimpanzés, pas des humains. L'analyse des fouilles suggère que, pendant des millénaires, des grands singes ont apporté des pierres résistantes comme le granite, prélevées dans des affleurements éloignés, pour écraser des noix très dures dans la forêt. Aujourd'hui, la même technologie est familière aux chimpanzés d'Afrique occidentale.

Les longs adieux

Une seule date se rapproche de nous de plus en plus, au lieu de reculer toujours plus loin dans le passé. Dans la première moitié du XXe siècle, sur les arbres évolutionnistes des manuels, on voyait encore la branche humaine croître dans un splendide isolement depuis 25 millions d'années.

Notre famille immédiate se compose des quatre « grands singes » (les chimpanzés, les bonobos, les gorilles et les orangs-outans) et d'autres un peu plus petits : les gibbons et les siamangs. Elle est très réduite comparée aux quelque deux cents espèces de singes et de prosimiens qui appartiennent aussi à l'ordre des primates. Avec leur queue et leur museau en avant, ces espèces sont plus éloignées de nous que les « grands singes ». Mais l'ancien arbre, qui nous situait au plus loin de tous les autres primates, n'allait pas durer. Carl von Linné l'avait peut-être prévu lorsqu'il a attribué à l'humanité son propre genre bien distinct, *Homo*. Il paraît que le taxinomiste suédois avait des doutes sur notre statut spécial, mais qu'il avait décidé d'éviter les ennuis avec le Vatican. Trois siècles plus tard, les protéines du plasma sanguin et l'ADN ont offert de meilleures bases de comparaison entre les espèces que les critères anatomiques utilisés jusque-là. Ces nouvelles données nous ont séparés des petits singes mais collés au beau milieu des grands. Quel choc ! Et pas moyen de discuter avec l'ADN, puisqu'il élimine le problème du choix arbitraire par les humains des traits qu'ils ont envie de privilégier. Marcher sur deux jambes nous paraît peut-être de la plus haute importance, mais dans l'ordre général de la nature cela ne l'est pas. Les poussins le font aussi. Les comparaisons ADN neutralisent les préjugés humains. Dans un arbre fondé sur l'ADN, l'humanité n'occupe qu'une branche minuscule entre beaucoup d'autres : elle ne s'est détachée des grands singes qu'il y a environ 6 millions d'années.

Si certains croisements (avec les néandertaliens, par exemple) ont contribué au succès de notre espèce en fin de parcours, peut-être en a-t-il été de même au début. L'ADN des humains et celui des grands singes montrent des signes d'hybridation initiale. Après s'être séparés, nos ancêtres ont probablement continué à fréquenter les grands singes, comme cela se passe aujourd'hui, nous le savons, entre grizzlis et ours polaires ou entre loups et coyotes. Certains paléontologues sceptiques font valoir qu'il est peu probable que nos ancêtres bipèdes aient continué à s'accoupler pendant plus d'un million d'années avec des grands singes quadrupèdes, mais le mode de locomotion, que je sache, ne dit pas avec qui l'on peut se reproduire ou non. Ce raisonnement me fait penser à une assertion encore plus extravagante, qui date du temps où nous n'étions pas encore sûrs de l'hybridation entre hommes et néandertaliens : tout rapport sexuel entre ces deux hominidés était évidemment exclu, disait-on alors, puisqu'ils ne parlaient sûrement pas la même langue. Argument qui me faisait forcément pouffer de rire : je pensais à ma première rencontre avec mon épouse française. La langue est une barrière tellement mineure !

Le premier scientifique qui a suggéré que les hommes descendaient des grands singes a été le naturaliste français Jean-Baptiste Lamarck en 1809. Selon sa théorie, les caractères acquis (l'allongement des pattes chez les échassiers, par exemple) peuvent se transmettre à la génération suivante. Bien avant que Darwin aborde le sujet, Lamarck a vu que l'humanité avait évolué à partir d'un primate quadrumane :

> Effectivement, si une race quelconque de *quadrumanes*, surtout la plus perfectionnée d'entre elles, perdait, par la nécessité des circonstances, ou par quelque autre cause, l'habitude de grimper sur les arbres, et d'en empoigner les branches [...] et si les individus de cette race, pendant une suite de générations, étaient forcés de ne se servir de leurs pieds que pour marcher, et cessaient d'employer leurs mains comme des pieds, il n'est pas douteux [...] que ces quadrumanes ne fussent à la fin transformés en *bimanes*, et que les pouces de leurs pieds ne cessassent d'être écartés des doigts[2].

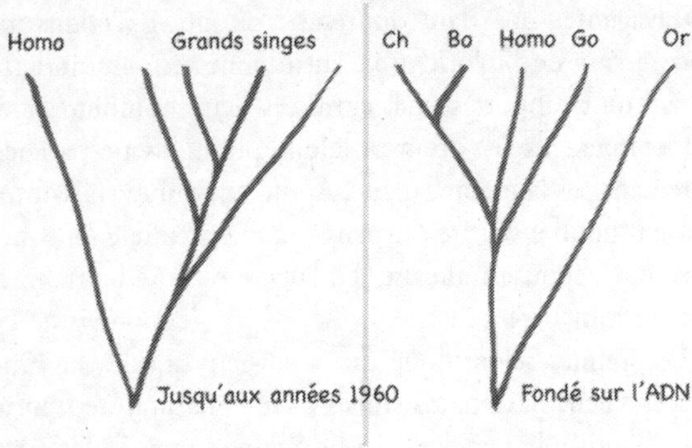

Jusqu'aux années 1960, les humains jouissaient de leur propre branche dans l'arbre évolutionniste : ils étaient nettement séparés des grands singes (*à gauche*). Mais les arbres fondés sur l'ADN (*à droite*) placent les humains plus près des chimpanzés (Ch) et des bonobos (Bo) que des gorilles (Go) et des orangs-outans (Or).

Lamarck a payé cher son audace. Il s'est fait tant d'ennemis qu'il est mort dans la misère et a eu droit à l'une des nécrologies les plus railleuses et méprisantes jamais lues devant l'Académie des sciences[3]. Un demi-siècle plus tard, l'idée selon laquelle les humains descendent des grands singes a été largement répandue par deux champions de l'évolution darwinienne – celle qui se fonde sur des traits hérités : Thomas Henry Huxley en Angleterre et Ernst Haeckel en Allemagne. L'un et l'autre se sont durement battus pour faire admettre à tous que nous sommes des grands singes modifiés, et ils ont au moins convaincu la communauté scientifique : en son sein, ce n'est plus un sujet de débat. Enfin, jusqu'en cette année 2009 où l'université d'État du Kent a publié un communiqué de presse au titre choc : « L'homme ne descend pas du singe. »

Pour comprendre cette assertion, il faut savoir que cette université a participé à la découverte d'un fossile vieux de 4,4 millions d'années, *Ardipithecus ramidus*, dit « Ardi », en Éthiopie. Ardi est plus proche d'un million d'années des longs adieux entre humains et grands singes que les fossiles antérieurs. Elle ressemblait encore beaucoup aux seconds : son gros orteil opposable le montre bien. Elle était sûrement une grande grimpeuse, qui dormait dans les arbres comme le font encore chaque nuit les grands singes pour éviter les prédateurs. Inévitablement, créationnistes et adeptes du « dessein intelligent » ont vu dans ce communiqué tendancieux un don de Dieu et ont sauté sur l'occasion, tandis que certains médias concluaient que c'étaient les singes qui descendaient de nous. Toute cette confusion vient d'un scientifique de l'équipe qui a travaillé sur Ardi. Malgré son nom de consonance très bonobo – il s'appelait Owen Lovejoy –, il n'a pensé qu'aux chimpanzés dans ses comparaisons, et il a conclu que le physique d'Ardi était trop différent pour dériver d'un ancêtre ressemblant à un chimpanzé. Mais pourquoi prendre un grand singe aujourd'hui vivant, quel qu'il soit, comme point de départ ? Depuis la séparation, les grands singes qui nous entourent ont eu autant de temps pour se transformer que notre propre espèce. Beaucoup s'imaginent que ces espèces sont restées immuables pendant que la nôtre évoluait, mais les données génétiques suggèrent en fait que les chimpanzés ont changé *plus* que nous. Nous ne savons pas du tout à quoi ressemblait notre dernier ancêtre commun. La forêt vierge ne permet pas la fossilisation – tout pourrit et disparaît avant d'en arriver là – et nous n'avons donc aucun fossile des premiers grands singes. Cependant nous pouvons être certains que notre géniteur initial répondait à la définition courante du grand singe : un primate de grande taille, sans queue, à torse plat et à pieds préhensiles. Il reste donc parfaitement acceptable de dire que nous « descendons du singe » – mais d'aucun des grands singes qui existent aujourd'hui.

Moins prognathe et munie de dents plutôt petites et peu tranchantes, Ardi se distingue clairement des chimpanzés, dont les mâles sont armés de longues canines acérées. Ils usent de ces « crocs » comme de terribles poignards, capables de déchirer d'un coup le visage et la peau de l'ennemi. Les chimpanzés sauvages s'en servent pour tuer quand ils se disputent un territoire. On estime qu'en comparaison Ardi était plutôt pacifique, peut-être parce que les rapports entre mâles étaient moins conflictuels. Lovejoy a même suggéré qu'Ardi et ses contemporains étaient monogames et que cela avait contribué à réduire la violence. Mais, tant que les paléontologues n'auront pas trouvé un fossile mâle et un fossile femelle portant des alliances, avancer que les Ardi vivaient en couple reste une pure spéculation. Rien ne prouve d'ailleurs que la monogamie porte au pacifisme : le seul primate monogame que nous avons dans notre lignage immédiat (le gibbon) a d'effroyables canines.

Et si nous ne descendions pas d'un ancêtre menaçant de type chimpanzé mais d'un gentil grand singe empathique de type bonobo ? Les proportions physiques du bonobo – ses longues jambes et ses épaules étroites – semblent correspondre parfaitement aux descriptions d'Ardi, et ses canines assez réduites aussi. Pourquoi a-t-on négligé le bonobo ? Et si le chimpanzé, au lieu d'être un prototype ancestral, était en fait un déviant violent dans un lignage par ailleurs plutôt paisible ? Ardi nous envoie un message, et, même s'il n'y a aucun consensus sur ce qu'elle dit, je constate une nouveauté fort bienvenue : les tambours de guerre qui rythmaient tous les scénarios antérieurs se sont tus.

Le frottement génito-génital entre femelles bonobos sert à créer des liens et à faire la paix. Les deux femelles accolent leurs vulves et leurs clitoris et les frottent latéralement avec frénésie. L'une s'accroche à l'autre presque comme un nourrisson. Leurs expressions faciales et leurs cris perçants suggèrent l'orgasme.

Bonobos à gauche, bonobos à droite

Imaginons que vous soyez journaliste et que vous ayez décidé d'offrir à vos lecteurs une description de première main du primate politiquement correct, l'idole de la gauche, connu pour ses relations sexuelles « gay », sa suprématie féminine et son style de vie pacifique. Votre sujet, c'est le bonobo : un proche parent du chimpanzé. Vous faites un long voyage jusqu'au pays nommé par ironie République démocratique du Congo (RDC) pour voir folâtrer ces chers grands singes dans leur habitat naturel, en comptant bien revenir avec des récits nouveaux et captivants.

Hélas, vous n'apercevez pratiquement aucun bonobo. Vous en observez quelques-uns assis tranquillement dans les arbres, occupés à manger des noix. C'est tout. Voilà ce qui est arrivé à Ian Parker, qui n'en a pas moins réussi à écrire treize pages de prose artistement ciselée en tant que correspondant du *New Yorker* « au bout du monde ». Nous y apprenons tout sur « l'air torride et sirupeux », les pluies diluviennes, les torrents de boue, le bruit des fruits à coque qui tombent et son hôte allemand, qu'il décrit comme un personnage assez froid et peu sympathique. Le message central de Parker aurait pu être, bien sûr, que la recherche en milieu naturel n'est pas un pique-nique, mais il a préféré soutenir que les bonobos sont loin d'être aussi gentils et érotiques qu'on le croyait. C'était ôter une épine du pied des homophobes et des hobbésiens, qu'embarrassait la réputation de ce grand singe, et les médias de droite se sont jetés sur cette aubaine avec délice. On allait enfin pouvoir mettre un terme au « mythe bonobo » et restaurer la nature rouge sang sur ses crocs et ses griffes*. Le commentateur conservateur Dinesh D'Souza a accusé les « libéraux** » d'avoir façonné le bonobo à seule fin d'en faire leur mascotte et leur a conseillé de s'en tenir à l'âne***.

On aurait pu s'en amuser si l'épisode n'avait pas eu un autre enjeu que les escarmouches politiques : le *savoir*. Que les bonobos puissent être agressifs ne fait guère de doute. Nous sommes informés d'agressions collectives féroces, essentiellement organisées par des femelles contre des mâles. Au fil des ans, de nombreux événements de ce genre ont été attestés dans les zoos, et ont d'ailleurs inspiré une révision de leurs pratiques à l'égard des bonobos. Puisque séparer les

* C'est ainsi que la définit Tennyson dans son poème *In Memoriam A.H.H.* de 1849 (« *Nature, red in tooth and claw* »).

** On sait que, dans le vocabulaire politique américain, le terme désigne la gauche : les « libéraux » sont les progressistes, qui s'opposent aux « conservateur ».

*** Aux États-Unis, l'âne symbolise le parti démocrate et l'éléphant le parti républicain.

mères de leurs fils rompt un lien de protection, les zoos les gardent de plus en plus souvent ensemble. Comme je l'ai dit clairement dans mon livre de 1997, *Bonobos : le bonheur d'être singe*, « tous les animaux sont, par nature, concurrents, et ne coopèrent que dans des circonstances, et pour des raisons, bien spécifiques[4] ».

Sur le comportement bonobo en milieu naturel, il y a peu de nouvelles découvertes. La RDC n'est sortie que récemment d'une guerre civile sanglante qui aurait fait, selon les estimations, jusqu'à cinq millions de morts – situation atroce qui n'a guère été propice aux recherches primatologiques. Les connaissances sur les bonobos sauvages sont pratiquement gelées depuis plus de dix ans. Mais nous avons d'excellentes données antérieures. L'observation la plus importante, restée inchangée depuis trois décennies, est l'absence de tout constat avéré d'agression mortelle chez les bonobos. Chez les chimpanzés, en revanche, nous avons des dizaines de cas où des mâles adultes en tuent d'autres, où des mâles tuent des bébés, où des femelles tuent des bébés, etc. On les a observés en milieu naturel. En captivité, j'ai moi-même signalé un cas où des chimpanzés mâles ont sauvagement mutilé et castré un rival politique, et provoqué ainsi sa mort. Il n'y a aucune pénurie d'informations de ce type sur les chimpanzés. Le contraste est donc tranché avec l'incidence zéro chez les bonobos.

Après avoir étudié la violence des chimpanzés dans *Demonic Males*, Richard Wrangham formule en ces termes une comparaison avec les bonobos : « [...] Nous pouvons les penser comme des chimpanzés qui ont pris trois chemins vers la paix. Ils ont réduit le niveau de violence dans les relations entre les sexes, entre les mâles et entre les communautés[5]. » Ce qui ne signifie nullement que les bonobos vivent dans un conte de fées. S'ils pratiquent « le sexe pour la paix », c'est justement parce qu'ils ont de nombreux conflits. Quel besoin auraient-ils de faire la paix s'ils vivaient en parfaite harmonie ? La résolution sexuelle des conflits a lieu en général entre femelles, mais elle se produit aussi entre mâles – en voici un exemple au zoo de San Diego :

> Vernon chassait régulièrement Kalind vers le fossé asséché [...]. Après de tels incidents, les deux mâles présentaient presque dix fois plus de contacts intensifs qu'ils n'en avaient habituellement. Vernon frottait son scrotum contre l'arrière-train de Kalind, ou Kalind présentait son pénis pour se faire masturber[6].

Le contraste avec l'espèce sœur est frappant. Dans la plupart des cas observés, les chimpanzés tuent au cours de disputes pour le territoire, tandis que les bonobos pratiquent les rapports sexuels aux frontières. Ils peuvent se montrer inamicaux face aux voisins, mais, lorsqu'un affrontement commence, on voit peu après des femelles se précipiter de l'autre côté pour copuler avec des mâles ou monter d'autres femelles. Puisqu'il est difficile de faire l'amour et la guerre en même temps, le climat bascule rapidement dans la convivialité. Tout se termine par une scène où les adultes des deux groupes se toilettent entre eux tandis que leurs enfants jouent. Ces constats datent de 1990 et proviennent essentiellement de Takayoshi Kano, le scientifique japonais qui a travaillé le plus longtemps avec des bonobos sauvages. Quand j'ai écrit *Bonobos*, j'ai interviewé des chercheurs de terrain comme Kano et l'hôte de Parker, Gottfried Hohmann. Lorsque j'ai demandé à celui-ci comment ses bonobos réagissaient aux autres groupes, il m'a dit : « Tout commence toujours de manière très tendue, avec des poursuites et des hurlements, mais ensuite ils s'apaisent, et il y a des rapports sexuels – entre mâles et femelles, entre femelles – entre les membres des deux communautés. Il peut y avoir du toilettage, mais qui reste toujours un peu crispé[7]. » Ce n'est pas vraiment le genre de propos que l'on tient sur les grands singes tueurs, même si Hohmann prend soin de préciser que les communautés ne se mêlent pas toujours et que les mâles des groupes différents ne se toilettent pas entre eux.

Dans une réserve naturelle proche de Kinshasa, on a récemment décidé de fusionner deux groupes de bonobos jusque-là séparés, à seule fin de créer un peu d'animation. En faire autant avec des chimpanzés ne serait jamais venu à l'idée de personne : le seul résultat possible aurait été la violence. Chacun sait dans les zoos que les chimpanzés qui ne se sont jamais vus doivent être à tout prix gardés séparément jusqu'au moment où ils ont fait connaissance ; sinon, c'est le bain de sang. Mais avec les bonobos de cette réserve, ce fut l'orgie. Ils se sont mêlés librement, transformant les ennemis potentiels en amis.

Pour couronner le tout, il y a les observations d'Isabel Behncke, une primatologue chilienne qui étudie le comportement ludique des bonobos à Wamba, le site où Kano et d'autres scientifiques japonais travaillent depuis des décennies. Quand elle voyait des individus de groupes différents jouer ensemble, Isabel pouvait à peine en croire ses yeux. Elle m'a récemment montré des vidéos prises en pleine forêt : un mâle adulte est entouré de jeunes appartenant à un groupe voisin, qui lui donnent des petits coups, lui montent dessus, se balancent autour de lui. Tout cela pour s'amuser, sans une once de danger ou d'hostilité. Elle m'a aussi montré un jeu entre un mâle et une femelle d'un groupe extérieur : ils courent inlassablement autour d'un arbre, la femelle suivant le mâle en agrippant ses testicules, là encore sans aucune tension évidente. Elle-même un peu espiègle, Isabel voit là l'origine de l'expression « le tenir par les couilles »[8].

Ce qui crée la confusion sur l'agressivité des bonobos, c'est en partie leur comportement de prédateurs. Sans prendre la même ampleur que chez les chimpanzés, il est bien développé. Les bonobos tuent du petit gibier, par exemple des céphalophes (antilopes de la forêt), des écureuils et de jeunes singes, et il leur arrive de chasser en groupe. Mais cela n'a pas grand rapport avec l'agressivité. Dès les années 1960, Konrad Lorenz a mis en garde sur ce point : il ne faut pas confondre un chat qui siffle et crache contre un autre chat et un chat qui traque une souris. Le premier exprime une agressivité mêlée de peur, le second est motivé par la faim. Nous savons maintenant que les circuits neuronaux sont différents. C'est pour cela que Lorenz définit l'agression comme un comportement interne à l'espèce, et que les herbivores ne sont pas tenus pour moins agressifs que les carnivores – comme peuvent l'attester tous ceux qui ont assisté à un combat entre étalons.

Confondre prédation et agression est une vieille erreur, qui rappelle l'époque où l'on présentait les humains en meurtriers impénitents car certains signes indiquaient que nos ancêtres mangeaient de la viande. Cette idée du « grand singe tueur » a tant marqué les esprits que la scène inaugurale du film de Stanley Kubrick *2001, l'odyssée de l'espace* montre un hominidé qui en matraque un autre avec un fémur de zèbre, après quoi l'arme, jetée triomphalement en l'air, se transforme en vaisseau spatial en orbite. Image forte, mais fondée sur une seule perforation dans le crâne fossilisé d'un bébé ancestral, l'Enfant de Taung. Celui qui l'a découvert a conclu que nos ancêtres étaient sûrement des cannibales carnivores, idée reconditionnée par le journaliste Robert Ardrey dans son livre *Les Enfants de Caïn*, où il nous définit comme des singes debout et non des anges déchus[9]. On estime aujourd'hui probable, cependant, que l'Enfant de Taung a été la proie d'un léopard ou d'un aigle.

La glorification de la violence tranche sur notre réserve effarouchée au sujet du sexe, qui conduit les scientifiques à l'ignorer ou à l'appeler autrement. Partageant notre préférence pour les euphémismes – en anglais, on appelle les toilettes *restroom*, « salle de repos », et on parle de *wardrobe malfunction*, « incident vestimentaire », lorsque apparaît involontairement un bout de sein –, la littérature scientifique a coutume de qualifier les bonobos de « très affectueux » pour désigner en fait un comportement qui, s'il était adopté en public par des humains, conduirait rapidement à leur arrestation. Deux femelles ont beau presser l'une contre l'autre leurs parties génitales turgescentes et les frotter latéralement à vive allure – pratique que l'on appelle le « frottement génito-génital » –, Hohmann, qui a assisté bien des fois à la scène, se demande : « Cela a-t-il quelque chose à voir le sexe? Probablement pas. Certes, elles utilisent leurs parties génitales, mais s'agit-il d'une conduite érotique ou d'un geste de salutation complètement détaché du comportement sexuel[10] ? »

Heureusement, un tribunal américain a tranché cette question d'une immense portée dans l'affaire Paula Jones contre Président Bill Clinton. Il a clairement posé que, par le mot « sexe », on entend tout contact délibéré avec les parties génitales, l'anus, l'aine, la poitrine, l'intérieur des cuisses ou les fesses. Nous pouvons chicaner sur cette définition (si quelqu'un s'assied délibérément sur moi, donc me touche avec ses fesses, est-ce nécessairement sexuel ?), mais tenons-nous-en aux parties génitales, manifestement faites pour la sexualité. Lorsqu'un bonobo en stimule un autre en attrapant ses testicules, en palpant son clitoris ou en frottant ses propres parties génitales contre les siennes, le tout assorti de cris et d'autres signes d'orgasme manifeste, n'importe quel sexologue vous dira qu'ils sont en train de « le faire ». Je pense ici à Susan Block, thérapeute américaine qui enseigne « la voie bonobo de la paix par le plaisir » : ce slogan semble approprié puisque, à part notre propre espèce, aucun autre animal n'est aussi porté sur le sexe que le bonobo[11].

Une récente expérience sur la coopération a mis en lumière la différence radicale de comportement entre bonobos et chimpanzés. Brian Hare et ses collaborateurs ont présenté aux grands singes une plateforme qu'ils pouvaient rapprocher d'eux par un effort collectif. Lorsqu'on y posait des aliments, les bonobos se montraient plus efficaces que les chimpanzés. Il est normal que la présence d'aliments suscite la rivalité, mais les bonobos recouraient au contact sexuel, jouaient ensemble et partageaient joyeusement la nourriture côte à côte. En revanche, les chimpanzés avaient du mal à surmonter leur esprit de concurrence. Lorsqu'on voit deux espèces réagir tout autrement à une installation strictement semblable, on ne peut guère douter de leur différence de tempérament.

Une comparaison entre grands singes orphelins, effectuée par Vanessa Woods, apporte une autre preuve. Chimpanzés et bonobos sont souvent victimes, malheureusement, de la chasse pour la viande de brousse en Afrique. Ce sont en général les adultes qui sont vendus sous forme de viande, et les petits finissent dans des réserves où des humains s'occupent d'eux amoureusement jusqu'au jour où ils sont assez forts pour se prendre en charge. Vanessa Woods a effectué une étude comparative détaillée des tout-petits des deux espèces, et elle a découvert que les petits bonobos pratiquent le contact sexuel dans les moments d'excitation, par exemple quand on les alimente, tandis que les petits chimpanzés ne le font pas. La différence entre ces espèces se manifeste donc très tôt dans la vie.

Bref, dès l'instant où nous osons appeler le sexe par son nom et nous concentrer sur les niveaux connus de violence à l'intérieur des espèces (et non entre espèces), nous conservons de solides raisons de soutenir que les bonobos sont relativement pacifiques et ont un comportement sexuel qui sert des objectifs sans rapport avec la reproduction, notamment se saluer, régler des conflits et partager des aliments. L'hyperbole occasionnelle (par exemple : « les chimpanzés viennent de Mars, les bonobos viennent de Vénus ») va peut-être trop loin, mais nul n'aurait jamais entendu parler de cette espèce si on l'avait simplement qualifiée d'affectueuse. Quelles que soient les découvertes que nous réservent les années qui viennent avec le retour des observateurs directs des bonobos en Afrique, il ne faut pas s'attendre à un maquillage hobbésien de cette espèce dans l'avenir prévisible. Il me paraît inimaginable que ce grand singe puisse passer du statut de gentil primate sexy à celui de méchant primate violent. Le seul scientifique qui a très longuement étudié les chimpanzés et les bonobos en forêt, le primatologue japonais Takeshi Furuichi, l'a dit mieux que quiconque : « Avec les bonobos, tout est pacifique. Quand je vois des bonobos, ils semblent jouir de la vie[12]. »

Les humains sont-ils des anges déchus ? Dans *Le Jardin des délices*, Bosch a représenté Adam et Ève réunis par un personnage qui a l'allure de Jésus. Il est inhabituel de peindre les premiers humains autrement qu'en train de manger le fruit défendu ou d'être chassés du jardin d'Éden. Sans la Chute, est-ce un paradis de la luxure qui les attendait ?

Paradis de la luxure

Quand j'étais étudiant, je me suis rendu dans un zoo néerlandais aujourd'hui disparu où se trouvaient des « chimpanzés pygmées », l'ancien nom des bonobos. C'était la première fois que je voyais cette espèce. Ce qui m'a frappé dans son comportement, son attitude, son apparence physique, c'est le contraste avec les chimpanzés. Ces derniers sont des adeptes du body-building musculeux, tandis que ces grands singes-là avaient l'air plutôt intellectuel. Avec leur cou mince et leurs mains de pianistes, ils semblaient relever de la bibliothèque et non du gymnase. À l'époque, on ne savait pratiquement rien des bonobos, et j'ai aussitôt décidé qu'il fallait que ça change. On m'avait fait croire que le bonobo n'était qu'un modèle réduit du chimpanzé, et c'était faux.

Ce jour-là, j'ai été témoin d'une petite dispute pour une boîte en carton : un mâle et une femelle couraient autour et se donnaient des coups de poing ; soudain, ils ont cessé de se battre et ils ont fait l'amour ! Cela semblait bizarre : j'étais habitué aux chimpanzés, qui ne passent pas si aisément de la colère au rapport sexuel. Je me suis dit que ce devait être une coïncidence, ou que j'avais manqué quelque chose qui eût expliqué ce changement d'humeur. En fait, ce que j'avais vu était parfaitement normal pour ces primates du Kâmasûtra. Mais je ne l'ai appris que plusieurs années après avoir commencé à travailler avec eux.

Bien que je n'aie jamais eu pour objectif de devenir sexologue des primates, ce fut une conséquence inévitable. Je les ai vus faire la chose dans toutes les positions imaginables et dans certaines que nous avons bien du mal à imaginer (par exemple la tête en bas en s'accrochant par les pieds). L'essentiel dans la sexualité bonobo, c'est sa désinvolture totale et sa parfaite intégration à la vie sociale. Rien à voir avec l'idée que nous nous faisons, pour la plupart, de notre vie amoureuse, puisque nous multiplions les complexes, les obsessions et les inhibitions. Certains ne peuvent même pas faire l'amour la lumière allumée ! C'est pourquoi on m'adresse tant de clins d'œil quand je dis que je travaille avec les bonobos, comme s'il était sûr que je jouissais ainsi de sensations fortes, d'un plaisir interdit. Mais, plus on observe les bonobos, plus faire l'amour devient un acte du type consulter ses mails, se moucher, dire bonjour.

Une activité de routine. Comme nous nous saluons avec les mains – en nous serrant la main, en nous donnant des claques dans le dos –, les bonobos pratiquent la « poignée de mains génitale ». Leur rapport sexuel est remarquablement court, il se compte en secondes, pas en minutes. Nous associons le coït avec la reproduction et le désir, mais chez les bonobos il satisfait toutes sortes de besoins. La jouissance n'est pas toujours son but et la reproduction n'est qu'une de ses fonctions. Voilà pourquoi la sexualité se pratique avec toutes les combinaisons de partenaires.

Dans les débats sur cette multifonctionnalité, on constate aisément que certains l'exècrent et que d'autres l'adorent. La haine est inspirée par des idées bien établies sur le rôle des hiérarchies masculines, de la territorialité et de la violence dans l'évolution de l'humanité, et c'est pour cela, soyons-en sûrs, que les anthropologues persistent à ignorer le bonobo. Ils n'ont pas de place pour des primates hippies dans notre passé. Mais la bonobophilie n'est pas nécessairement plus rationnelle. Elle reflète souvent une pensée fort peu réaliste, fondée sur une image idéalisée de nos ancêtres. À la fin de mes conférences sur les bonobos, je rencontre parfois des « polyamoristes », adeptes des relations multiples, qui ont le sentiment d'avoir bien des points communs avec cette espèce, ou des gens qui rêvent, me disent-ils, de ressembler davantage aux bonobos. D'autres avancent que nous sommes sûrement leurs descendants directs, et sous-entendent que nous devrions adopter le matriarcat et jeter aux orties nos camisoles de force en matière de sexualité.

L'association de nos ancêtres à l'amour libre a une connotation biblique. Non que la Bible encourage la promiscuité, mais elle nous dit qu'avant la Chute nous ne connaissions que cela. Nous avons parfois l'impression que d'autres primates vivent innocemment dans un environnement naturel inviolé, comme nous nous imaginons le jardin d'Éden. Nous croyons que rien ne limite leur sexualité. Il existe même sur ce point une théorie officielle, avancée par l'anthropologue français Claude Lévi-Strauss : la civilisation humaine serait née avec le tabou de l'inceste. Avant son apparition, nous faisions l'amour avec n'importe qui, y compris nos parents par le sang. Le tabou de l'inceste nous a précipités dans un nouvel espace : nous sommes passés du naturel au culturel. Lévi-Strauss était loin du compte ! L'évitement de la consanguinité, comme disent les biologistes, est bien développé chez toutes sortes d'animaux, de la mouche du vinaigre aux rongeurs et aux primates. C'est presque un impératif biologique pour les espèces à reproduction sexuée. Chez les bonobos, les rapports sexuels père-fille sont exclus par le départ des femelles vers l'âge de la puberté – c'est alors qu'elles vont rejoindre des communautés voisines ; quant aux rapports sexuels mère-fils, ils sont totalement inexistants, bien que les fils s'accrochent à leur mère et voyagent souvent avec elle. C'est le seul partenariat « asexué » de la société bonobo. Et tout cela sans tabous.

Depuis le « bon sauvage » de Rousseau, il est fréquent de reconstruire la préhistoire comme une ère d'insouciance où nous cheminions allègrement ensemble sans penser un seul instant au lendemain. Margaret Mead était attirée par ce point de vue, semble-t-il, quand elle a décrit la vie amoureuse aux îles Samoa, et un récent documentaire de la BBC a plaqué ce préjugé occidental assez particulier sur une tribu amazonienne « intacte ». À en croire deux anthropologues qui connaissent bien la communauté péruvienne des Matsigenka, ce documentaire est truqué d'un bout à l'autre. À commencer par la façon dont les membres de l'équipe de tournage entrent dans le village. En fait, ils ont quitté une piste très fréquentée pour se faire filmer en train de s'ouvrir un chemin dans la jungle à la machette jusqu'à ces indigènes insaisissables. Il paraît que ce documentaire regorge d'erreurs de traduction grossières, qui transforment d'innocentes remarques (« Vous venez des terres lointaines où vivent les *gringos* ») en énoncés terrifiants (« Nous nous servons des flèches pour tuer les étrangers »). Lorsque le vieux chef du village lance avec humour : « Je ferai l'amour un autre jour », la traduction lui fait dire : « Je fais l'amour tous les jours[13]. »

Quand nous pensons les origines de l'humanité, notre imagination déraille. Nous nous représentons nos ancêtres sans culture, avant le langage, pratiquement dénués de technologies et avec des contraintes sexuelles minimales. L'image paraît assez irréaliste, mais il est clair que les gens se préparaient déjà à ce type de fantasme des origines deux siècles avant Rousseau, lorsque, quasi simultanément, l'humaniste anglais Thomas More a publié *L'Utopie* et Bosch a peint *Le Jardin des délices*. Le monde de More comprenait l'État-providence, l'élimination de la propriété privée et l'euthanasie, mais pas l'amour libre : en Utopie, les rapports sexuels avant le mariage étaient punis par le célibat à vie. Le fantasme de Bosch, en revanche, nous montre une masse heureuse d'hommes et de femmes dévêtus qui folâtrent sur le panneau central du *Jardin*, en prenant plaisir avec leur palais comme avec leur sexe. Qu'est-ce que le peintre a voulu dire ? Selon l'interprétation traditionnelle, son triptyque montre la corruption de l'innocence suivie par le châtiment infernal dans le panneau de droite. La logique paraît limpide : le sexe, c'est le péché, et les pécheurs vont en enfer. Si c'est bien le sens de l'œuvre, la perspective morale du *Jardin des délices* n'est pas très éloignée de celle de *L'Utopie*. Mais nous savons maintenant que le triptyque de Bosch est fort réticent à livrer ses secrets. Avec *La Cène* de Léonard de Vinci, qui date à peu près de la même époque, le *Jardin* est probablement l'œuvre d'art la plus commentée de tous les temps. Chaque génération successive le voit d'un œil neuf – et sa vision en dit souvent davantage sur sa propre époque que sur l'œuvre.

Sur le panneau du Paradis, à gauche, Dieu tient doucement le poignet d'Ève de sa main gauche tout en bénissant son union avec Adam de la main droite. Adam fixe sur Ève un regard où brille l'excitation sexuelle, a-t-on dit. Mais pour que ce soit vrai, et je parle ici en primatologue, j'aurais préféré voir une érection. Or le membre d'Adam est visiblement aussi inanimé qu'une souris endormie (Google Earth permet à tout le monde de violer la vie privée d'Adam). Son visage semble plutôt exprimer la stupéfaction, comme si personne ne l'avait prévenu qu'il allait voir une femme. Le premier couple se rencontre dans un cadre extrêmement inhabituel, riche en créatures inventées et en animaux récemment découverts (des girafes, des porcs-épics). Au loin, nous voyons un serpent qui s'enroule autour d'une sorte de noisetier, mais il est en train de quitter cet arbre, et Adam et Ève ne mangent aucun fruit. En fait, le *Jardin* nous montre l'Éden sans chute ni expulsion.

Il a fallu deux siècles aux historiens de l'art pour remarquer la continuité entre l'horizon du panneau du milieu et celui du panneau de gauche : elle suggère que la scène centrale, où plus d'un millier de corps nus se livrent à des jeux érotiques, a forcément lieu au paradis aussi. Est-ce l'avenir qu'aurait pu connaître l'humanité si nous n'avions jamais été mis à la porte ? La résistance à la tentation aurait-elle été récompensée par la liberté sexuelle ? Comme le relève un critique d'art, ces essaims d'hommes qui chevauchent des ânes, des chameaux et des oiseaux à quatre pattes autour de bassins où se baignent des dames manifestent « une certaine curiosité sexuelle adolescente[14] ». Les bonobos ont été décrits dans les mêmes termes, par moi et par d'autres. Leur espèce ressemble à une version immature du chimpanzé, de même que les humains passent pour des primates toujours jeunes. On considère la néoténie (la conservation de traits juvéniles à l'âge adulte) comme le signe distinctif de notre espèce – bien reconnaissable dans notre goût durable du jeu, notre curiosité, notre créativité et notre sexualité imaginative. Le *Jardin* en offre une parfaite illustration et, puisqu'il regorge de toutes sortes d'animaux, je parie que Bosch, s'il avait connu les bonobos, n'aurait pas hésité à en introduire quelques-uns dans ces ébats de masse. Ils auraient été bien plus adaptés à la situation que les chimpanzés.

Certains ont fait le lien entre les intentions de Bosch et la traduction latine de la Bible effectuée au IVe siècle, la Vulgate, qui parle du *paradisum voluptatis*, le « paradis de la luxure ». Bosch connaissait sans nul doute cette traduction de saint Jérôme, son homonyme, qu'il admirait tant qu'il l'a peint deux fois[15]. Les premiers théologiens étaient embarrassés par l'allusion de la Vulgate à la luxure, au plaisir et à la jouissance, mais ils ne pouvaient nier que Dieu avait créé les humains en deux versions munies de parties génitales complémentaires. Son injonction bien connue, croître et se multiplier, ne pouvait se concrétiser sans le sexe et la satisfaction qui l'accompagne.

Bosch a peut-être pris tout cela au sens strictement littéral, en y ajoutant quelques provocations délibérées. Selon une spéculation populaire, il appartenait à une secte hérétique, les Frères et Sœurs du Libre-Esprit, qui entendait revenir à la pureté originelle de l'humanité, nudité et promiscuité comprises. Puisqu'ils s'efforçaient d'atteindre l'innocence d'Adam avant la Chute, on appelait les membres de cette secte les adamites. Mais rien ne prouve que Bosch ait été un adamite ; à la date où il est né, la secte s'était entièrement évanouie du paysage. Il est plus probable qu'il a été influencé par l'humanisme naissant, infiniment moins hostile à la sexualité que l'Église. Érasme de Rotterdam, dit le « Prince des humanistes », a même séjourné à Den Bosch pour étudier le latin, et il habitait à quelques maisons du domicile de Jérôme Bosch, dans la même rue. Il est tentant d'imaginer que ces deux moralistes sarcastiques ont fait connaissance.

Sur la sexualité, Érasme était limpide :

> Et qu'on ne vienne pas me dire que le désir et l'excitation de Vénus sont honteux et procèdent non de la nature mais du péché. Qu'y a-t-il de plus éloigné de la vérité ? Comme si le mariage, qui ne peut accomplir sa fonction sans cette excitation, n'avait pas précédé le péché originel ! Et d'abord, chez les autres animaux, d'où vient cette excitation ? De la nature ou du péché ? Il serait fort surprenant que ce ne soit pas de la nature[16].

C'est un énoncé stupéfiant pour le XVIe siècle ! Il s'inscrivait pleinement dans les débats moraux et religieux qui faisaient rage pendant la Renaissance septentrionale. L'œuvre de Bosch en offrait un commentaire pénétrant. Peut-être son image populaire fait-elle de lui le peintre morbide du châtiment (« le maître du monstrueux [...], le découvreur de l'inconscient », écrit le psychanalyste

Carl Jung), mais il faut bien le constater : parmi les torturés du panneau de droite du *Jardin des délices*, nous ne reconnaissons aucun des tourtereaux du panneau central. S'il y a des allusions à la luxure et au sexe, la plupart des vices dépeints concernent le jeu, la cupidité, la médisance, la paresse, la gloutonnerie, l'orgueil, etc. Un peu comme si le peintre disait : oui, le monde ploie sous le malheur et le péché, et le péché sera puni, mais sa source n'est pas à chercher dans l'amour charnel.

Le panneau central du *Jardin des délices* regorge de personnages nus, d'oiseaux, de chevaux et d'animaux imaginaires. Les masses consomment librement les fruits. Ici, un chardonneret tient une mûre pour des humains qui rejouent à un jeu bien connu des enfants néerlandais, « mordre le gâteau ». D'autres se livrent à des ébats amoureux ou s'isolent dans le rêve.

La force de la sororité

Vernon, un bonobo mâle du zoo de San Diego, dirigeait un petit groupe qui comprenait une seule femelle,

Loretta, sa compagne et amie, et deux petits. C'est la seule fois que j'ai vu un mâle à la tête d'un groupe de bonobos. À l'époque, je croyais que ce devait être la norme : après tout, la domination des mâles est une caractéristique de la plupart des mammifères, et les bonobos mâles sont nettement plus grands et plus musclés que les femelles. Mais Loretta était relativement jeune, et elle était la seule femelle. Dès qu'on en a ajouté une seconde, le rapport de forces s'est inversé.

La première chose qu'ont faite Loretta et l'autre femelle quand elles se sont rencontrées, c'est d'avoir un rapport sexuel, avec de grands sourires et en criant très fort : elles n'ont guère laissé de doute sur la réalité du plaisir du sexe chez les grands singes. Ces rapports lesbiens se sont faits de plus en plus fréquents et ont mis fin au règne de Vernon. Quelques mois plus tard, la scène typique au moment du repas était révélatrice : les deux femelles avaient un rapport sexuel et partageaient les aliments. La seule façon pour Vernon d'en avoir un peu était de quémander, main tendue. Quel contraste avec les groupes de chimpanzés, dans lesquels un mâle en bonne santé domine toute femelle !

L'hégémonie des femelles caractérise aussi les bonobos sauvages, explique Furuichi :

> Quand des femelles s'approchaient de mâles en train de manger à un endroit privilégié d'un site d'alimentation, les mâles cédaient la place aux femelles arrivées plus tard. De plus, habituellement, les mâles attendaient à la périphérie du site que les femelles aient fini de manger. Quand éclatait un conflit ouvert, des femelles alliées pourchassaient parfois des mâles, mais les mâles ne constituaient jamais d'alliances agressives contre des femelles. Même le mâle alpha pouvait

se retirer à l'approche de femelles de rang moyen ou inférieur[17].

Une façon d'interpréter cette société inhabituelle consiste à dire qu'elle a évolué pour maintenir les plus jeunes en sécurité. Les chimpanzés mâles tuent à l'occasion des bébés de leur espèce, et les humains ne sont pas bien meilleurs. La maltraitance et le meurtre peuvent se produire dans la maison familiale mais aussi plus largement, comme lorsque le roi Hérode « envoya mettre à mort, dans Bethléem et tout son territoire, tous les enfants de moins de deux ans » (Matthieu 2,16). Rien de tel n'arrive chez les bonobos, à grande ou à petite échelle. D'abord, parce que leur position de genre dominant permet aux mères de mieux défendre leurs enfants. Deuxièmement, la sexualité débridée crée une situation où tout mâle adulte pourrait être le père de n'importe quel tout-petit. Non que les mâles bonobos sachent ce qu'est la paternité, mais que peut-il y avoir de pire que tuer sa propre progéniture ? La sélection négative joue forcément contre ce comportement, c'est pourquoi la promiscuité protège les jeunes. La conduite des jeunes mères bonobos le montre bien. Loin de se tenir à l'écart des grands rassemblements, comme le font judicieusement les mères chimpanzés, elles regagnent leur groupe dès qu'elles ont accouché. Les mères bonobos agissent comme si elles n'avaient rien à craindre.

Dans ces conditions, on comprend mieux l'unique épisode de violence féroce chez des bonobos sauvages qui ait été rapporté. Hohmann et son épouse Barbara Fruth ont été témoins d'un terrible incident dans la forêt de Lomako : il concernait un jeune mâle nommé Volker. Celui-ci avait la chance d'être le fils de Kamba, la femelle alpha de la communauté d'Eyengo où il était né. Les mâles bonobos s'accrochent aux jupons de leur mère. Dès que Volker avait des problèmes avec d'autres mâles ou se faisait chasser par des femelles, Kamba intervenait, ce qui lui permettait de s'en sortir. En grandissant, Volker avait régulièrement amélioré sa position chez les mâles en gravissant l'échelle sociale avec le soutien maternel. Il avait aussi développé une amitié intime avec une femelle en particulier, nommée Amy. Mais, peu après la naissance du premier petit d'Amy, voici qu'un incident inattendu éclate, alors qu'un grand nombre de bonobos fourragent dans un garcinia chargé de milliers de fruits doux et brillants.

> Volker saute sur une branche qui soutient Amy et son bébé. L'espace d'une seconde, la femelle semble perdre l'équilibre, mais elle maintient fermement son étreinte et pousse Volker hors de la branche. Le mâle saute à terre, où il est poursuivi par une Amy hurlante. La descente de Volker et d'Amy déclenche une ruée : d'autres adultes, femelles et mâles, descendent de l'arbre et en quelques secondes la forêt se mue en champ de bataille. Les détails sont camouflés par l'épaisse végétation, mais l'effrayant vacarme des bonobos qui hurlent montre bien que ce n'est pas un combat pour rire, c'est une lutte féroce[18].

L'attaque coordonnée par quinze grands singes ou davantage est entièrement dirigée contre Volker, qui est traîné dans tous les sens. On finit par le retrouver à terre, accroché désespérément à un arbre des deux mains et des deux pieds, le visage grimaçant de panique. Tous les bonobos étaient agités, le poil hérissé, donnant de la voix, enjoignant par des grondements d'alarme aux observateurs humains de se tenir à l'écart, comme pour leur signifier qu'on ne voulait pas qu'ils s'approchent. Les visages des bonobos exprimaient des émotions que Hohmann et Fruth n'avaient jamais vues jusque-là. Le plus surprenant était qu'Amy, avec son statut assez inférieur, avait pu déclencher cet assaut massif, tandis que Kamba n'était pas du tout intervenue. Normalement, Kamba aurait été la première à défendre son fils, mais, lorsque les observateurs l'ont cherchée après l'incident, ils l'ont trouvée cachée au plus haut de la canopée.

Les chercheurs pensent que Volker avait peut-être menacé le bébé d'Amy. Avait-il tenté de s'en emparer par surprise, comme le font parfois les chimpanzés mâles ? Si oui, Volker a commis une erreur de jugement sur la force protectrice de la communauté. Un mâle qui essaie de mettre la main sur un bébé est apparemment voué au pire châtiment. L'explosion soudaine de violence suggère une structure profonde de la société bonobo, dissimulée en temps normal sous sa façade « Woodstock ». Une sorte de code moral pour la défense des intérêts des plus vulnérables. S'il est violé, le respect de ce code est imposé si massivement que même les échelons les plus élevés de la société, comme la femelle alpha, n'osent pas contrarier le mouvement.

La solidarité bonobo est rendue possible par un habitat qui permet plus de cohésion sociale que celui des chimpanzés. Dans leur quête d'aliments dispersés, ces derniers sont obligés de se diviser en petits groupes, ou d'effectuer seuls de longs parcours. Les bonobos sont différents. Ils restent ensemble, attendent ceux qui ont ralenti et participent à un chœur d'« appels crépusculaires » pour rassembler la communauté quand ils construisent leurs nids nocturnes au plus haut des arbres. De toute évidence, ils adorent la compagnie. L'accès à d'énormes arbres fruitiers et à d'abondantes herbes nutritives sur le sol de la forêt soutient leur société soudée, dont le noyau est une « sororité secondaire ». Je dis « secondaire » parce que ces liens entre femelles ne sont pas fondés sur la parenté. Les femelles étant le sexe migrateur, elles n'ont généralement pas de parents dans la communauté.

La fascination pour les petits est bien sûr typique de tous les mammifères. Mais une rencontre frappante montre l'importance que leur accordent les bonobos. Une de mes collègues, Amy Parish, avait fini par bien connaître plusieurs femelles bonobos dans un zoo. Elles l'embrassaient comme l'une des leurs, ce qu'elles ne faisaient jamais avec moi, car les grands singes distinguent nettement les sexes chez les humains. Loretta pouvait me solliciter sexuellement de l'autre côté de la douve (en tournant vers moi ses parties génitales turgescentes tout en jetant un coup d'œil furtif entre ses jambes), mais, en ma qualité de mâle, je n'aurais jamais pu faire partie de la gynécocratie qu'est une société bonobo. Ce n'était pas le cas d'Amy : on lui avait même lancé un jour de bons aliments, comme si l'on supposait qu'elle avait sûrement faim. Quand elle a rendu visite à ses amies bonobos des années plus tard, elle a voulu leur montrer son fils nouveau-né. Derrière la vitre, la femelle la plus âgée a jeté un bref regard au bébé d'Amy, puis s'est engouffrée dans une pièce adjacente. Elle en est vite revenue pour plaquer son propre nourrisson contre la vitre, afin que les deux bébés puissent se regarder les yeux dans les yeux.

Un cerveau empathique

Quand je compare la société bonobo à la nôtre, je vois trop de différences pour me laisser aller à des envolées irréalistes inspirées par ces grands singes. Je ne crois pas que leur amour libre nous conviendrait nécessairement. D'abord, l'évolution nous a dotés de notre propre méthode pour protéger les jeunes, et elle est diamétralement opposée à la leur. Au lieu de diluer la paternité, les humains tombent amoureux et se lient souvent à une seule personne, ou du moins une à la fois. Par le mariage et la fidélité imposée sur le plan moral, de nombreuses sociétés essaient de clarifier les liens de paternité, de permettre de dire quels mâles ont engendré quels enfants. C'est un effort très imparfait, avec quantité d'aventures amoureuses et d'incertitudes, mais il nous a menés dans une direction entièrement différente. Universellement, les mâles humains partagent leurs ressources avec les mères et les enfants et aident à élever les enfants, ce qui n'arrive pratiquement jamais chez les bonobos et les chimpanzés. Et surtout, le conjoint mâle offre une protection contre les autres mâles.

Si l'on veut cerner ce que nous partageons avec nos parents grands singes, la comparaison la plus simple se situe entre les chimpanzés mâles et les hommes. Les chimpanzés mâles chassent ensemble, font alliance contre des rivaux politiques et défendent collectivement un territoire contre des voisins hostiles – et en même temps ils rivalisent entre eux pour le prestige et se disputent les femelles. Cette tension entre association et rivalité est tout à fait familière aux humains mâles dans les équipes sportives et dans les entreprises. Les hommes se concurrencent avec acharnement, tout en comprenant qu'ils ont besoin les uns des autres pour que leur équipe ne sombre pas. Dans *Décidément, tu ne me comprends pas !*, la linguiste Deborah Tannen explique que les hommes utilisent le conflit pour négocier leur statut, et qu'ils prennent plaisir, en fait, à se disputailler avec des amis. Quand ils y vont trop fort, ils compensent par une plaisanterie ou des excuses. Les hommes d'affaires, par exemple, hurlent et menacent en réunion, puis font une pause en salle de repos où ils plaisantent et rient de tout cela.

Les femmes ne comprennent pas toujours cette frontière floue entre conflit et coopération (pour elles, une amie et une rivale sont des personnages entièrement différents). Mais pour moi, qui ai eu cinq frères et aucune sœur, c'est une seconde nature. Mon intérêt pour la manière dont les chimpanzés se réconcilient après leurs combats est en partie né, d'ailleurs, de mon refus de considérer l'agression comme intrinsèquement mauvaise, ce qui était l'opinion dominante à l'époque où j'ai commencé mes travaux. Le comportement agressif était même qualifié d'« asocial ». Je n'adhérais pas à cette logique. Les échauffourées et les bagarres m'apparaissaient comme une façon de négocier des relations ; je ne les percevais comme destructrices que si elles étaient menées sans aucune inhibition, ou si personne n'œuvrait ensuite à une réconciliation. La plupart du temps, les mâles chimpanzés s'entendent bien, et ils sont en fait bien plus doués que les femelles pour réduire les tensions par une longue séance de toilette mutuelle avec leur plus grand rival. Garder rancune n'est pas une attitude de mâle.

Cependant, je vois aussi des ressemblances avec les bonobos, en particulier pour l'empathie et les fonctions sociales de la sexualité. Non que les humains recourent au sexe aussi facilement et publiquement que les bonobos, mais, au sein de la famille humaine, le sexe sert de liant social, comme il lisse les relations chez ces grands singes. J'estime que les bonobos sont extrêmement empathiques, plus que les chimpanzés. Dès qu'un bonobo a une blessure, même infime, les autres l'entourent : ils viennent inspecter, lécher, faire une petite toilette. Robert Yerkes rapporte dans *Almost Human* [Presque humain] que son bonobo a pris soin d'un compagnon gravement malade – s'il donnait une description complète de ce qui s'est passé, ajoute-t-il, on l'accuserait probablement d'« idéaliser un singe[19] ».

Ce n'est que récemment que nous avons appris comment le cerveau des bonobos reflète cette sensibilité. Le premier indice est venu d'un type particulier de cellules cérébrales, les neurones en fuseau, qui entrent en jeu, pense-t-on, dans la conscience de soi, l'empathie, le sens de l'humour, le contrôle de soi et d'autres points forts des humains. À l'origine, ces neurones n'étaient connus que chez les humains, mais, conformément à l'enchaînement habituel en science, on les a ensuite découverts aussi dans les cerveaux des grands singes, bonobos compris[20]. Puis a été publiée une étude qui comparait des aires spécifiques du cerveau chez les chimpanzés et chez les bonobos. Celles qui interviennent dans la perception de la détresse d'un autre, comme les amygdales et l'insula antérieure, sont élargies chez le bonobo. Son cerveau contient aussi des « chemins » bien développés pour contrôler les pulsions agressives. Ayant établi ces différences neurologiques, James Rilling et ses collaborateurs ont conclu que les bonobos possèdent un cerveau empathique :

> Nous suggérons que ce système neuronal soutient non seulement une sensibilité empathique plus vive chez les bonobos, mais aussi des comportements comme la sexualité et le jeu qui servent à dissiper les tensions, et limitent ainsi la détresse et l'angoisse à des niveaux propices à la sociabilité[21].

On ne savait rien de tout cela lors de mes premiers contacts avec les bonobos, mais ces découvertes confirment que j'avais raison de les juger différents. Les Français les appellent les « chimpanzés de la rive gauche », à la fois pour leur style de vie alternatif et parce qu'ils vivent sur la rive sud du Congo, qui coule vers l'ouest. Ce fleuve puissant les sépare en permanence des chimpanzés et des gorilles, qui vivent au nord. Ils ont néanmoins un ancêtre commun avec ces deux types de grands singes, et celui qu'ils partagent avec les chimpanzés vivait il y a moins de deux millions d'années. D'où la question à mille euros : cet ancêtre ressemblait-il plutôt à un bonobo ou à un chimpanzé ? Autrement dit, lequel des deux est le type le plus originel, le plus proche par son apparence et son comportement du grand singe dont nous dérivons ? Pour le moment, le plus sûr est de nous supposer équidistants du chimpanzé et du bonobo, puisqu'ils se sont séparés l'un de l'autre bien après la séparation entre leur ancêtre commun et nous. Selon une estimation, nous partageons avec eux 98,8 % de notre ADN, bien que d'autres calculs fixent le chiffre à 95 % « seulement ».

La récente publication du génome bonobo le confirme : nous, humains, partageons avec les bonobos des gènes que nous ne partageons pas avec les chimpanzés, mais nous partageons aussi avec les chimpanzés des gènes que nous ne partageons pas avec les bonobos[22]. S'il faut attendre des comparaisons plus précises entre ADN, il est clair qu'on ne peut plus soutenir que seul le chimpanzé compte pour l'histoire de l'évolution humaine : cette position est désormais sans fondement. Le bonobo est tout aussi pertinent. Notre espèce partage une mosaïque de caractéristiques avec les deux types de grands singes – j'ai déjà dit que nous sommes des « singes bipolaires ». Dans nos bons jours nous sommes aussi aimables que peuvent l'être les bonobos et dans nos mauvais aussi dominateurs et violents que peuvent l'être les chimpanzés. Comment se comportait notre ancêtre commun, nul ne le sait, mais les bonobos offrent un angle de vision essentiel. Ils n'ont jamais quitté la forêt vierge humide, tandis que les chimpanzés ont rayonné vers des zones forestières plus claires et que notre lignage a entièrement quitté la forêt. Il est donc possible que les bonobos aient eu moins de raisons d'opérer des changements évolutionnistes et qu'ils aient conservé davantage de traits initiaux. C'est aussi ce qu'a suggéré l'anatomiste américain Harold Coolidge en 1933 quand il a conclu de ses nécropsies que les bonobos ressemblent « de plus près à l'ancêtre commun du chimpanzé et de l'homme qu'aucun chimpanzé vivant[23] ».

Chapitre 4

Dieu est-il mort ou simplement dans le coma ?

Il est vain de tenter de dissuader un homme par la raison d'une idée dont on ne l'a pas persuadé par la raison.

Jonathan Swift[1].

Un paisible dimanche matin, je descends à petits pas la voie privée de ma maison à Stone Mountain (Géorgie) pour aller chercher le journal. J'arrive en bas – nous vivons sur une colline –, et voici qu'une Cadillac qui remonte la rue s'arrête pile devant moi. Un homme de haute taille, en costume, en sort et me tend la main. Suit une franche poignée de mains pendant laquelle je l'entends clamer d'une voix retentissante, presque gaie : « Je cherche des âmes perdues ! » Outre que je suis peut-être trop confiant, je suis assez lent, et je ne saisis pas immédiatement ce qu'il veut dire. Je me retourne pour regarder derrière moi, en me disant qu'il a peut-être perdu son chien, puis je comprends et je marmonne quelque chose comme : « Je ne suis pas très religieux. »

C'est un mensonge, bien sûr, car je ne suis pas religieux du tout. L'homme, un pasteur, est interloqué – par mon accent plus que par ma réponse, probablement. Il se rend sûrement compte que convertir un Européen à sa version de la religion va être un vrai défi. Il regagne donc sa voiture, non sans me tendre une carte de visite au cas où je changerais d'avis. Une journée qui avait commencé sous les meilleurs auspices m'inspirait maintenant un vague malaise : peut-être étais-je bon pour l'enfer.

J'ai été élevé dans la religion catholique. Pas seulement catholique à la marge, comme ma femme Catherine. En France, dans sa jeunesse, de nombreux catholiques n'allaient déjà pratiquement jamais à l'église, sauf aux trois grandes occasions : le baptême, le mariage et les funérailles. Et volontairement pour la deuxième seulement. Dans le sud des Pays-Bas, en revanche – la région qu'on appelle « au-dessous des fleuves » –, quand j'étais enfant, le catholicisme, c'était sérieux. Il nous définissait, nous distinguait des protestants d'« au-dessus des fleuves ». Chaque dimanche matin, nous allions à l'église dans nos plus beaux habits. Nous apprenions le catéchisme à l'école, chantions, priions, nous confessions, un vicaire ou un évêque était présent à chaque occasion officielle pour distribuer de l'eau bénite (et nous, les enfants, nous l'imitions gaiement à la maison avec la brosse des toilettes). Nous étions catholiques jusqu'au bout des ongles.

Mais je ne le suis plus. Dans mes interactions avec les gens, religieux ou non, je trace aujourd'hui une frontière stricte, qui ne repose pas sur le contenu précis de leur croyance mais sur leur degré de dogmatisme. Le dogmatisme me paraît une menace bien plus grave que la religion. Je me demande, notamment, à quoi sert d'abandonner la religion si c'est pour garder les œillères qui l'accompagnent parfois. Pourquoi les « néo-athées » d'aujourd'hui sont-ils si obsédés par l'inexistence de Dieu qu'ils lancent des assauts médiatiques, proclament leur incroyance sur leur tee-shirt ou appellent à un athéisme militant[2] ? Qu'est-ce que l'athéisme peut offrir qui vaille que l'on se batte pour lui ?

Pour citer la formulation d'un philosophe, être un athée militant, c'est comme « dormir furieusement »[3].

Comment j'ai perdu ma religion

Petit garçon, j'étais trop dissipé pour rester assis pendant toute une messe. C'était presque de l'entraînement à l'aversion. Je regardais la chose comme un spectacle de marionnettes dont l'intrigue était totalement prévisible. Le seul aspect qui me plaisait réellement était la musique. J'adore encore les messes, les passions, les requiem et les cantates, et je ne comprends pas vraiment pourquoi Jean-Sébastien Bach a écrit ses cantates profanes, qui sont manifestement inférieures. Mais, si elle m'a inspiré le goût de la majestueuse musique d'église de Bach, Mozart, Haydn et autres, ce pour quoi je lui resterai éternellement reconnaissant, la religion, pour le reste, ne m'a jamais attiré, je n'ai jamais parlé à Dieu, ni eu le sentiment d'avoir avec lui une relation spéciale. Après avoir quitté la maison pour l'université à l'âge de dix-sept ans, j'ai vite perdu tout vestige de religiosité. Plus d'église pour moi. Ce fut une décision à peine consciente : pour autant que je m'en souvienne, elle ne m'a guère tourmenté. J'étais entouré d'autres ex-catholiques, mais nous parlions rarement religion, sauf pour nous moquer des papes, des prêtres, des processions, etc. C'est seulement quand je me suis installé dans une ville du Nord que j'ai remarqué les rapports tortueux que certains développent avec la foi.

Une bonne partie de la littérature néerlandaise d'après guerre est de la plume d'ex-protestants ulcérés par la sévérité de l'éducation qu'ils ont subie. « Tout ce qui n'est pas expressément commandé est interdit » : telle était la règle de l'Église réformée. Avec ses thèmes de prédilection – rester frugal, s'habiller de noir, repousser en permanence les tentations de la chair, lire souvent les Écritures à la table familiale – et son Dieu répressif, elle a éminemment contribué à la création littéraire aux Pays-Bas. J'ai essayé de lire ces livres, mais je ne suis jamais allé bien loin : trop déprimant ! La communauté paroissiale surveillait la conduite de tous et accusait vite. J'ai entendu des histoires vraies traumatisantes sur des mariages où les jeunes époux sortaient de l'église en larmes après un sermon sur le châtiment qui attend les pécheurs. Même aux funérailles, le feu et le soufre pouvaient viser sans détour le défunt dans sa tombe, pour que sa veuve et tous les autres sachent exactement où il allait. Bonjour la bonne humeur !

En revanche, si le curé local venait chez nous, il pouvait compter sur un cigare et un verre de genièvre : tout le monde savait que le clergé aimait les bonnes choses dans la vie. Certes, la religion s'accompagnait de restrictions, notamment en matière de reproduction (la contraception, c'était mal), mais l'enfer était infiniment moins mentionné que le ciel. Les gens du Sud étaient fiers de concevoir l'existence en « bons vivants », de clamer qu'ils ne voyaient rien de mal à prendre un peu de bon temps. Vus du Nord, nous paraissions sûrement d'une immoralité totale puisque la bière, le sexe, la danse et la bonne chère faisaient partie de notre vie. Ce qui explique une histoire que m'a racontée un

Indien hindouiste qui avait épousé une Néerlandaise calviniste du Nord. Ses beaux-parents, m'a-t-il dit, n'avaient pas la moindre idée de ce qu'était un hindouiste, mais ils furent soulagés d'apprendre que leur gendre, au moins, n'était pas catholique. Pour eux, la croyance en de multiples déités était secondaire comparée aux mœurs hérétiques et pécheresses de la religion voisine.

L'esprit du Sud est bien reconnaissable dans les tableaux de Pieter Brueghel[4] et de Jérôme Bosch, dont certains font penser au carnaval, le début du carême. Le carnaval est très important à Den Bosch – pendant cette période, la ville change de nom : elle s'appelle *Oeteldonk*. On le célèbre aussi dans l'Allemagne catholique voisine, dans des villes comme Cologne et Aix-la-Chapelle d'où venait la famille de Bosch (comme l'indique le nom de son père, « Van Aken »). Bosch était sûrement un fin connaisseur de l'atmosphère délirante du carnaval, qui suspendait les distinctions de classe derrière des masques anonymes. Comme Mardi gras à La Nouvelle-Orléans, le carnaval est, au fond, une fête géante de l'inversion des rôles et de l'affranchissement social. *Le Jardin des délices* parvient au même résultat en montrant tous les personnages nus comme au jour de leur naissance. Je suis persuadé que l'intention de Bosch était de suggérer ainsi la liberté, et non la débauche que certains y ont lue.

Peut-être la religion qu'on abandonne déteint-elle sur l'athéisme qu'on embrasse. Quand la foi a peu de prise, l'apostasie n'est pas bien grave et n'aura pas d'effets secondaires persistants. D'où l'apathie générale des ex-catholiques de ma génération : ils ont grandi avec la critique du Vatican par la génération de nos parents, au sein d'une culture qui diluait le dogme religieux dans une appréciation des plaisirs de la vie. La culture compte, car les catholiques élevés dans des enclaves papistes au nord des fleuves me disent que leur éducation a été aussi stricte que celle des foyers réformés qui les entouraient. L'interaction entre religion et culture est si puissante qu'un catholique de France est tout à fait différent d'un catholique du sud des Pays-Bas, qui lui-même ne ressemble en rien à un catholique du Mexique. Gravir les genoux en sang les marches de la cathédrale pour implorer le pardon de la Vierge de Guadalupe, aucun de nous ne peut l'envisager. J'ai aussi entendu des catholiques américains insister sur la culpabilité dans un esprit avec lequel je ne saurais avoir la moindre affinité. C'est donc autant pour des raisons culturelles que religieuses que les ex-catholiques du Sud se remémorent leur religion d'origine avec beaucoup moins d'amertume que les ex-protestants du Nord.

Egbert Ribberink et Dick Houtman, deux sociologues néerlandais qui se disent respectivement « trop croyant pour être athée » et « trop incroyant pour être athée », distinguent deux types d'athées. Les premiers ne voient guère d'intérêt à explorer leur vision du monde et moins encore à la défendre. Ces athées estiment que la foi et son absence sont des affaires privées. Ils respectent le choix de chacun et ne ressentent pas le besoin d'aller ennuyer les autres avec le leur. Les seconds s'opposent avec véhémence à la religion et ne supportent pas ses privilèges dans la société. Selon eux, il ne faut pas garder son incroyance sous le boisseau. Ils parlent de « *coming out* », terme emprunté au mouvement gay, comme si leur irréligion était un secret censuré qu'ils voulaient désormais partager avec le monde entier. La différence entre les deux catégories se réduit au caractère public ou privé de leur point de vue.

Cette analyse me plaît plus que la conception habituelle de la laïcisation, qui se limite à compter combien croient et combien ne croient pas. Elle pourrait permettre un jour de tester ma thèse sur l'athéisme militant : il me paraît refléter un traumatisme. Plus la religion dont on vient a été stricte, plus on ressent le besoin de s'en prendre à elle et de remplacer les anciennes certitudes rassurantes par de nouvelles.

Dogmatisme en série

Aux États-Unis, la religion tient une place éléphantesque. Être incroyant est peut-être le pire handicap que peut avoir un candidat à des élections politiques : c'est plus grave qu'être gay, célibataire, remarié trois fois ou noir. Cette situation est évidemment inquiétante, et elle explique pourquoi les athées ont puissamment haussé le ton pour exiger leur place au soleil. Ils piquent l'éléphant pour voir s'ils peuvent s'ouvrir un peu d'espace. Mais il est vrai aussi que l'éléphant les définit, car que serait l'athéisme en l'absence de religion ?

Comme pour alléger par le rire ce combat inégal, la télévision américaine le condense à sa façon de temps à autre avec le sensationnalisme qu'on lui connaît. L'émission *The O'Reilly Factor*, sur Fox News, a invité David Silverman, président de l'American Atheist Group, à discuter de ses affiches qui assimilaient la religion à une « arnaque ». Sans jamais se départir d'un large sourire tout au long de cette interview, il a fait valoir qu'il n'y avait aucune raison de prendre ombrage de ses affiches puisqu'elles ne faisaient que dire la vérité : « Tout le monde *sait* que la religion est une arnaque ! » Bill O'Reilly, qui est catholique, s'est récrié, et il a voulu préciser pourquoi la religion *n'est pas* une arnaque : « La marée arrive, la marée s'en va. Jamais une erreur de communication. Vous ne pouvez pas expliquer ça. » C'était la première fois que j'entendais invoquer les marées comme preuve de l'existence de Dieu. On aurait dit un sketch humoristique : un comique souriant explique aux croyants qu'ils sont trop bêtes pour voir que la religion est une escroquerie, mais qu'ils auraient tort de s'offusquer de ses propos, tandis que l'autre soutient que le flux et le reflux des océans prouvent l'existence d'une puissance surnaturelle, comme si la gravité et la rotation de la planète ne faisaient pas l'affaire[5].

À mes yeux, ces échanges ne font que confirmer deux vérités : les croyants sont prêts à dire n'importe quoi pour défendre leur foi et certains athées sont devenus évangélistes. Pour les premiers, ce n'est pas nouveau, mais le zèle des athées me laisse perplexe. Pourquoi « dormir furieusement », sinon pour tenir en respect ses démons intérieurs ? Comme certains pompiers sont parfois des pyromanes inavoués et certains homophobes des homosexuels cachés, certains athées n'aspirent-ils pas en secret aux certitudes de la religion ? Prenons Christopher Hitchens, l'auteur britannique, récemment décédé, de *Dieu n'est pas grand*. Il était scandalisé par le dogmatisme de la religion, et pourtant lui-même était passé du marxisme (il était trotskiste) au christianisme grec orthodoxe, puis au néoconservatisme américain, avant de prendre une position « anti-thée » qui accusait la religion de tous les maux de la planète[6]. Hitchens a donc évolué de la gauche à la droite, de la lutte contre la guerre du Vietnam à l'enthousiasme pour la guerre d'Irak, et, de pro-Dieu, il est devenu anti-Dieu. Il a fini par préférer Dick Cheney à Mère Teresa.

Certains ont une folle envie de dogme mais quelque difficulté à se décider sur son contenu. Ils deviennent des dogmatiques en série. « Il y a des jours, a reconnu Hitchens, où mes anciennes convictions me manquent à la façon d'un membre amputé[7]. » Il voulait suggérer ainsi qu'il était entré dans une nouvelle phase de sa vie, marquée par le doute et la réflexion. Mais il n'avait rien fait d'autre, semble-t-il, que se doter d'un membre dogmatique flambant neuf.

Les dogmatiques ont un atout : ils ne savent pas écouter. Quand on en réunit plusieurs de divers types, comme les oiseaux mâles convergent sur les aires de parade pour déployer leur splendide plumage devant les femelles en visite, on peut donc être certain que la conversation fera des étincelles. On en croirait presque à la « théorie argumentative », qui soutient que le raisonnement humain n'est pas né de la recherche de la vérité mais de la volonté de briller dans la discussion. Les universités du monde entier organisent des débats démagogiques entre « géants » intellectuels religieux et antireligieux. L'un d'eux a eu lieu en 2009 lors d'un grand festival de la science à Puebla, au Mexique. Ma propre contribution concernait une autre séance plus scientifique, mais je me suis mêlé au public de quatre mille personnes que l'on échauffait pour l'ultime guerre des mots. Quand on leur a demandé s'ils croyaient en Dieu, environ 90 % des spectateurs ont levé la main pour répondre oui. Le débat lui-même avait lieu dans un décor fort peu intellectuel. La scène représentait un ring de boxe (avec les cordes, les poteaux et des gants de boxe rouges qui se balançaient dans un coin). Les orateurs y sont entrés un par un aux accents d'une musique martiale. C'étaient les suspects habituels. Outre Hitchens, nous avions Dinesh D'Souza, Sam Harris, le philosophe Dan Dennett et le rabbin Shmuley Boteach.

Je serais bien étonné qu'un seul auditeur ait changé d'avis à l'issue du débat – qu'un croyant soit devenu incroyant ou le contraire. On nous a dit que la religion est la source de tous les maux, qu'elle est inférieure à la science pour nous guider vers le réel, mais aussi que sans religion il n'y aurait pas de morale et pas d'espoir pour ceux qui ont peur de la mort. Sans Dieu, règle morale « n'est qu'un euphémisme pour dire : préférences personnelles », s'est écrié le rabbin en agitant les mains au-dessus de sa tête comme s'il lançait de la pâte à pizza. D'autres ont adopté un ton sans humour, presque menaçant, comme pour signifier qu'à ignorer leur message on allait inévitablement s'attirer de gros ennuis. Dieu n'est pas un sujet très drôle.

Cette ambiance de cirque a laissé sans réponse ma question initiale sur les athées évangélistes. On voit aisément pourquoi les religions s'efforcent de recruter des fidèles. Ce sont de grandes organisations qui ont des intérêts financiers, et plus elles ont d'adeptes, plus elles sont prospères. Elles érigent des cathédrales comme celle que j'ai visitée à Puebla, et des chapelles comme la Capilla del Rosario, avec son stuc doré à l'or 23 carats 1/2. Je n'ai jamais vu d'intérieur orné si somptueusement, probablement aux frais de générations de paysans pauvres mexicains. Mais les athées, pourquoi font-ils du messianisme ? Et pourquoi jouent-ils une religion contre une autre ? Harris, par exemple, s'en prend haineusement à l'islam, cette proie facile qu'il isole pour en faire l'ennemi juré de l'Occident[8]. Jetez dans la discussion quelques images de burkas, mentionnez l'infibulation, et qui contestera votre aversion pour la religion ? Cela m'écœure autant qu'un autre, mais, si Harris cherche vraiment à montrer que la religion n'est pas conforme à l'éthique, pourquoi cibler l'islam ? Les mutilations génitales ne sont-elles pas courantes aux États-Unis aussi, où des nouveau-nés de sexe masculin sont quotidiennement circoncis sans leur consentement ? Nous n'avons sûrement pas besoin d'aller jusqu'en Afghanistan pour trouver des zones d'ombre dans le paysage moral.

Si certaines religions sont pires que d'autres, c'est qu'il y en a de meilleures. J'aimerais beaucoup entendre un athée expliquer ce qu'est une bonne religion, ou pourquoi des religions différentes professent des morales différentes. Se pourrait-il que la religion et la culture interagissent au point qu'il n'y ait pas de morale universelle ? Au lieu de réfléchir à ces problèmes, on chauffe à blanc les opinions publiques pour qu'elles abhorrent des pratiques qui leur sont absolument étrangères, ce qui est presque aussi facile que de les faire hurler devant un meurtre à la tronçonneuse.

Et il y a aussi deux mythes tenaces : la science l'emporte sur la religion à tous les points de vue imaginables ; la science détourne de la religion et *vice versa*, comme dans un jeu à somme nulle. Ils remontent aux polémistes américains du XIXe siècle, dont on connaît la célèbre formule : si cela dépendait de la religion, nous croirions encore que la terre est plate[9]. Mais c'était pure propagande. La spéculation sur la rotondité de notre planète a commencé avec Aristote et d'autres Grecs antiques, et tous les grands érudits de l'âge dit « des Ténèbres » en étaient pleinement informés. *La Divine Comédie* de Dante représente la Terre comme une sphère, et le panneau extérieur du triptyque du *Jardin des délices* de Bosch adopte une solution intermédiaire : une terre plate flottant dans une boule transparente entourée d'un cosmos noir. Au sujet de l'évolution aussi, on a tendance à dénoncer la religion comme un adversaire inconciliable, alors qu'en fait l'Église catholique romaine n'a jamais condamné officiellement la théorie de Darwin ni mis ses œuvres à l'index (la liste des livres interdits). Le

Vatican a fini par avaliser l'évolution en tant que théorie valide compatible avec la foi chrétienne. Ce soutien a certes été un peu tardif, mais il faut bien comprendre que l'anti-évolutionnisme est l'apanage presque exclusif des protestants évangéliques américains du Sud et du Midwest.

Les rapports entre science et religion ont toujours été complexes, faits à la fois de conflits, de respect mutuel et de mécénat ecclésiastique des sciences. Les premiers copistes des livres sur lesquels la science allait prendre appui étaient des rabbins et des moines, et les premières universités sont nées des écoles cathédrales et monastiques. La papauté a beaucoup fait pour promouvoir la création et la prolifération des universités. Dans l'une des premières, celle de Paris, les étudiants portaient la tonsure en signe d'allégeance à l'Église, et le document le plus ancien des archives de l'université d'Oxford est sa charte octroyée par le légat du pape en 1214. Au vu de cet enchevêtrement, la plupart des historiens mettent davantage l'accent sur le dialogue ou même l'intégration entre science et religion.

Les néo-athées n'en continuent pas moins à les dresser l'une contre l'autre. Leur public salive de plaisir quand ils évoquent le canard de la terre plate. Ce qui ne signifie pas que les propos des religieux valent beaucoup mieux. Eux aussi prennent beaucoup de libertés avec les faits. À Puebla, D'Souza a présenté les expériences de mort imminente comme une preuve scientifique de l'au-delà. Après avoir brièvement frôlé la mort, certains patients disent qu'ils ont flotté hors de leur corps ou qu'ils sont entrés dans un tunnel de lumière. Cela paraît effectivement bizarre, mais D'Souza n'a pas dit un mot des nouveaux acquis des neurosciences sur une petite région du cerveau qu'on appelle la jonction temporo-pariétale (JTP). Cette zone rassemble des informations venues de plusieurs sens (visuelles, tactiles et vestibulaires) pour élaborer une image unifiée de notre corps et de sa place dans son environnement. En temps normal, cette image est parfaitement cohérente entre tous les sens, et nous savons donc qui et où nous sommes. Dès l'instant où la JTP est endommagée ou stimulée avec des électrodes, en revanche, l'image corporelle est perturbée. Les scientifiques peuvent délibérément amener quelqu'un à se sentir flotter au-dessus de son corps, lui donner l'impression qu'il se voit d'en haut, ou encore lui faire percevoir une copie de lui-même assise à ses côtés, comme une ombre (« j'avais l'air plus jeune et mieux portant que je ne le suis aujourd'hui ; mon double me souriait amicalement[10] »). Ajoutons les propriétés hallucinogènes des anesthésiants et les effets du manque d'oxygène sur le cerveau, et la science n'est pas loin d'apporter une explication matérialiste aux expériences de mort imminente.

L'Ascension vers l'Empyrée, de Jérôme Bosch (l'une des composantes de ses *Visions de l'au-delà*), représente le tunnel de lumière associé aux expériences de mort imminente qui ont inspiré la mythologie et la religion depuis l'aube de l'humanité.

Le rabbin Boteach aussi s'est appuyé sur des données contestables pour défendre la religion. De nombreuses familles humaines prennent soin d'enfants atteints du syndrome de Down, a-t-il expliqué, ce qu'elles ne feraient évidemment pas sans la religion : elles se débarrasseraient purement et simplement de leur progéniture « défectueuse ». Le problème avec cette assertion, c'est que, comme on l'a vu au chapitre précédent, les données archéologiques racontent une tout autre histoire. Notre lignage est pourvu de si puissants instincts de maternage que les enfants ne sont pas facilement négligés ni abandonnés, quel que soit leur état physique. Je ne dis pas que cela n'arrive jamais, mais, longtemps avant l'apparition de toutes les religions actuelles, les néandertaliens et les premiers humains prenaient soin des handicapés. C'est vrai aussi de nos parents primates. Il y a de nombreux exemples, mais je me limiterai à deux, que je connais par expérience directe.

Azalea était une guenon rhésus trisomique. Elle avait trois exemplaires d'un même chromosome, exactement comme dans le syndrome de Down humain[11]. Autre ressemblance : elle était née d'une femelle qui avait passé l'âge normal de la conception chez les macaques. Grandissant dans un zoo, au sein d'une troupe nombreuse, Azalea avait un sérieux retard dans son développement moteur comme dans ses compétences sociales. Elle commettait les bourdes les plus incompréhensibles, par exemple menacer le mâle alpha. Les singes rhésus sont prompts à punir quiconque viole les règles, mais on passait pratiquement tout à Azalea : les autres singes semblaient comprendre qu'aucune de leurs réactions n'allait changer son ineptie. Nous, les observateurs humains, nous adorions Azalea pour son bon caractère, et il semble que le reste de la troupe l'adorait aussi. Elle est morte de mort naturelle à trois ans.

Et il y a eu Mozu, une macaque des Alpes japonaises, à Jigokudani. Elle pouvait à peine marcher et certainement pas grimper, car elle était née sans mains et sans pieds. Pendant l'hiver, très rigoureux dans cette région, elle était forcée de patauger lourdement dans la neige tandis que ses compagnons sautaient de branche en branche. Fréquente vedette des documentaires japonais sur la nature, Mozu était pleinement acceptée par les autres singes, ce qui lui a permis d'avoir une longue vie et d'élever pas moins de cinq petits. Je l'ai vue haut dans les montagnes et j'ai remarqué qu'elle passait l'essentiel de son temps avec les singes, loin des humains : les aliments donnés à l'occasion par les touristes ne sauraient donc expliquer sa survie. Même si nous n'avons aucun témoignage *de visu* établissant que d'autres singes l'aidaient activement, son histoire montre que les inadaptés peuvent s'épanouir et se reproduire dans les sociétés primates. De même, la vie humaine avant la religion n'était pas nécessairement du type « l'homme est un loup pour l'homme ». L'apport principal de la religion n'est peut-être pas de nous amener à accomplir des actes que nous ne ferions pas sans elle, mais d'avaliser et de promouvoir certaines tendances naturelles. C'est évidemment une contribution bien plus modeste que celle qu'avait à l'esprit le rabbin.

Les dogmatiques cognent si fort sur leurs tambours qu'ils ne peuvent pas s'écouter les uns les autres. Mais leurs publics ne savent pas qu'ils assistent à une grand-messe itinérante opposant encore et toujours les mêmes adversaires, qui simulent la surprise et les « échec et mat ». À Puebla, seul Dan Dennett a fait entendre la voix de la raison : la religion n'est pas pour lui une abomination à exécrer mais un phénomène intéressant à étudier, en tant que composante de la société humaine, voire de la nature humaine. Il est clair qu'elle a été créée par l'homme, donc la vraie question est : que nous apporte-t-elle de bon ? Sommes-nous nés pour croire, et, si oui, pourquoi ? Bien qu'on le mette souvent dans le même sac que les néo-athées, Dennett n'est pas aussi persuadé qu'eux de l'irrationalité de la religion, et pas si sûr que le monde serait meilleur si l'on hâtait sa mort. « Je suis encore agnostique sur le sujet », confie-t-il[12].

Azalea était une guenon rhésus trisomique – elle souffrait d'une affection comparable au syndrome de Down chez les humains. Elle était plus dépendante que les autres jeunes. On la voit ici tenue comme un bébé par sa sœur aînée à un âge où ce n'est plus normal. Malgré son handicap mental, elle était remarquablement intégrée et acceptée.

Fiente dans une pendule à coucou

Ma première expérience du prosélytisme a été presque trop drôle pour être vraie. J'occupais alors une chambre au quatrième étage d'une cité universitaire à Groningue. Un matin, j'entends frapper à ma porte et je me retrouve face à deux jeunes mormons américains en complet-veston. Curieux de m'informer sur leur foi, je les invite à entrer.

Ils montent alors un chevalet et un tableau sur lequel ils collent des personnages en feutrine et de petits textes pour narrer l'histoire d'un Américain au nom banal qui a vu le Seigneur dans une colonne de lumière. Plus tard, un ange l'a conduit à des textes sacrés gravés sur des plaques d'or.

Tout cela s'est passé il y a à peine plus d'un siècle. J'écoute leur récit incroyable et m'apprête à leur demander comment ce Joseph Smith a pu convaincre d'autres personnes de sa rencontre spéciale quand nous sommes brutalement interrompus. Je laissais souvent une fenêtre ouverte pour permettre à Tjan, mon choucas de compagnie, d'entrer et de sortir. Dehors, il était libre, mais il revenait avant le crépuscule afin d'être nourri et enfermé dans sa cage pour la nuit. Tandis que les deux jeunes gens racontent patiemment l'apparition de Dieu dans une caverne, voici que Tjan surgit dans la pièce et cherche un lieu d'atterrissage. Il choisit le point le plus haut : la tête d'un des deux mormons, debout devant son tableau. Voir un grand oiseau noir atterrir sur lui était bien la dernière chose à laquelle il s'attendait. Je lis la panique sur son visage et tente de le rassurer au plus vite : ce n'est que Tjan, un oiseau qui porte un nom et qui ne ferait de mal à personne. Je n'ai jamais vu deux personnes remballer aussi vite. Ils sont dehors en un rien de temps : ils passent la porte, courent vers l'ascenseur. Pendant qu'ils ramassaient leurs affaires, je les ai entendus parler du « diable ».

Puisque j'avais gâté Tjan comme un bébé avec les vers de terre les plus gras que j'avais pu déterrer, il était grand pour son espèce. C'était une personnalité curieuse de tout, très intelligente, qui volait au-dessus de moi quand je me promenais dans le parc. Mais il était noir, bruyant et ressemblait à un corbeau, bien sûr : il évoquait pour les mormons une créature qui risquait de voler leur âme. Ces missionnaires n'ont donc jamais pu répondre à ma question et n'ont jamais eu le loisir de m'expliquer que Smith avait traduit les plaques d'or gravées en « égyptien réformé » en regardant des « pierres de voyance » placées au fond de son chapeau. Smith a été assez habile pour sympathiser avec les sceptiques : « Si je n'avais pas fait l'expérience que j'ai eue, écrit-il, je n'aurais pas pu le croire moi-même[13]. »

Donc, pourquoi d'autres l'ont-ils cru ? Smith a été beaucoup raillé et s'est souvent trouvé en butte à une vive hostilité (il est mort lynché à trente-huit ans), mais l'Église de Jésus-Christ des Saints des Derniers Jours compte aujourd'hui 14 millions de fidèles. Il est évident que ces croyants ne cherchent pas de preuve, car le seul objet qui aurait pu en tenir lieu, les plaques d'or, a dû être rendu à l'ange. Les gens croient pour la simple raison qu'ils *veulent* croire. C'est vrai de toutes les religions. La foi a pour force motrice l'attrait qu'exercent sur certaines personnes des récits, des rituels et des valeurs. Elle assouvit des aspirations émotionnelles comme le besoin de sécurité et d'autorité et le désir d'appartenance. La théologie est secondaire, et les preuves d'un intérêt mineur. Ce qu'on demande aux fidèles de croire peut être assez ridicule, j'en conviens, mais les athées ne réussiront sûrement pas à les détourner de leur foi en raillant la véracité de leurs saints livres ou en comparant leur Dieu au Monstre en Spaghetti volant*. Les articles de foi spécifiques ne sont pas un enjeu sérieux si le but premier est d'éprouver un sentiment de communion sociale et morale. Pour emprunter un titre à la romancière

* Comme le fait le pastafarisme, parodie de religion apparue il y a une dizaine d'années aux États-Unis pour répondre par la dérision aux adeptes anti-évolutionnistes du « Dessein intelligent ».

Amy Tan*, critiquer la foi, c'est comme essayer de sauver les poissons de la noyade. Pêcher des croyants dans le lac pour leur expliquer ce qui est bon pour eux, puis les laisser sur la rive s'étioler et mourir, c'est absurde. S'ils étaient dans le lac, ce n'était pas pour rien.

Si l'on admet que la foi a pour moteur des valeurs et des désirs, on établit aussitôt un contraste tranché avec la science, mais on révèle aussi un point commun entre les deux, car la science est moins propulsée par les faits qu'on ne le croit souvent. Comprenez-moi bien : la science produit de brillants résultats. Elle n'a pas d'égale pour comprendre la réalité physique. Mais la science repose souvent aussi, comme la religion, sur ce que nous *voulons* croire. Les scientifiques sont des êtres humains, et les êtres humains sont motivés, disent les psychologues, par des « biais de confirmation » (nous adorons les preuves qui soutiennent nos idées) et des « biais de non-confirmation » (nous dénigrons celles qui contredisent notre pensée). La résistance systématique des scientifiques aux nouvelles découvertes a déjà fait l'objet d'un article paru en 1961 dans les illustres pages de la revue *Science*, qui lui avait ajouté ce sous-titre espiègle : « Cette source de résistance reste à examiner avec l'attention accordée aux sources religieuses et idéologiques[14]. »

Un bon exemple est l'aversion pour certains aliments. Nous nous souvenons si bien de ceux qui nous ont empoisonné que nous avons un haut-le-cœur quand nous y pensons. Cette réaction est très précieuse pour la survie, mais elle viole le dogme béhaviouriste. Fondé par

* Le titre original de son roman *Noyade interdite* (trad. fr. d'Annick Le Goyat, Paris, Buchet-Chastel, 2007) : *Saving Fish for Drowning* [Sauver les poissons de la noyade].

B. F. Skinner, le béhaviourisme soutient que tout comportement est modelé par la récompense et la punition, mécanisme qui fonctionne d'autant mieux que l'intervalle entre l'acte et sa conséquence est plus court. Donc, quand le psychologue américain John Garcia a rapporté que les rats évitent les aliments empoisonnés après une seule expérience négative, même si la nausée met ensuite plusieurs heures à se manifester, personne ne l'a cru. D'éminents scientifiques ont fait le nécessaire pour que son étude ne paraisse dans aucune revue réputée sérieuse. Ses conclusions ont été maintes fois rejetées – à en croire un énoncé particulièrement cinglant, elles n'étaient pas plus vraisemblables que la découverte de fiente dans une pendule à coucou. L'« effet Garcia » est aujourd'hui bien établi. Mais la première réaction montre combien les scientifiques ont horreur de l'inattendu.

Ma propre histoire concerne une découverte effectuée au milieu des années 1970 : les chimpanzés se raccommodent après leurs combats en faisant des baisers et des accolades à leurs adversaires. Ces gestes de réconciliation ont aujourd'hui été démontrés chez de nombreux primates, mais quand l'une de mes étudiantes a dû défendre une étude de ce comportement devant un comité de psychologues, que n'a-t-elle pas entendu ! Nous avions supposé naïvement que ces psychologues, qui ne connaissaient que les rats, n'auraient pas d'opinion sur les primates, mais ils ont soutenu avec acharnement que la réconciliation chez les animaux était hors de question. Cela ne collait pas du tout avec leur pensée, qui excluait les émotions, les relations sociales et tout ce qui rend les animaux intéressants. J'ai tenté de les faire changer d'avis en les invitant au zoo où je travaillais, afin qu'ils puissent voir par eux-mêmes ce que font les chimpanzés après s'être battus. Mais leur réponse à cette proposition a été déconcertante : « À quoi cela servirait-il de voir les animaux réels ? Il nous sera plus facile de rester objectifs sans cette influence. »

Un roi antique de Sardes déplorait, paraît-il, que « les oreilles des hommes soient moins crédules que leurs yeux ». Ici c'était l'inverse : ces scientifiques craignaient que leurs yeux ne leur disent ce qu'ils ne voulaient pas entendre. Comme le reste de l'humanité, les savants ont face aux données des « réponses combat-fuite » : ils cherchent le familier et évitent le non-familier. J'y pense forcément chaque fois que j'entends des néo-athées soutenir qu'en niant Dieu ils sont plus intelligents que les croyants, et rationnels comme des scientifiques. Ils se plaisent à se présenter en esprits libres de toute émotion, en penseurs du type « seulement les faits, madame* ». Dans une chronique parue dans *USA Today*, Jerry Coyne, un de mes collègues biologistes qui s'est autoproclamé « *gnu-atheist*** » – gnou-athée (oui, gnou, comme la bête sauvage***) – juge la foi et la science absolument incompatibles « pour la même raison que l'irrationalité et la rationalité ». Il poursuit en traçant de petites auréoles au-dessus de la tête des scientifiques :

> La science opère par les preuves et par la raison. Elle valorise le doute, rejette l'autorité. Aucune découverte n'est tenue pour « vraie » – notion qui est toujours provisoire – tant qu'elle n'a pas été répétée et vérifiée par d'autres. Nous,

* « *Just the facts, ma'am* », comme dit le détective de la série policière américaine *Dragnet*.

** Pour contester le bien-fondé du terme « *new atheists* » (néo-athées) par lequel on les désigne, les athées l'orthographient volontiers « *gnu-atheists* ».

*** Le mot néerlandais signifiant « bête sauvage », *wildebeest*, est passé dans la langue anglaise où il désigne spécifiquement le gnou.

scientifiques, nous nous posons constamment la question : « Comment puis-je découvrir si je me trompe ? »[15].

Ah ! que j'aimerais avoir des collègues comme Coyne ! Moi qui ai passé toute ma vie parmi des universitaires, je peux vous assurer que, sur la liste de leurs envies, apprendre à quel point ils se trompent est à peu près au même niveau que trouver un cafard dans leur café. Le scientifique moyen a fait une découverte intéressante en début de carrière, puis a passé sa vie à faire le nécessaire pour que tous admirent sa contribution et que personne ne la remette en cause. Il n'y a pas de compagnie plus affligeante que celle d'un scientifique vieillissant qui n'a pas atteint ces objectifs. Les universitaires ont des jalousies mesquines, ils s'accrochent à leurs idées longtemps après qu'elles sont devenues obsolètes, ils sont outrés chaque fois que se produit un phénomène nouveau qu'ils n'avaient pas prévu. Les idées originales sont ridiculisées, ou récusées comme mal informées. Le pionnier des neurosciences Michael Gazzaniga s'en plaint dans une interview récente :

> Les gens et les idées qui « sont arrivés les premiers » ont un effet inhibiteur profond sur les idées neuves. Ils racontent encore et toujours leur histoire tandis que les observations nouvelles doivent lutter durement pour remonter d'en bas. Le savoir humain progresse d'enterrement en enterrement : cette vieille formule sonne tellement vrai[16] !

Cette description ressemble davantage aux scientifiques que je connais. L'autorité l'emporte sur les preuves, du moins du vivant de l'autorité. Les exemples historiques sont légion : la résistance à la théorie ondulatoire de la lumière, à la découverte de la fermentation par Pasteur, à la dérive des continents, à l'annonce des rayons X par Röntgen, d'abord dénoncée comme une mystification… Quand la science s'accroche à des paradigmes sans fondement, tel le test des taches d'encre de Rorschach, ou continue à proclamer l'égoïsme des organismes en dépit des preuves du contraire, la résistance au changement est à l'œuvre aussi. Les scientifiques vantent la « plausibilité » et la « beauté » des théories : ils portent donc des jugements de valeur sur la base de la façon dont ils pensent que les choses fonctionnent, ou doivent fonctionner. La science est en fait si chargée de valeurs qu'Albert Einstein niait que nous nous limitions à observer et mesurer ; ce que nous pensons exister, disait-il, est presque autant un produit de la théorie que de l'observation. Quand les théories changent, les observations suivent[17].

Si la foi conduit certains à acheter en bloc un paquet de mythes et de valeurs sans poser trop de questions, les scientifiques ne font que marginalement mieux. Nous aussi, nous achetons une certaine vision du monde sans exercer notre jugement critique sur chacun de ses postulats implicites, et souvent en restant sourds aux données qui ne cadrent pas. Nous pouvons même, comme les psychologues du comité de mon étudiante, refuser délibérément une occasion d'être éclairés. Mais, bien que les scientifiques ne soient guère plus rationnels que les croyants, et que la notion même de rationalité neutre repose sur un immense malentendu (nous ne pouvons même pas *penser* sans émotions), il y a une différence majeure entre la science et la religion. Elle ne réside pas dans les individus qui les pratiquent, mais dans leur culture. La science est une entreprise collective dotée de modes opératoires qui permettent au tout d'avancer même si ses parties traînent les pieds.

Les darwiniens méritent un Darwin Award *

Ce que la science fait de mieux, c'est d'inciter à la concurrence entre les idées. Elle est l'instigatrice d'une sorte de sélection naturelle où seules les idées les plus viables survivent et se reproduisent. Exemple : supposons que je croie la vie transmise par d'infimes homoncules à l'intérieur du sperme. Vous, en revanche, vous pensez qu'elle se constitue en mêlant les traits des deux parents. Arrive un obscur moine morave qui adore les petits pois. En effectuant une pollinisation croisée entre ses plants de petits pois, il montre que les traits passent des deux parents à leur rejeton, mais restent entièrement séparés. Ils peuvent être dominants, récessifs, homozygotes ou hétérozygotes. Quelle complexité ridicule !

L'idée de l'homoncule était belle et simple, mais elle ne pouvait expliquer pourquoi les enfants ressemblent souvent à leur mère. Le mélange des traits avait fière allure, lui aussi, mais il tuerait inévitablement la diversité, car toute la population convergerait vers une moyenne. Quant au travail du moine, il a d'abord été critiqué, puis ignoré et oublié. La science n'était pas prête pour lui, tout simplement. Heureusement, il a été redécouvert des décennies plus tard. La communauté scientifique a comparé les idées, examiné les preuves, écouté les arguments, et elle a commencé à pencher pour l'explication du moine. Ses expériences ayant été répétées avec succès, Gregor Mendel est aujourd'hui célébré comme le fondateur de la génétique.

* Les Darwin Awards (prix Darwin) sont des récompenses décernées, presque toujours à titre posthume, aux auteurs d'actes jugés particulièrement stupides qui leur ont souvent coûté la vie. Ils doivent ces prix, disent les organisateurs, au fait qu'ils ont amélioré le patrimoine génétique de l'humanité en disparaissant ou en étant stérilisés.

En comparaison, la religion est statique. Elle change quand la société change, mais rarement parce qu'on a présenté des preuves. Cela crée un conflit potentiel avec la science, tel l'affrontement sans fin sur l'évolution. En l'occurrence, cependant, le vrai point de désaccord est relativement mineur, du moins pour le biologiste. La façon dont les humains se rattachent au reste de la nature n'est évidemment pas le noyau dur de la théorie de l'évolution, mais c'est la pierre d'achoppement qui pose problème à ses détracteurs religieux. On les entend rarement contester l'évolution des plantes, des bactéries, des insectes ou des autres animaux : tout tourne autour de notre précieuse espèce. Si nous n'avons pas été placés sur terre par Dieu, raisonnent-ils, nous n'avons pas de sens. Pour comprendre cette obsession des origines de l'humanité, n'oublions pas qu'à sa naissance la tradition judéo-chrétienne avait fort peu conscience, ou pas du tout, de l'existence d'autres primates. Les nomades du désert ne connaissaient que les antilopes, les serpents, les chameaux, les chèvres, etc. Ne nous étonnons pas qu'ils aient vu un gouffre béant entre l'humain et l'animal et nous aient réservé l'exclusivité de l'âme. Leurs descendants ont été choqués dans leurs convictions les plus intimes lorsque, en 1835, les premiers grands singes anthropoïdes vivants ont été exhibés au zoo de Londres. Ils ont été blessés, incapables de dissimuler leur dégoût. La reine Victoria a jugé les grands singes « douloureusement et désagréablement humains[18] ».

L'exception humaine demeure bien vivante dans les sciences sociales et les lettres. Ces disciplines persistent à résister aux comparaisons entre les humains et les autres animaux – même le mot « autres » les offusque. Les sciences naturelles, en revanche, moins contaminées par la religion, progressent inexorablement vers le constat toujours plus net d'un continuum entre l'humain et l'animal. Carl von Linné a fermement placé *Homo sapiens* au sein de l'ordre des primates. La biologie moléculaire a révélé que l'ADN humain et celui des grands singes étaient pratiquement identiques, et les neurosciences n'ont toujours pas trouvé une seule région du cerveau humain qui n'ait pas d'équivalent dans celui du singe. C'est cette continuité qui crée la controverse. Si nous, biologistes, pouvions discuter de l'évolution sans jamais faire mention des humains, cela n'empêcherait personne de dormir. Ce serait comme nos débats sur le fonctionnement de la chlorophylle ou le classement de l'ornithorynque parmi les mammifères. Qui s'en soucie ?

J'étais assez peu conscient du scepticisme face à l'évolution avant de venir aux États-Unis, et je l'ai vite classé parmi d'autres penchants nationaux incompréhensibles comme l'amour des armes à feu et le mépris du football. Ce déni de l'évolution est aussi américain que la tarte aux pommes : on en a eu une nouvelle illustration en 2011 quand quarante-neuf des cinquante et une candidates au titre de Miss USA ont dû répondre à la question : « Faut-il enseigner l'évolution dans les écoles ? » Elles se sont efforcées de ménager les deux camps. La question de l'évolution n'a pas encore été tranchée, ont-elles dit, et il y a tant de visions religieuses et de théories scientifiques qu'il vaut mieux tout enseigner. Miss Alabama a même carrément déclaré que l'évolution ne devait pas du tout figurer dans les programmes. Finalement, le titre a été remporté par Miss Californie, qui, se disant « une vraie mordue de science », avait explicitement soutenu l'évolution : bel exemple de justice divine.

Parmi les Américains, 30 % voient dans la Bible la parole même de Dieu. Mais ceux qui la considèrent soit comme un texte inspiré qu'il ne faut pas prendre au pied de la lettre, soit comme un recueil de légendes et de préceptes moraux, sont deux fois plus nombreux[19]. C'est une excellente nouvelle pour les défenseurs de l'évolution qui s'efforcent de faire passer leur message. La majorité non littéraliste est (ou devrait être) leur public cible, puisqu'elle est la plus susceptible de les écouter. Sauf, bien sûr, s'ils ouvrent le débat en la giflant. Tout ce discours déclarant la science et la religion inconciliables n'est malheureusement pas sans conséquences. Il notifie aux esprits religieux que, quels que puissent être leur ouverture intellectuelle et leur rejet du dogmatisme, ils sont indignes de la science. Il leur faut d'abord jeter aux orties toutes les croyances qui leur sont chères. L'insistance des néo-athées sur la pureté me paraît curieusement religieuse. Il n'y manque qu'une sorte de cérémonie de baptême où les croyants se repentiraient publiquement avant de rejoindre l'« élite rationnelle » des incroyants. Paradoxalement, le dernier à se qualifier aurait été un moine augustinien qui cultivait des petits pois dans le jardin d'un monastère.

Stephen Jay Gould a été le plus grand défenseur public de l'évolution que les États-Unis aient jamais connu. À son apogée, il était si populaire qu'il soutenait à lui seul toute une revue, *Natural History* : depuis sa mort, elle n'est plus que l'ombre d'elle-même. Lire Gould était toujours un plaisir, notamment pour ses escapades éclairantes dans l'histoire des sciences, qu'il semblait connaître comme sa poche. Nul besoin d'être d'accord avec toutes ses opinions et chacun des faits qu'il a vendus à la criée – je ne le suis sûrement pas – pour reconnaître qu'il a été le visage de l'évolution et son principal champion. Il écrivait avec un enthousiasme si contagieux qu'il a incité des milliers de jeunes Américains à opter pour une carrière scientifique.

Sa défense de l'évolution comprenait de fréquentes mises en garde contre le racisme et le déterminisme génétique qu'on lui avait associés dans le passé. De plus, il contestait énergiquement que tout comportement humain dût recevoir une explication évolutionniste. Selon le « fondamentalisme darwinien », comme il l'appelait avec mépris, tous nos faits et gestes sont contrôlés par les gènes et servent à les propager. Darwin lui-même doutait que la sélection naturelle eût un rôle aussi omniprésent, rappelait Gould ; et j'ai déjà mentionné les nombreux types d'altruisme qu'elle ne saurait expliquer. Récuser ces comportements comme autant d'« erreurs » n'est pas une solution. Et ce ne sont pas les seules conduites qui, du point de vue évolutionniste, sont absurdes. Pensons au tabagisme, à la masturbation, au saut à l'élastique, à l'alcoolisme, au lancer de feux d'artifice, à l'alpinisme. Le comportement inadapté est si courant dans notre espèce que nous nous en moquons. Les Darwin Awards ont été inventés pour honorer « ceux qui améliorent l'espèce en s'en retirant accidentellement ».

Je ne veux pas dire que nous ne devions pas essayer de mettre le comportement humain sur un bon pied évolutionniste. De fait, il n'y a pas d'alternative. Je prédis d'ailleurs que dans cinquante ans le portrait de Darwin ornera tous les départements de psychologie. Mais ce champ d'études regorge encore d'explications *ad hoc* qu'on aurait du mal à prendre au sérieux, de l'interprétation de la calvitie chez les hommes comme un moyen pour signaler au sexe opposé leur intelligence (il faudrait le dire à ceux qui portent perruque) à l'« histoire naturelle du viol », vrai titre d'un livre qui a fait plus de mal à la psychologie évolutionniste que tout autre*. La grande erreur est de postuler que tout ce qui est génétique, comme la calvitie, est nécessairement bon. La maladie d'Alzheimer, la mucoviscidose et le cancer du sein ont une base génétique, mais nul ne soutiendra qu'ils améliorent l'adaptation.

Dans le cas du viol, cependant, nous n'avons même pas de base génétique sur laquelle travailler. Il n'y a pas la moindre preuve que la violence sexuelle soit héréditaire. Ce qui n'a nullement empêché Randy Thornhill et Craig Palmer de spéculer sur ses avantages pour l'évolution. Extrapolant directement leur thèse du comportement sexuel des mouches, ces auteurs ont soutenu que les hommes violent pour répandre leurs gènes. Et ils se sont dispensés d'avoir à en produire des preuves tangibles, puisque les effets les plus importants ont forcément eu lieu pendant la préhistoire. Ce passé étant impénétrable, il ne nous reste plus qu'à raconter librement des histoires. Et il y a une question à laquelle les auteurs n'ont jamais répondu : pourquoi, si le viol est une pure affaire de procréation, un tiers de ses victimes sont-elles non fécondables, comme les enfants et les personnes âgées[20] ?

Je pense comme Gould que nous n'avons rien à gagner à faire des conjectures évolutionnistes à propos de n'importe quel comportement humain. Mais Gould s'est fait de nombreux ennemis en exprimant son scepticisme. Plusieurs escarmouches l'ont opposé à l'establishment évolutionniste dans les pages de la *New York Review of Books* en 1997. C'était vraiment du grand spectacle, tous ces ego surdimensionnés qui s'entrechoquaient avec force insinuations,

* Randy Thornhill et Craig T. Palmer, *The Natural History of Rape : Biological Bases of Sexual Coercion*, Cambridge (MA), MIT Press, 2000.

critiques fondées sur des on-dit, insultes (l'un d'eux a été traité sarcastiquement de «petit chien» d'un autre), ou qui feignaient de n'avoir jamais entendu parler les uns des autres. Le vitriol ne les a manifestement pas aidés à serrer les rangs. Ravis, les créationnistes se frottaient les mains, et ils ont exploité cette dispute à leurs propres fins, comme le montrent les remarques sur les dissensions entre théoriciens en des lieux aussi inattendus que le concours de Miss USA. On aurait dû décerner un Darwin Award à ces darwiniens.

Mais cet affrontement ne fut rien comparé à la réaction à une autre opinion de Gould. Lui-même athée, il avait déclaré la science et la religion compatibles bien avant que les néo-athées ne décident qu'elles ne l'étaient pas. Après sa mort prématurée en 2002, Gould est donc devenu un punching-ball pour son manque d'intolérance.

Le quelquechosisme

Dans son célèbre article* publié la même année que l'échange d'amabilités sus-mentionné avec ses collègues évolutionnistes, Gould évoque sa rencontre fortuite avec un groupe d'ecclésiastiques qui déjeunaient au Vatican. Ils lui ont fait part de leurs inquiétudes au sujet d'un nouveau type de créationnisme qui venait d'apparaître et qu'on appelait *intelligent design* – le «dessein intelligent». Pourquoi l'évolution est-elle encore attaquée? ont-ils demandé à Gould. Dans son article, le paléontologue souligne l'ironie de la situation : il avait dû, lui ex-juif, rassurer des prêtres catholiques inquiets pour la théorie de l'évolution en leur certifiant qu'elle se portait très bien et

* «Nonoverlapping Magisteria», *Natural History*, vol. 106, n° 2, 1997, p. 16-22.

que seule une petite fraction de la population américaine la contestait.

Gould rapportait cette anecdote pour suggérer que la prétendue guerre entre science et religion est très exagérée. Les énoncés globalisants sur « la religion » sont de toute manière problématiques, puisque ce mot recouvre tout, du monothéisme au polythéisme et des professions de foi rigides à la spiritualité. Le bouddhisme, par exemple, est très favorable à l'idée d'organismes en évolution, qui s'accorde parfaitement avec sa vision où toute vie est interconnectée et en flux[21]. Mais même au sein de religions comme le christianisme ou l'islam, la diversité culturelle est si grande que des pratiques et des idées abhorrées par certains sont souvent soutenues par d'autres. Les sunnites indonésiens ont à peu près autant de points communs avec les chiites iraniens que les luthériens suédois avec les baptistes du sud des États-Unis. Plus au fait de ces questions que la plupart des scientifiques, Gould a emprunté à un document pontifical le terme *magisterium* (autorité d'enseignement) pour soutenir que la science et la religion occupent des sphères séparées du savoir. Elles ne portent pas sur les mêmes problèmes. Ce sont des *nonoverlapping magisteria* (« magistères qui ne se recouvrent pas »). En référence à cette expression, Gould a baptisé sa thèse NOMA.

Nous nous trouvons face à deux ensembles distincts de questions, l'un lié à la réalité physique, l'autre à l'existence humaine. C'est parce que la science nous dit fort peu de chose sur le second qu'un biologiste français, Matthieu Ricard, a tourné le dos à une carrière scientifique prometteuse pour se faire moine bouddhiste. J'ai rencontré Matthieu plusieurs fois : on n'a aucun mal à sentir en lui une paix intérieure que peu de gens possèdent. Sur la base d'images de son cerveau pendant la méditation réalisées par IRM fonctionnelle, on lui a décerné le titre d'« homme le plus heureux du monde » (qu'il accueille d'un haussement d'épaules à la française). Des spécialistes des neurosciences ont mesuré dans son cortex préfrontal gauche, qui est associé aux émotions positives, l'activation la plus élevée jamais constatée. Même si Matthieu parle encore avec la précision d'un scientifique, il a abandonné la science depuis longtemps, car elle apporte seulement, dit-il, « une contribution majeure à des besoins mineurs[22] ». Cette formule fait écho à l'insatisfaction de Léon Tolstoï chaque fois qu'il interrogeait des scientifiques sur le sens de la vie, par exemple sur ce que nous devions en faire : « Je reçus une infinité de réponses précises à des questions que je n'avais jamais posées[23]. »

Néanmoins, peu de scientifiques suivent les traces de Matthieu. Loin de nous tourner vers la religion, nous sommes majoritairement agnostiques ou athées. Mais n'y voyons pas une preuve de l'aptitude de la science à répondre aux questions de sens et de finalité. Même les scientifiques qui ont récemment vérifié la « particule de Dieu » savaient que cela ne revenait absolument pas à dire pourquoi nous sommes sur terre, et encore moins si Dieu existe ou non. Non, ce qui différencie vraiment les scientifiques, c'est que la soif de savoir, veine jugulaire de notre profession, remplit un vide spirituel qui chez la plupart des autres est comblé par la religion. Comme les chasseurs de trésor, pour qui la chasse est presque aussi importante que le trésor, nous trouvons dans l'effort pour percer le voile d'ignorance une puissante raison d'être. Nous nous sentons unis dans cet effort, puisque nous faisons partie d'un réseau mondial. Autant dire que nous jouissons aussi d'un autre aspect de la religion : une communauté de personnes qui pensent comme nous. Lors d'un récent atelier, un astronome à la retraite qui parlait de la place de l'humanité dans le cosmos a fondu en larmes. Il s'est interrompu pendant deux minutes, ce qui a provoqué quelques remous dans son public, puis il a expliqué qu'il étudiait la question depuis son enfance. Voir des images vieilles de milliards d'années-lumière le bouleverse encore et lui fait comprendre combien nous sommes liés à l'univers. Il ne définirait pas la sensation qui le submerge comme une expérience religieuse, mais elle y ressemble beaucoup.

Comme les professionnels d'autres métiers créatifs – les plasticiens et les musiciens, par exemple –, de nombreux scientifiques éprouvent cette transcendance. Je le fais tous les jours. D'abord parce qu'il est impossible de regarder dans les yeux un grand singe sans se voir soi-même. Il existe d'autres animaux qui ont des yeux orientés vers l'avant, mais aucun n'inspire le « choc de reconnaissance » du grand singe. Ce qui vous rend votre regard est moins un animal qu'une personnalité aussi forte et volontaire que la vôtre. C'est un thème familier chez les experts des grands singes : ils vous diront que leur tout premier contact oculaire a changé radicalement la façon dont ils voyaient leur sujet, mais aussi leur propre place dans le monde. C'est justement cet impact qui a perturbé la reine Victoria. Lorsqu'elle a plongé son regard dans le miroir du grand singe, elle a senti le sol métaphysique se dérober sous ses augustes pieds. En observant le même orang-outan et le même chimpanzé dans le même zoo, Darwin est parvenu à une conclusion tout à fait différente. Il a invité tous ceux qui étaient convaincus de la supériorité de l'homme à venir voir. Darwin a ressenti un lien là où la reine a perçu une menace.

Lorsque nous contemplons un paysage splendide ou un coucher de soleil sur l'océan, nous nous ressentons, pour la plupart, comme un élément minuscule de l'univers, et c'est aussi ce que ressentent les scientifiques quand ils regardent au microscope ou au télescope, analysent le chant des baleines, exhument des os de dinosaure ou courent après des chimpanzés dans la forêt. Les chimpanzés plongent dans la végétation tandis que leurs cousins bipèdes jouent fiévreusement de la machette pour suivre chaque tournant qu'ils prennent, écouter chacun de leurs « houts » et prendre note de chaque rencontre sociale. En accompagnant mon ami Toshisada Nishida, primatologue japonais connu pour son travail de terrain en Tanzanie, j'ai été frappé par son habitude de mâcher chaque feuille ou fruit qu'il voyait les chimpanzés sauvages manger. Il voulait savoir quel goût cela avait, disait-il, mais pour moi c'était le geste ultime lui permettant de sentir qu'il ne faisait qu'un avec une espèce parente. La même identification était à l'œuvre quand une jeune primatologue britannique, Fiona Stewart, a tenté ce que nul n'avait fait avant elle : dormir dans les nids construits sur les arbres par les chimpanzés. On avait toujours étudié les nids à partir du sol, avec des jumelles ; elle y a passé la nuit. Elle en a découvert certains avantages – par exemple, le sommeil est plus profond qu'au sol, il y a moins de piqûres d'insectes. D'autres scientifiques ont suivi en hors-bord des dauphins – ils avaient donné un nom à chacun d'eux et les reconnaissaient à leurs nageoires. Et d'autres se sont envolés en ULM, suivis par des grues blanches novices qu'ils voulaient initier au ciel. Tout cela repose sur une attirance pour le monde naturel qui souvent a commencé tôt dans la vie. La connaissance spécialisée d'une infime section de l'univers nous lie à sa grandeur et à sa complexité, qui s'étend de toute part, à toutes les échelles et sur un temps infini. Nous sommes dans l'émerveillement face au mystère que nous cherchons à déchiffrer et qui s'approfondit à chaque strate que nous parvenons à éplucher.

Je comprends donc tout à fait qu'une éminente spécialiste de biologie cellulaire, Ursula Goodenough, ait pu écrire un livre intitulé *The Sacred Depths of Nature* [Les Tréfonds sacrés de la nature], ou qu'Einstein ait pu croire au Dieu de Spinoza. Reprenant au XVIIe siècle les courants de pensée sceptiques qui circulaient aux Pays-Bas depuis l'époque de Bosch et d'Érasme, le philosophe d'Amsterdam Baruch Spinoza les a cristallisés en un Dieu impersonnel. Non plus la figure traditionnelle du père omniscient dans les cieux, mais une force surnaturelle abstraite liée à la nature. Il a ainsi posé les bases d'une vision du monde rationaliste où les Écritures ne représentent pas la parole de Dieu, mais seulement l'opinion humaine de simples mortels. Son message n'a pas été bien accueilli, c'est le moins qu'on puisse dire, et Spinoza a été excommunié de sa communauté juive sépharade.

Einstein souscrivait au Dieu de Spinoza, mais il n'était nullement hostile à la religion : commentant son omniprésence, il a dit qu'une croyance lui semblait « meilleure que le manque de toute conception transcendantale de la vie[24] ». Pour lui comme pour Gould, c'est la tolérance qui est cruciale. Le dogmatisme ferme l'esprit, qu'il s'agisse du refus aveugle de la science par les adeptes d'une lecture littérale de la Bible ou de l'arrogance autosatisfaite de certains athées. On en a eu un exemple récent avec la révolution de palais contre Paul Kurtz, auteur d'un *Manifeste humaniste* qui a eu un retentissement international et fondateur du Center for Inquiry*. Cet homme de quatre-vingt-cinq ans, figure légendaire, est devenu *persona non grata* dans sa propre organisation parce qu'il ne soutenait pas le Jour du blasphème** et autres façons stupides de railler la religion. Voici comment Kurtz lui-même expose la situation :

> Ils voulaient être durs avec la religion. Bon, je n'aime pas Dieu. Je pense qu'elle est un mythe. Je ne pense pas qu'il y ait des preuves qu'elle existe. Mais, d'un autre côté, beaucoup de gens croient à la religion. Même si je suis convaincu qu'il faut les critiquer, je n'ai pas de haine contre eux. Je ne suis pas agressif avec eux. Donc, il y a une différence dans la façon dont on fait face à la religion. Beaucoup de mes collègues – je les appelle les anciens enfants de chœur – haïssaient tellement la religion qu'ils ne pouvaient s'empêcher d'exprimer ce sentiment[25].

Kurtz parle d'« enfants de chœur » par allusion au dogmatisme en série sus-mentionné, qui ne fait que redessiner les frontières de l'intolérance. Mais les « mouvements anti » connaîtront le sort du dodo s'ils ne parviennent pas à remplacer ce qu'ils n'aiment pas par quelque chose de meilleur. Il leur faudra proposer une alternative viable. Aucun mouvement laïc ne peut esquiver les questions de Tolstoï. Les Néerlandais, de plus en plus laïcs, ont même forgé un mot pour le dire : *ietsism*. *Ism* est identique au « isme » français et *iets* signifie « quelque chose ». Le « quelquechosiste » typique ne croit pas en un Dieu personnel et ne suit aucune religion

* Le philosophe américain Paul Kurtz a fondé en 1991 le Center for Inquiry pour promouvoir un humanisme laïc et critiquer scientifiquement toutes les thèses relevant du « paranormal ».

** Le Center for Inquiry a inauguré en 2009 un « Jour du blasphème », journée internationale de critique contre la religion, le 30 septembre, date anniversaire de la publication des caricatures de Mahomet dans le journal danois *Jyllands-Posten* en 2005.

traditionnelle, mais il pense qu'il y a sûrement davantage entre ciel et terre que ce qu'on voit à l'œil nu. Il y a forcément « quelque chose ».

L'ennemi de la science n'est pas la religion. Celle-ci prend des formes et des configurations infinies, et il y a une multitude de fidèles à l'esprit ouvert qui ne retiennent que certains éléments de leur foi et n'ont pas le moindre contentieux avec la science. Le véritable ennemi est la substitution du dogme à la pensée, à la réflexion et à la curiosité. Le débat sur Dieu à Puebla était intellectuellement malhonnête et hypocrite des deux côtés. Où les gens acquièrent-ils des convictions plus fortes que tout ce que j'ai pu éprouver dans ma vie ? Quel est leur secret ? Les convictions ne découlent jamais en droite ligne des preuves ou de la logique. Elles nous parviennent à travers le prisme de l'interprétation humaine. Un philosophe français a parfaitement résumé la situation : « À proprement parler, il n'y a pas de certitude ; il y a seulement des hommes certains[26]. »

Je terminerai donc ce chapitre sur un passage de John Steinbeck, le romancier américain, car il illustre l'autre face : l'esprit humain qui cherche, doute, pèse le pour et le contre, ouvert à toutes les influences sans exception. C'est l'esprit qui nous a propulsés à travers les âges, malgré l'ossification intellectuelle à laquelle nous sommes enclins. Pour Steinbeck, la science et la religion sont des formes équivalentes de savoir holistique. Il aurait probablement approuvé Ursula Goodenough lorsqu'elle qualifie de « semi-perméable » la membrane qui sépare les deux *magisteria* de Gould[27]. Comme tant de membranes de notre corps, celle-ci laisse passer des produits chimiques dans les deux sens. Après tout, la science est potentiellement capable de modifier notre paysage social et moral, par exemple quand elle promeut la conscience environnementale ou invente une pilule qui offre aux femmes la liberté sexuelle. Inversement, des questions existentielles l'infiltrent, comme dans le débat sur le conflit entre considérations humaines et médicales dans le traitement des patients. La question : « Devons-nous maintenir tout le monde en vie aussi longtemps que nous pouvons ? » n'est pas de celles auxquelles la science peut répondre. Dans de nombreux domaines, il est bien difficile de dire où finit notre vision du monde et où commence la science, et *vice versa*. Il nous faut aller au-delà d'une simple dichotomie entre les deux et considérer globalement le savoir humain. Steinbeck s'y est essayé dans le passage suivant, extrait de son livre *Dans la mer de Cortez*, qui relate une expédition scientifique le long de la côte du Pacifique :

> Il est étrange que la plus grande partie du sentiment que nous appelons religieux, la plus grande partie de la clameur mystique qui est l'une des réactions les plus prisées et les plus utilisées de notre espèce soit réellement la compréhension et la tentative de dire que l'homme est lié au tout, inextricablement lié à toute réalité, connue et raisonnable. C'est une chose facile à dire, mais c'est ce sentiment profond qu'ils en avaient qui a fait un Jésus, un saint Augustin, un saint François, un Roger Bacon, un Charles Darwin et un Einstein. Chacun à son propre rythme et avec sa propre voix a découvert et réaffirmé avec stupéfaction la certitude que toutes les choses sont une et qu'une chose est toutes les autres – le plancton, une phosphorescence chatoyante sur la mer et les planètes tournoyantes et l'univers en expansion, tous liés ensemble par le fil élastique du temps. Il convient de lever les yeux du bassin naturel sur les étoiles, puis de les replonger sur le bassin naturel[28].

CHAPITRE 5

La parabole du bon simien

> *La veue des angoisses d'autruy m'angoisse matériellement, et a mon sentiment souvent usurpé le sentiment d'un tiers. Un tousseur continuel irrite mon poulmon et mon gosier.*
>
> MONTAIGNE[1].

On sous-estime trop facilement les éléphants. C'est une faute dont je me suis sûrement rendu coupable à propos de leur usage des outils. Tout ce que je les avais vus faire, c'était ramasser un bâton pour se gratter le postérieur. Et lancer de la boue. Dans un zoo où j'ai travaillé, ils le faisaient chaque fois que des choucas entonnaient leur chant de printemps sur la clôture de l'enclos des éléphants. Ces oiseaux sont comme le corbeau de la fable de La Fontaine. Peut-être croient-ils savoir chanter – la famille des corvidés n'appartient-elle pas au groupe des oiseaux chanteurs ? –, mais la musique est une question de goût. Les éléphants projetaient de la boue à pleine trompe sur ces brailleurs pour s'en débarrasser.

Je pensais que c'était là le summum de ce qu'ils étaient capables de faire, car les expériences n'avaient jamais montré beaucoup plus. Les scientifiques avaient mis à la disposition des pachydermes un long bâton, puis placé des aliments hors de leur portée pour voir s'ils allaient se servir du bâton pour les récupérer. Cela fonctionne bien avec les primates, mais les éléphants n'ont pas touché au bâton. On a donc conclu qu'ils ne comprenaient pas le problème. Il n'est venu à l'idée de personne que c'était peut-être nous qui ne comprenions pas les éléphants.

À la différence de la main du primate, l'organe qu'utilise l'éléphant pour saisir est celui qui lui sert aussi à sentir. Les éléphants usent de leur trompe pour atteindre les aliments, mais aussi pour les flairer et les tâter – leur trompe, en particulier son extrémité sensitive, est riche en terminaisons nerveuses. Avec leur odorat d'une acuité sans pareille, les animaux savent exactement ce qu'ils cherchent. La vue est secondaire. Or, dès qu'un éléphant prend un bâton, ses fosses nasales sont obstruées. Même si le bâton parvient près de l'aliment, il en empêche toute approche tactile ou olfactive. Ce serait comme nous demander d'atteindre quelque chose les yeux bandés. Sauf par jeu, nous n'avons aucune envie de faire cela, et pour d'excellentes raisons.

Lors d'une récente visite au Zoo national, à Washington, Preston Foerder et Diana Reiss m'ont montré de quoi est capable Kandula, un jeune éléphant mâle, lorsque le problème est posé autrement. Les scientifiques ont suspendu des branches avec des fruits à bonne hauteur au-dessus de l'enclos, juste hors de sa portée. On a mis à sa disposition plusieurs objets avec lesquels travailler : des bâtons, une caisse carrée et plusieurs planches à découper en bois, de belle épaisseur. Kandula a ignoré les bâtons, mais, au bout d'un petit moment, il a commencé à donner des coups de pied dans la caisse. Il l'a fait plusieurs fois, en ligne droite, jusqu'à ce que la caisse se retrouve juste au-dessous de la branche; après quoi il a pu poser dessus ses pattes avant, ce qui lui a permis d'atteindre les fruits avec sa trompe.

Tandis que Kandula mastiquait bruyamment son butin, Preston et Diana m'ont expliqué qu'ils avaient commencé à lui compliquer la vie en déplaçant les objets. Ils ont mis la caisse dans une autre partie de la cour, hors de sa vue; lorsque Kandula regardait en l'air et voyait les fruits alléchants, il lui fallait donc se souvenir de la solution et s'éloigner de son objectif pour aller chercher l'outil. Peu d'animaux en sont capables, mais il l'a fait sans hésitation : il est allé récupérer la caisse très loin. Et quand la caisse a entièrement disparu, il a pris les planches en bois afin de les empiler les unes sur les autres pour s'approcher de l'aliment.

Kandula a montré tous les signes d'une compréhension du lien de cause à effet, qu'on appelle aussi le « moment Eurêka ! » et qui indique, pense-t-on, une haute intelligence. Il est clair que, avant de déclarer un autre animal uniquement capable de lancer de la boue, nous ferions bien d'essayer de voir le monde à sa façon – dussions-nous nous imaginer avec une trompe en guise de nez.

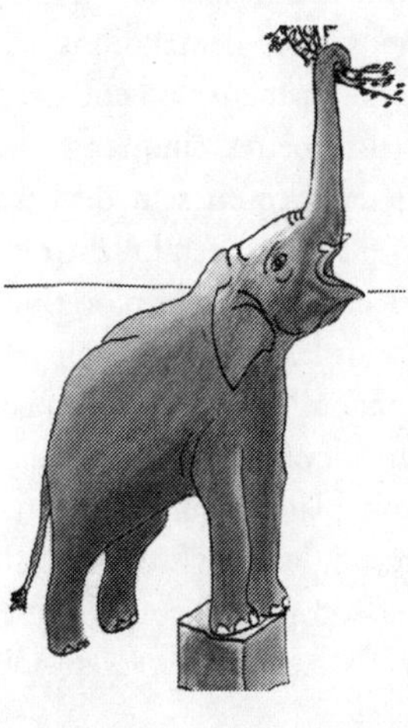

Afin d'atteindre les branches vertes suspendues trop haut au-dessus de sa tête, Kandula devait aller chercher une caisse pour monter dessus, ce qu'il a fait.

Le bien-être d'un autre

Cela me rappelle une époque antérieure où nous collaborions, Diana et moi, pour déterminer si les éléphants se reconnaissaient dans une glace. Avec Josh Plotnik, qui était alors un de mes étudiants, nous avons mené une étude au zoo du Bronx, à New York. Les éléphants n'avaient jusque-là jamais montré le moindre signe qu'ils savaient ce qu'ils voyaient dans un miroir. Pensaient-ils que c'était un autre éléphant, comme les petits singes voient un autre singe? Seuls les humains, les grands singes et les dauphins reconnaissaient sans conteste leur propre reflet.

Mais les essais précédents avaient présenté au plus grand animal terrestre un miroir beaucoup plus petit que lui. Miroir que l'on avait placé au niveau du sol, à l'extérieur des barreaux d'une cage. L'éléphant ne pouvait donc voir que quatre pattes entre une double grille de barreaux, puisque le miroir la doublait. Le résultat a été décevant, et on l'a interprété comme la preuve de l'incapacité des éléphants à se reconnaître. Mais nous nous demandions s'il n'y avait pas un meilleur moyen de les mettre à l'épreuve. Un miroir coûteux, carré, de deux mètres cinquante de côté, résistant aux éléphants, a été placé au sein de leur enclos extérieur, si bien qu'ils ont pu le toucher, le sentir et regarder derrière avant d'explorer leur reflet. L'exploration est un premier pas nécessaire – pour les chimpanzés et les enfants aussi. Et voilà, une éléphante asiatique nommée Happy s'est reconnue. Se trouvant devant le miroir, elle a frotté à plusieurs reprises une croix blanche sur son front. Elle ne pouvait connaître l'existence de cette croix que si elle faisait le lien entre le reflet et son propre corps. C'est aussi de cette façon que l'on teste la reconnaissance de soi chez les enfants, qui en font preuve en général avant deux ans. L'entrée des éléphants dans l'élite animale consciente d'elle-même était une grande nouvelle. Les médias n'ont pu s'empêcher de titrer, par allusion à une chanson enfantine : « *She's Happy, and she knows it!* » [« Elle est Happy (heureuse), et elle le sait ! »].

Les éléphants se sont révélés plus intelligents qu'on ne le pensait, mais cette découverte a surtout confirmé les limites de la « preuve négative ». Si l'on ne trouve pas d'usage d'outils ou de signes de reconnaissance de soi dans une espèce donnée, cela ne suffit pas pour savoir ce qui se passe. Il se peut que l'animal ne soit pas au niveau de la tâche, mais il se peut aussi que nous ne soyons pas au niveau de l'animal. Peut-être lui donnons-nous les mauvais outils, ou lui tendons-nous le mauvais miroir. C'est l'idée qu'exprime le célèbre principe de psychologie expérimentale : « Absence de preuve n'est pas preuve d'absence. »

Ce point vaut d'être répété. Si je marche dans une forêt, ici en Géorgie, sans voir ni entendre le grand pic, ai-je le droit de conclure qu'il n'existe pas dans ces lieux ? Bien sûr que non. J'ai pu simplement le manquer. Chacun sait avec quelle agilité ce pic splendide saute autour des troncs d'arbre pour rester hors de vue. Aussi grand qu'un corbeau, il traverse une parcelle boisée en vol plané comme une vision, ce qui lui a valu d'être appelé par les premiers bûcherons le « Dieu-tout-puissant* ». Mais, la plupart du temps, ces oiseaux sont timides, et l'on n'entend leurs rires et leurs bruits de percussion qu'à certaines saisons. Si, après de multiples balades, je n'en ai toujours repéré aucun, je peux dire que je n'ai pas de preuve, rien de plus. Peut-être

* « *Gawd-almighty* ». *Gawd* est un équivalent de *God* qui évite de « prononcer le nom de Dieu en vain ».

le « Dieu tout-puissant » n'est-il pas là, mais je n'en mettrais pas ma main au feu.

Donc, on se demande bien pourquoi le champ des capacités cognitives des primates a une si longue histoire de « déclarations d'absence d'aptitudes » qui ne reposent que sur quelques balades en forêt. La plus récente affirmait que les grands singes n'ont pas l'esprit social. Ils nous ressemblent à bien des égards, mais, les pauvres, ils sont aussi égoïstes qu'un pickpocket. Ils ne pensent qu'à eux. Le « test du choix social », que je vais décrire dans un instant, a établi que les chimpanzés sont insensibles aux intérêts des autres. Et peu importe qu'ils manifestent spontanément quantité de comportements secourables, comme le partage des aliments ou la prise de risque pour défendre des amis, qu'ils mordent les filets des braconniers quand des membres de leur groupe se sont fait piéger et qu'ils adoptent des orphelins sans lien de parenté avec eux. Peu importe même qu'ils aident un congénère à récupérer un outil dont il a besoin, ou qu'ils ouvrent une porte pour qu'un compagnon puisse avoir accès à des aliments.

Tout cela, c'est bien joli, a dit la communauté académique, mais tant que les grands singes échouent au test crucial de la générosité, nous n'en croyons pas un mot. C'est pourquoi l'on entend si souvent répéter que les chimpanzés fondent les choix sociaux « exclusivement sur le gain personnel[2] », que la coopération humaine représente une « énorme anomalie » dans le règne animal[3], et que l'évolution a créé les tendances à la sociabilité en tant que « caractéristique dérivée propre à l'espèce humaine », après la séparation entre nos ancêtres et les grands singes[4].

Cette vision négative des grands singes a tenu environ dix ans, jusqu'au jour où mon équipe a testé les chimpanzés que je regarde en ce moment même. Je suis assis à ma table de travail dans un bureau qui surplombe la station de terrain du Centre national Yerkes de recherche sur les primates, aux abords d'Atlanta. Les chimpanzés vivent littéralement sous ma fenêtre. J'occupe ce bureau depuis plus de deux décennies, donc j'ai connu dans leur petite enfance tous les chimpanzés qui ont aujourd'hui une vingtaine d'années. Notamment les actuels mâle alpha Socko et femelle alpha Georgia, que j'ai tous deux chatouillés quand ils étaient petits. Ils riaient de leur rire rauque en en redemandant. Le groupe comprenait en général Peony, la femelle alpha précédente, qui à la fin de sa vie était aidée par d'autres – elles lui apportaient de l'eau, l'aidaient à grimper, etc. Il n'est donc nullement surprenant que ces chimpanzés me considèrent, moi et mon bureau en surplomb, comme faisant partie de leur territoire. Si j'amène des visiteurs, tout se passe bien, mais ceux qui viennent ici de leur propre chef ne sont pas toujours bien accueillis. Un jour, après une période de pluie qui avait transformé l'enclos en bain de boue, je suis arrivé et j'ai trouvé ma fenêtre couverte de gros morceaux de boue séchée. Je n'ai pas compris, jusqu'au moment où quelqu'un m'a expliqué qu'une équipe de nettoyage était restée assez longtemps dans mon bureau, au grand déplaisir des chimpanzés.

Nul ne jugerait les capacités intellectuelles des enfants sur la base de ce qu'ils font dans la cour de récréation. De même, on ne peut comprendre l'intelligence du chimpanzé par la simple observation. Le travail de terrain a sa place et sa valeur, mais, pour évaluer les capacités cognitives des grands singes, nous devons les confronter à des problèmes précis. Nous effectuons de nombreux tests de ce genre, et notre philosophie a deux principes. Premièrement, nous

nous concentrons sur ce que les chimpanzés peuvent faire et non sur ce qu'ils ne peuvent pas faire. Étant donné les problèmes que posent les démonstrations négatives, nous ne perdons pas de temps avec elles. Deuxièmement, nos tests restent simples et intuitifs. C'est là que l'expérience du comportement spontané des chimpanzés révèle son utilité, par exemple ce que je les vois faire chaque jour par la fenêtre de mon bureau. Nous concevons des tâches qui intéressent les chimpanzés et qu'ils vont trouver faciles à accomplir. Ainsi, au lieu de tester leur disposition à imiter les humains, nous regardons plutôt ce qu'ils font entre eux. Les chimpanzés sont loin de s'intéresser à nous autant que nous l'aimerions, mais ils sont très attentifs les uns aux autres. Ils pressent leur visage tout près de celui d'un autre pour suivre chacun de ses mouvements, flairent l'odeur de sa bouche, et posent même leurs mains sur celles d'un compagnon en train d'accomplir une tâche pour en avoir un retour kinesthésique. Les grands singes ne sont pas particulièrement doués pour imiter les humains, mais nous avons découvert qu'ils adorent singer les grands singes, et c'est ce qui compte.

Notre volonté de faciliter les choses aux chimpanzés nous a bien servis quand nous avons mis au point un nouveau test du choix social. Celui auquel ils avaient échoué à maintes reprises reposait sur un appareil qui remettait des aliments soit à un seul, soit aux deux membres d'un groupe de deux. Un grand singe devait choisir de tirer soit un levier qui lui permettait d'obtenir de la nourriture, soit un autre levier qui en apportait simultanément à lui et à un partenaire. Il avait donc la possibilité d'avantager l'autre sans qu'il lui en coûte rien. Or les chimpanzés tiraient indifféremment les deux leviers, comme si cela ne leur faisait ni chaud ni froid.

Mais tout dépend, évidemment, de leur degré de compréhension de cet appareil. Savaient-ils que leur choix avait un impact sur leur partenaire ? Nous étions sceptiques. Notre procédure pour concevoir les études consiste souvent à nous réunir tous ensemble le matin à l'heure du café. Je dirige une petite équipe d'une dizaine d'étudiants de second cycle, de post-doctorants et de techniciens. Un membre de l'équipe explique l'expérience qu'il ou elle propose, après quoi nous donnons tous notre avis, en faisant des critiques, en expliquant pourquoi tel aspect risque de ne pas fonctionner, en suggérant des solutions différentes, en citant d'autres études, etc. Nous réexaminons la question plusieurs fois, parfois pendant des mois, jusqu'au moment où nous parvenons à une conception qui paraît être au bon niveau pour les grands singes. C'est ainsi que les choses se sont passées pour le projet du choix social. Nous avons commencé par étudier les détails des travaux précédents. Nous avons remarqué, par exemple, que les grands singes étaient souvent placés à plusieurs mètres de distance, et séparés par plusieurs vitres. La production des aliments qui leur étaient destinés était sûrement claire pour eux, mais pouvaient-ils dire ce que recevait leur partenaire ? En regardant des photos de l'appareil, nous avons été stupéfaits par sa complexité. Si nous ne pouvions comprendre comment il fonctionnait, les chimpanzés n'avaient-ils pas des difficultés, eux aussi ? Nous avons décidé d'éliminer tous ces problèmes.

Vicky Horner, une scientifique qui connaît parfaitement les chimpanzés en milieu naturel comme en captivité, a modifié un concept déjà utilisé avec les singes. Il se passait totalement d'appareil. Nous avons placé les chimpanzés les uns à côté des autres, séparés par un simple grillage, et nous avons enveloppé leurs récompenses – des tranches de banane – dans du papier de boucherie. Cela rendait presque aussi difficile de les manger en silence que de défaire incognito l'emballage d'un bonbon pendant un concert de musique classique. Nous voulions être certains que les chimpanzés sauraient ce que consommaient les autres. Je me souviens du jour où nous sommes tombés d'accord sur le plan final. Nous l'avons testé dans une répétition où nous étions nous-mêmes les acteurs. Nous nous imaginions en chimpanzés et nous faisions les mouvements. Nous nous sommes sentis à l'aise avec la procédure, donc il était temps d'obtenir la preuve du pudding.

Nos chimpanzés vivent dans un enclos spacieux, avec de l'herbe et des structures d'escalade en bois. Nous les appelons par leur nom pour qu'ils entrent dans un bâtiment où nous les séparons conformément au plan. Tout se fait sur la base du volontariat, mais, puisqu'il y a des aliments en jeu, ils sont enthousiastes. Néanmoins, nous nous heurtons à des problèmes qui ne se posent jamais aux psychologues travaillant avec des humains. Par exemple, si les parties génitales d'une femelle sont turgescentes, elle est une denrée de choix pour les mâles, qui soit refusent de la laisser pénétrer dans le bâtiment en lui barrant la route, soit la laissent entrer et restent dehors, mais cognent sur les portes métalliques pendant toute la durée du test. Le vacarme que peut produire un mâle motivé est épouvantable et ne favorise évidemment pas la concentration. Il y a aussi le jeune qui refuse d'être séparé de sa mère et entre avec elle, si bien que nous ne pouvons pas la tester seule. Et enfin les coups de froid, les maladies, les bagarres, les jours de mauvais temps et autres interférences. Puisqu'il nous faut mettre à l'épreuve de multiples fois de nombreux chimpanzés pour que nos résultats soient concluants, une étude de ce genre peut facilement prendre un an.

Mais ces efforts ont payé, car nous avons été les premiers à démontrer que les chimpanzés se soucient mutuellement de leur bien-être. La persévérance de Vicky, la nouvelle conception du test et notre rapport avec les grands singes ont uni leurs effets. Nous avons mené le tout premier test sur Peony et Rita, deux femelles sans lien de parenté. Après les avoir installées dans des espaces séparés, nous avons rempli un seau de jetons colorés. C'étaient des petits bouts de tuyau en plastique, tous identiques sauf sur un point : les uns étaient de couleur verte et les autres de couleur rouge. Nous avons demandé à Peony de prendre un jeton à la fois et de nous le donner. Qu'elle choisisse un vert ou un rouge, elle était toujours récompensée. La seule différence portait sur ce que recevait Rita. Les jetons rouges étaient « égoïstes », au sens où ils récompensaient exclusivement Peony ; les jetons verts, en revanche, étaient « sociaux » : ils récompensaient à la fois Peony et Rita. Devant choisir plusieurs fois de suite, Peony s'est mise à opter pour des jetons verts deux fois sur trois. Dans certains autres couples de chimpanzés, nous avons observé neuf choix sociaux sur dix, mais, en moyenne, l'inclination à aider l'autre a été conforme à celle de Peony : pas très élevée, mais pas aléatoire non plus. En revanche, si nous placions un chimpanzé seul dans la pièce et appliquions la même procédure, les deux couleurs étaient traitées sans distinction. Autrement dit, la préférence sociale exigeait un partenaire[5].

Devant un partenaire en attente, le chimpanzé actif (*à droite*) plonge la main dans un seau où se trouvent des jetons en plastique de deux couleurs différentes. Il en choisit un, que nous posons sur une table entre deux aliments enveloppés dans du papier. Nous récompensons alors soit l'actif seul (couleur « égoïste »), soit les deux grands singes (couleur « sociale »). Les chimpanzés manifestent une préférence pour l'option sociale.

À l'évidence, la partenaire savait ce qui ce passait, et elle s'efforçait d'influencer le choix de sa congénère en l'intimidant, en cognant sur le grillage tendu entre elles, en crachant de l'eau, en poussant des cris retentissants ou en quémandant, la main ouverte. Les partenaires le faisaient surtout après les choix égoïstes. Mais ces pressions étaient contre-productives : elles provoquaient une diminution des choix « sociaux ». Un peu comme si le chimpanzé qui choisissait disait à son partenaire : « Tiens-toi bien, sinon tu n'auras rien. » Après avoir testé vingt et un couples différents, nous avons exclu la peur comme élément d'explication, car les chimpanzés les plus haut placés, qui avaient le moins à craindre, étaient les plus « sociaux ». Peony et Georgia ont toutes deux agi avec générosité.

Le grand cœur de Peony ne nous a absolument pas surpris. Toute sa vie, elle avait fait preuve du meilleur caractère : elle s'était toujours montrée prête à aider et à rassurer tout le monde, ce qui explique aussi l'amour et le respect qu'on lui témoignait à la fin de sa vie. Georgia, c'était autre chose. On la savait brutale et fauteuse de troubles. Parvenue à sa maturité sexuelle, elle avait provoqué des combats entre mâles en copulant ouvertement avec des mâles de rang inférieur, ou avait frappé les petits d'autres femelles, déclenchant ainsi des bagarres qui pouvaient impliquer la moitié de la communauté. Georgia ne m'avait donc jamais paru généreuse, mais dans nos tests elle a démontré qu'elle l'était. Avait-elle distribué ses faveurs avec un talent qui nous avait échappé ? Son ascension s'était-elle fondée sur la carotte autant que sur le bâton ? Chez les femelles, ces stratégies sont plus difficiles à détecter que chez les mâles, qui affichent ostensiblement tous leurs gestes d'intimidation ou de bonté.

La plupart des spécialistes des chimpanzés ont réagi à notre étude par le soulagement. Ils avaient assisté sans y croire à l'apparente victoire des données négatives. Certains étaient allés jusqu'à collecter des échantillons de matière fécale et de poils dans la nature pour en extraire l'ADN et démontrer que la coopération entre chimpanzés n'est pas une simple question de parenté par le sang. Il est tout à fait courant qu'ils s'entraident sans être apparentés. Mais, si elles ont plu aux experts, nos conclusions ont aussi suscité quelques récriminations. Un économiste a fait valoir que, les chimpanzés n'ayant aucun prix à payer, leur comportement ne relevait pas vraiment de l'altruisme. Un autre a souligné qu'ils n'avaient pas la fibre sociale *tout le temps*. Puisqu'ils ignoraient l'intérêt de leur partenaire une fois sur trois, ils n'étaient pas particulièrement aimables, à son avis ; ils avaient plutôt « mauvais esprit »[6].

Or n'oublions pas que, pendant toute une décennie, on avait déclaré les humains uniques en leur genre parce que les chimpanzés, disait-on, ne s'entraidaient même pas quand cela ne leur coûtait rien. Nous avons amélioré la méthodologie, éliminé l'appareil, et voilà : nos chimpanzés s'entraident. Que des collègues viennent à présent objecter que toute l'affaire ne compte pas vraiment, c'est un peu fort. Il nous faut approfondir les recherches, évidemment, mais les assertions antérieures sont aujourd'hui remises en cause. Lorsqu'on soumet des enfants au même test, ils se révèlent imparfaitement sociaux, eux aussi ; dans une étude, ils se sont entraidés 78 % du temps. Il n'y a donc avec les chimpanzés qu'une différence de degré.

Dès que le statut spécial de l'humanité est en jeu, les poteaux de but se déplacent comme par magie. Mais la présence d'un esprit social chez d'autres animaux est devenue difficile à nier. Outre les travaux sus-mentionnés, un facteur nouveau a changé la donne : l'omniprésence des caméscopes. Autrefois, nous devions nous fonder sur des comptes rendus d'observateurs de terrain, comme le récit de Jane Goodall sur Madame Bee, femelle chimpanzé devenue trop âgée et trop faible pour grimper aux arbres fruitiers. Elle attendait patiemment que sa fille en descende avec des fruits ; celle-ci en plaçait un à côté de Madame Bee, après quoi toutes deux, fort satisfaites, mangeaient ensemble. Nous ajoutions foi à ce type de récit sans autre preuve, mais aujourd'hui nous disposons de dizaines de vidéos fascinantes sur Internet. Des millions de personnes ont regardé sur YouTube « Bataille dans le parc Kruger » – le sauvetage d'un petit buffle par son troupeau, qui l'arrache aux griffes de trois lions – ou encore « Un chien héroïque » – il risque sa vie pour traîner un congénère à moitié mort hors de la circulation trépidante d'une autoroute à Santiago du Chili. Il y a aussi le chien qui refuse de quitter un compagnon blessé après le récent tsunami au Japon, les éléphants africains qui tirent un éléphanteau de la vase, et le sauvetage d'une femme par des bélugas – des baleines blanches – dans un zoo chinois : cette plongeuse avait retenu trop longtemps sa respiration au fond d'un réservoir gelé ; un béluga la prend doucement dans sa bouche comme un chien soulève un petit chiot, après quoi les deux baleines la remontent jusqu'à la surface.

Avec tant de preuves frappantes du contraire sur l'écran d'ordinateur de chacun, la thèse selon laquelle seuls les humains se soucient du bien-être des autres perd vite de sa force.

La gratitude de Georgia

Cela dit, on ne peut pas croire tout ce qu'on voit sur YouTube. Une autre vidéo montre des poissons rouges effectuant une nage synchronisée. Quatre poissons se déplacent ensemble comme une formation d'avions de combat : ils évoluent dans un bassin peu profond en maintenant très exactement leurs distances et en prenant les tournants simultanément. Leurs mouvements semblent orchestrés par les mains d'un magicien qui planent au-dessus d'eux. Cette vidéo a fait scandale, parce qu'on a conjecturé que l'on avait fait avaler à ces poissons de petites boulettes de fer. Peut-être quelqu'un les dirigeait-il avec des aimants sous le bassin – voilà pourquoi il était si peu profond. Sans démentir ces accusations, le magicien a certifié que ses poissons étaient heureux et en bonne santé.

La vidéo était d'emblée invraisemblable, car les cyprinidés ne sont pas connus pour leurs aptitudes à l'apprentissage rigoureux. Tout ce qu'ils font, c'est s'agréger. Lorsque des animaux n'ont guère d'activités communes en temps normal, il est pratiquement impossible de leur apprendre à se coordonner. Si l'on peut entraîner deux dauphins à sauter simultanément hors de l'eau, c'est parce que les dauphins font spontanément ce genre de chose. Les femelles pratiquent la « nage synchro » avec leurs petits : tous émergent et plongent ensemble. Lorsque les mâles constituent des alliances, ils intimident leurs rivaux par une nage parfaitement synchronisée qui montre ostensiblement combien leurs liens sont étroits. Mais essayez donc de faire sauter deux chats à travers un cerceau : c'est l'échec assuré. Les chats sont des chasseurs solitaires.

Dans nos propres travaux sur la coopération, nous évitons tout entraînement précis. Nous voulons mesurer le degré de compréhension qu'ont les animaux de ce concept. Ont-ils des objectifs communs ? Ont-ils conscience de l'effort de leur partenaire ? L'une de mes étudiantes, Malini Suchak, monte actuellement une expérience qui oblige les chimpanzés à travailler ensemble. Au lieu de les tester par paires, comme le veut la tradition, nous menons ce projet à l'extérieur, en présence de toute la colonie. Ils sont donc forcés de se recruter entre eux, comme cela se passe en milieu naturel quand des chimpanzés organisent une chasse aux singes. Les cibles mouvantes sont difficiles à prendre dans l'espace tridimensionnel, c'est pourquoi les chimpanzés les chassent plus efficacement à deux ou à trois que tout seuls.

Je les ai vus chasser les singes au plus haut de la canopée, et j'ai entendu éclater le chœur des cris d'excitation quand ils en capturent un. La chasse et le partage de la viande sont à la racine de la sociabilité des chimpanzés, comme ils ont été, pense-t-on, le catalyseur de l'évolution humaine. La chasse au gros gibier que pratiquaient nos ancêtres exigeait une coopération encore plus étroite.

L'appareil de Malini est monté sur la clôture extérieure. Les chimpanzés savent maintenant qu'ils n'en obtiendront aucun aliment par l'effort individuel. Assise devant, Rita lève les yeux vers sa mère, Borie, endormie dans un nid qu'elle a construit par-dessus une haute structure d'escalade. La fille grimpe jusqu'en haut pour donner à la mère de petits coups sur le flanc, jusqu'à la faire redescendre avec elle. Rita se dirige vers l'appareil en regardant sans cesse par-dessus son épaule pour être bien sûre que Borie la suit. À d'autres moments, nous avons l'impression que les chimpanzés se sont entendus sans que nous l'ayons remarqué. Deux d'entre eux sortent ensemble du bâtiment de nuit et se dirigent droit vers l'appareil, en donnant l'impression de savoir parfaitement ce qu'ils vont faire.

Les chimpanzés sont des maîtres en matière de communication par le biais de coups d'œil furtifs et de postures. Sans langage, et souvent sans geste explicite, ils font clairement comprendre quelle sera leur prochaine action. Cette pratique du langage du corps fait d'eux d'excellents lecteurs des signaux humains. Ils sont si forts, d'ailleurs, qu'ils semblent connaître mes humeurs et mes intentions mieux que moi. C'est comme si nous étions transparents pour eux. J'ai souvent remarqué aussi combien ils sont sensibles aux humains qui ont un langage du corps hostile, par exemple des visiteurs venus avec des préjugés négatifs.

En notre présence, ceux-ci ne se moquent évidemment pas des chimpanzés comme certains le font parfois au zoo (en braillant, en se grattant ostensiblement), mais les chimpanzés réagissent tout de même comme s'ils avaient vu l'ennemi. Georgia quitte discrètement le groupe pour aller au robinet s'emplir la bouche, puis revient se mêler aux autres afin que nul ne se doute des grandes eaux imminentes. Cela dit, les grands singes remarquent aussi le respect chez les humains. Lorsque j'ai fait visiter les lieux à Toshisada Nishida, vétéran de la recherche en milieu naturel, ils n'ont eu aucune réaction négative. Il était à mes côtés, un peu penché de côté, et marchait calmement sans aucun mouvement brusque, comme je l'avais vu faire dans la forêt ; apparemment, les grands singes ont jugé cet homme-là parfaitement convenable.

Dans le passé, nous avions retiré Georgia du groupe pendant dix-huit mois. La raison de cet éloignement était l'instabilité politique. Les mâles se battaient et les femelles aussi, si bien que nous avions des craintes pour la vie de certains petits. Les mères de faible rang avaient bien du mal à arracher leurs rejetons à la poigne de kidnappeuses adolescentes qui jouissaient de soutiens en haut lieu. Les bébés grands singes tètent pendant quatre ans : il y a donc de quoi s'inquiéter quand ils sont séparés de leur mère de force. Nous avons retiré plusieurs individus pour calmer le groupe. Certains ont été exclus définitivement, mais la plupart ont été réintroduits progressivement. Georgia a été la dernière. Malgré sa mauvaise réputation, je n'ai cessé de préconiser son retour. Elle était née dans le groupe, elle avait de bonnes relations avec la majorité de ses membres, et peut-être allait-elle un jour s'adoucir et devenir une citoyenne modèle. Je me souviens de l'incrédulité que suscitait mon optimisme, mais, après force hésitations, nous lui avons permis de revenir.

Chez beaucoup d'animaux, ce n'est pas une bonne idée. Les macaques rhésus, par exemple, ne font pas bon accueil à un ancien membre de leur groupe après une longue absence. Comme si sa place avait été prise. Ces singes ont un ordre hiérarchique strict : si l'individu qui occupe le rang dix est retiré, même pour quelques mois seulement, puis réintroduit, dans l'intervalle le rang dix a été revendiqué et tous les autres rangs aussi. L'hostilité à l'égard du singe qui fait son retour est presque aussi féroce que vis-à-vis d'un étranger. Mais, chez les chimpanzés, il n'y a pas de problème. Leur hiérarchie se construit en souplesse, et ils vivent dans des sociétés dites fission-fusion, où les groupes ne cessent de se rencontrer, de fusionner et de se séparer. En milieu naturel, un chimpanzé peut passer plusieurs mois sans voir aucun membre de sa communauté.

Le retour de Georgia a été triomphal. Malgré toute l'excitation, et même si elle a pu être à l'occasion poussée et bousculée, elle a tenu sa place comme si elle n'était partie que quelques jours. Elle a embrassé et toiletté tous ceux qui y étaient disposés, et elle a regardé les mâles s'affronter pour pouvoir s'asseoir à côté d'elle. Sa mère et sa sœur avaient porté et protégé sa fille Liza, quatre ans ; et elle s'est elle-même si vite réintégrée qu'à la fin de cette même semaine nul n'aurait pu deviner qu'elle avait été retirée du groupe. Elle agissait en dominante à l'égard des femelles qu'elle dominait précédemment, et elle était à tous égards égale à elle-même et pleine de confiance en soi.

Lorsque je me suis approché pour les regarder de plus près, Liza et elle, il s'est passé quelque chose dont je me souviens encore aujourd'hui. Quand Georgia était petite et joueuse, nous avions un bon rapport, mais, devenue adulte, elle s'était mise à m'ignorer. Nos relations, pour l'essentiel, étaient neutres. Or, à cet instant, elle est venue vers moi et m'a regardé droit dans les yeux. Son regard était nettement amical. Elle cherchait le contact avec moi. Quand j'ai pris sa main, elle a haleté vers moi à un rythme rapide – c'est pratiquement le son le plus aimable que puisse émettre un chimpanzé. Elle ne l'a fait qu'à cette seule occasion : jamais avant, jamais depuis. Ce n'était pas une simple façon de me saluer : j'avais rendu visite à Georgia à de multiples reprises dans l'intervalle sans jamais constater un tel comportement. Puisque cela s'est passé juste après sa réintroduction, les deux événements sont sûrement liés. Peut-être a-t-elle remarqué que j'étais heureux de la voir de retour. Ou, si l'on va plus loin, peut-être avait-elle pu détecter des tensions autour de son cas et comprendre que j'avais pris sa défense. Les chimpanzés, je l'ai dit, sont des interprètes incroyablement subtils des corps et des voix. Nous ne le saurons jamais, mais j'ai eu le sentiment qu'elle me remerciait de l'avoir ramenée dans son monde.

Je classe ce comportement dans la rubrique des expressions de *gratitude*, qui sont nombreuses. Il y a eu par exemple cette autre femelle chimpanzé à qui j'avais appris à nourrir un bébé au biberon. Sa lactation insuffisante lui avait fait perdre plusieurs petits et elle avait grande envie d'adopter. Après la mort de chaque nourrisson, elle était passée par de graves crises de dépression : elle s'isolait et hurlait sans raison apparente. Outre que cette compétence spéciale – donner le biberon – lui a permis de nourrir ce jeune chimpanzé, elle a pu garder ses propres petits en vie les années suivantes. Pour un animal habitué à utiliser des outils, donner le biberon n'est pas si difficile. Pour le restant de ses jours, cette femelle a toujours manifesté une folle excitation en me voyant, ce qui n'arrivait qu'une fois tous les deux ans, comme si j'étais un parent de retour après une longue absence. Cette attitude semble liée au fait que je l'ai aidée à fonder une famille. Et voici encore une autre illustration de la gratitude, une anecdote éloquente que raconte Wolfgang Köhler, le pionnier allemand des recherches sur l'usage d'outils par les grands singes. Voulant regagner leur abri pendant une tempête, deux chimpanzés avaient trouvé porte close ; puis Köhler est passé par là par hasard et a trouvé ces grands singes complètement trempés, frissonnant sous la pluie. Il leur a ouvert la porte. Mais, au lieu de passer devant lui le plus vite possible pour se mettre au sec, les deux chimpanzés ont commencé par faire l'accolade au professeur avec des manifestations frénétiques de satisfaction.

La gratitude nous aide à rendre à chacun son dû. Puisqu'elle contribue à garder en mouvement le flux des faveurs, elle joue un rôle essentiel dans une société fondée sur la réciprocité. Saint Thomas d'Aquin la tenait en si haute estime qu'il voyait en elle une vertu secondaire liée à la vertu cardinale de justice. La gratitude nous inspire des sentiments chaleureux liés au bienfait reçu, qui nous poussent à le payer de retour. Sinon, pourquoi le ferions-nous ? Par devoir ? C'est tellement plus facile si notre mémoire nous prédispose à l'amabilité à l'égard d'un bienfaiteur. Nous n'avons même pas l'impression de rembourser. C'est pourquoi Robert Trivers, l'architecte de la théorie de l'altruisme réciproque, voit dans la gratitude un ingrédient crucial.

Mais, au lieu de nous fier à des histoires comme celles qui précèdent, nous avons réellement mesuré l'échange de faveurs. Pendant plusieurs journées, réparties au fil d'une année, j'ai filmé des séances de toilette mutuelle chez nos chimpanzés le matin, puis j'ai organisé une séance de partage d'aliments l'après-midi. J'ai coupé des branches feuillues dans la forêt autour de la station (les chimpanzés adorent les jeunes pousses de mûrier et les feuilles de liquidambar) et je les ai attachées avec du chèvrefeuille. Deux gros fagots de ce type ont été jetés dans le complexe. N'importe quel adulte, sans distinction de rang, pouvait en revendiquer un et le garder, car les chimpanzés respectent la propriété. Bientôt, les heureux propriétaires seront entourés d'un cercle de quémandeurs tendant la main, gémissant, geignant. On pourra voir mendier même le mâle du rang le plus élevé, situation également signalée en milieu naturel quand les chimpanzés entourent une carcasse de singe. Finalement, tous mâcheront à grand bruit des aliments reçus soit directement des propriétaires, soit indirectement de parents ou d'amis. J'ai mesuré ainsi près de sept mille interactions alimentaires au cours de nombreuses séances différentes, et mes données ont fait apparaître un lien entre l'accès aux aliments et la toilette mutuelle qui avait eu lieu un peu plus tôt. Un jour où Socko avait fait la toilette de May, par exemple, ses chances d'obtenir d'elle quelques branches ont été beaucoup plus élevées que les jours où il ne l'avait pas toilettée. Cela suggère très nettement que les chimpanzés apprécient les faveurs reçues et s'en souviennent.

La réciprocité œuvre aussi négativement, comme l'avait prédit Trivers, qui voyait un rôle possible pour l'*agression moralisatrice.* Nous nous indignons contre ceux qui prennent allègrement une part des bénéfices sans donner grand-chose en retour. De même, un chimpanzé peut se retourner contre ses alliés qui refusent de le soutenir dans un combat contre un autre chimpanzé. Il tend la main vers l'un de ses bons amis qui reste spectateur pour l'inciter à intervenir et à faire front avec lui, épaule contre épaule, contre un adversaire. Mais l'ami s'en va. L'individu rejeté peut alors interrompre l'affrontement auquel il participait pour s'en prendre à son faux ami en hurlant à pleins poumons. Tout cela se passe dans le vacarme et le tumulte – rien n'est plus chaotique et plus éprouvant pour les nerfs qu'un grand combat entre chimpanzés –, mais ce type de réaction contribue à maintenir en vigueur la réciprocité. Les chimpanzés exercent aussi des représailles. S'ils ont perdu un combat face à plusieurs coalisés, ils peuvent attendre l'occasion propice pour régler leurs comptes. Quand ils rencontreront un de leurs adversaires seul, sans aucun de ses camarades à proximité, ils engageront le combat. J'ai connu des mâles qui le faisaient systématiquement. S'ils avaient été vaincus par un quatuor, ils prenaient le temps, dans les jours qui suivaient, d'avoir quatre explications fort désagréables avec chacun de leurs adversaires séparément. Mais, en général, un chimpanzé vaincu par une alliance attend que l'un de ses persécuteurs soit en train de perdre un combat : c'est l'occasion parfaite d'entrer dans la mêlée et d'aggraver sa défaite[7].

Je suis toujours frappé de voir combien la société chimpanzé tourne autour du donnant-donnant. Ces grands singes construisent une économie sociale où l'on se favorise et défavorise à tous les niveaux, de l'alimentation au sexe et de la toilette au soutien dans les combats. Ils semblent tenir des comptes précis et développer des attentes, voire créer des obligations, d'où leur réaction négative si leur confiance est trahie. J'ai une telle habitude de la façon dont les choses se passent chez nos proches parents que j'ai été stupéfait par l'absence de réaction de ce type chez un autre animal très sociable. Je l'ai constaté alors que je testais la coopération entre éléphants dans une réserve naturelle de Thaïlande avec Josh Plotnik, qui avait effectué précédemment l'étude sur le miroir. Nous n'avons pas pu appliquer la technique habituelle – un appareil si lourd qu'il oblige les individus à agir ensemble. Avec les éléphants, il aurait fallu qu'il ait la taille d'un dix-huit roues ! Nous avons préféré emprunter à un collègue japonais un ingénieux dispositif : une même corde est passée autour d'un appareil et ses deux bouts sont posés devant les animaux. S'ils tirent un seul bout de la corde, elle va se défaire, venir à eux sans résistance, et cela ne servira à rien. C'est seulement si les deux bouts sont saisis au même moment exactement qu'il devient possible de rapprocher l'appareil. Son poids importe peu, mais la synchronisation est une condition nécessaire.

La tâche s'est révélée simple pour les éléphants. Ils marchent côte à côte jusqu'aux deux bouts de la corde, les ramassent et tirent. Jusque-là, rien à dire. Mais ensuite nous nous sommes mis à introduire des complications pour déterminer jusqu'à quel point ils comprenaient la nécessité d'avoir un partenaire. Nous avons retardé l'un des deux pour voir si l'autre aurait l'intelligence d'attendre. Les éléphants ont manifesté une patience impressionnante : ils ont attendu jusqu'à 45 secondes. Nous avons aussi retiré la corde d'un côté, si bien qu'un des deux ne pouvait pas la tirer. Nous avons découvert que, dans ce cas-là, l'autre ne prenait pas la peine d'essayer. Il semblait comprendre que tirer la corde ne servirait à rien.

Certains éléphants ont mis au point des pratiques « subversives » qui contournaient nos intentions. Par exemple, une jeune éléphante marchait jusqu'à la corde et posait dessus, fermement, son énorme pied en attendant que l'autre arrive. En s'y prenant ainsi, elle n'avait pas besoin de tirer. Son pied maintenait en place son bout de corde pendant que son partenaire faisait tout le travail. Mais, une fois la tâche accomplie, elle ne s'abstenait pas pour autant d'aller se servir dans le seau d'aliments.

Nous avons vu dans ce procédé un signe d'intelligence, certes, mais aussi de tricherie. Curieusement, l'autre éléphant ne protestait jamais et ne refusait jamais de tirer. Je ne suis pas certain que les choses se seraient aussi bien passées chez les chimpanzés, et c'est justement ce que nous espérons déterminer, Malini et moi, dans notre étude sur la coopération. Les grands singes et les éléphants réagissent-ils différemment parce que les seconds ne se rendent pas compte de la contribution du partenaire, ou parce que l'effort requis est pour eux vraiment minime? La récompense des éléphants consistait en deux épis de maïs chacun – pratiquement rien pour un si gros animal – et ils n'avaient qu'à tirer une corde, rien de plus. L'effort et la récompense étaient peut-être insuffisants pour qu'ils se soucient des resquilleurs.

Tant mieux pour nous. Travailler avec ces animaux étant déjà fort dangereux, nous n'avions vraiment aucune envie d'avoir affaire à des éléphants en colère.

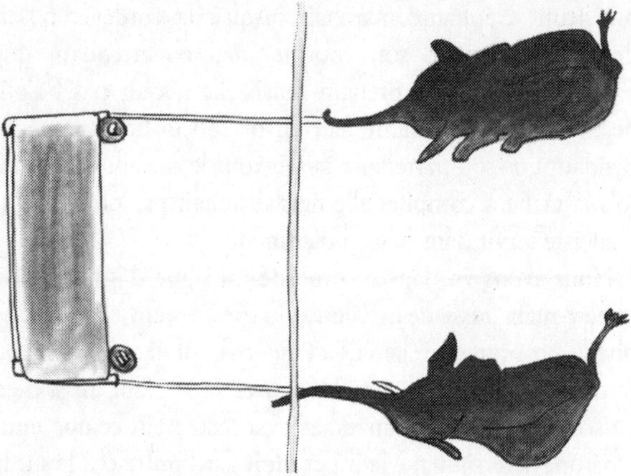

Vus d'en haut, deux éléphants tirent une corde pour rapprocher un plateau à roulettes auquel sont attachés des seaux pleins d'aliments. Ils doivent tirer exactement au même moment, faute de quoi la corde viendra toute seule et ils resteront la trompe vide.

Empathie de corps à corps

Quand Michael Jackson a maladroitement tenu en l'air d'un seul bras, par-dessus la rambarde du balcon d'une chambre d'hôtel située au quatrième étage, son bébé de neuf mois qui s'agitait, de nombreux fans dans la foule massée au-dessous l'ont acclamé, mais certains ont hurlé. Ils ont eu peur qu'il ne laisse tomber le bébé, lequel, pour aggraver les choses, avait la tête recouverte d'une serviette de bain. C'était une scène totalement extravagante, qu'Eminem allait parodier et les spécialistes de la maltraitance critiquer.

Mais pourquoi nous en soucions-nous ? Ce n'était pas notre bébé. Nous réagissons ainsi en vertu d'une aptitude qui, jusqu'à une date récente, a été largement négligée par la science : l'empathie. Et par ce mot je n'entends pas ici la sympathie qui nous pousse à aider les autres ; je le prends dans son sens neutre et fondamental de mode d'entrée en relation avec les autres. Quand au XVIe siècle Montaigne a confié qu'il avait la gorge irritée dès qu'il entendait quelqu'un tousser, il nous a révélé l'essence de l'empathie, plusieurs siècles avant l'entrée en usage de ce terme. L'empathie lie des corps à d'autres corps. Si nous avions simplement appris par les journaux comment Jackson avait tenu son bébé, peut-être aurions-nous réduit l'incident à une maladresse insignifiante ; mais nous l'avons vu de nos yeux à la télévision. Nous avons vu combien ce balcon était haut ; nous avons remarqué que le père n'avait pas une prise ferme sur le bébé et que celui-ci gigotait. L'identification nous a projetés dans la scène comme si nous tenions nous-mêmes le nourrisson et sentions sa résistance. Nous avons vécu la situation au niveau corporel, ce qui l'a rendue infiniment plus perturbante que ne l'aurait fait une description écrite.

La cartographie corporelle est automatique. Le film *Le Discours d'un roi*, par exemple, serait parfaitement assommant si nous n'étions pas capables de nous identifier aux autres. Que nous importe qu'un mot soit prononcé vite, lentement ou pas du tout ? C'est seulement parce que nous ne faisons qu'un, affectivement, avec le roi que nous prenons intérêt à son problème d'élocution, comme si nous en souffrions nous-mêmes. Assis au bord de notre siège, nous aimerions dire les mots pour lui, nous lui souhaitons de réussir, comme des parents qui font des mouvements masticatoires quand ils nourrissent leur bébé à la cuillère, ou qui articulent silencieusement chaque mot que leur enfant est censé dire dans une pièce de théâtre scolaire.

Nous avons cette capacité merveilleuse d'habiter le corps des autres.

Pour le dire dans le langage des neurosciences, nous activons dans notre cerveau des représentations neuronales d'actes moteurs semblables à ceux que nous percevons ou attendons chez l'autre. Et nous le faisons inconsciemment : on l'a démontré dans une expérience où des visages expressifs apparaissent sur un écran d'ordinateur. Bien qu'ils soient flashés trop vite pour la perception consciente (les sujets croient regarder des paysages), nos muscles faciaux bougent en fonction des flashes et les expressions que nous voyons modifient notre humeur. Les sourcils froncés nous attristent, les sourires nous rendent heureux. Ulf Dimberg, le psychologue suédois qui a mené ces recherches, m'a parlé de la résistance initiale : il a eu beaucoup de mal à faire publier ses conclusions au début des années 1990. Rétrospectivement, après tant de confirmations, cela paraît absurde. Mais, à l'époque, l'empathie était conçue comme une compétence complexe contrôlée par le cerveau. Nous *décidons* d'être empathique, raisonnait-on alors, après avoir délibérément simulé dans notre esprit ce que nous ressentirions dans la situation d'un autre. L'empathie était perçue comme une compétence cognitive. Aujourd'hui, nous savons que le processus est à la fois plus simple et plus automatique. Non que nous n'ayons aucun contrôle (la respiration est automatique aussi, et pourtant nous la contrôlons), mais la science avait une conception entièrement fausse de l'empathie. Celle-ci naît de connexions corporelles inconscientes liées aux expressions faciales, aux voix et aux émotions. Les humains ne décident pas d'être empathiques ; ils le sont, c'est tout.

Certes, même en l'absence de tout indice corporel, nous sommes capables de nous mettre à la place de quelqu'un d'autre (par exemple d'un personnage quand nous lisons un roman), mais l'essence de l'empathie n'est pas là. Pour cerner son essence, observons ses débuts. Regardons un tout-petit fondre en larmes quand son ami tombe et pleure, ou rire à gorge déployée avec un groupe d'adultes égayés par une plaisanterie grivoise qu'un enfant de son âge ne peut sûrement pas comprendre. L'empathie naît d'une synchronisation des corps et d'une diffusion des humeurs. Les formes complexes fondées sur l'imagination et la projection dérivent de cette source, mais ce sont des effets secondaires.

À peu près au moment où s'effectuaient ces recherches pionnières, des scientifiques italiens de Parme ont découvert les neurones miroirs. Ces neurones s'activent quand nous agissons, par exemple quand nous avançons la main pour prendre une tasse, mais aussi quand nous voyons un autre faire ce geste. Puisque les neurones miroirs ne distinguent pas entre notre comportement et celui des autres, ils permettent à un organisme de se glisser dans la peau d'un autre. Leur découverte a été jugée, à bon droit, aussi importante pour la psychologie que celle de l'ADN pour la biologie. Ces neurones fusionnent les individus au niveau corporel. C'est pour cela que nous nous sentons mal à l'aise en voyant Jackson montrer son bébé au-dessus du vide, et que les mots nous montent aux lèvres quand nous regardons *Le Discours d'un roi*.

Cette découverte s'harmonise à merveille avec les toutes premières analyses sur l'empathie humaine, qui concernaient la perception esthétique. Pourquoi regardons-nous un ballet, par exemple? Nous apporterait-il le même plaisir esthétique si nous voyions des pneus en caoutchouc rebondir sur scène dans la même chorégraphie ? Un opéra serait-il aussi palpitant si les acteurs ne chantaient pas mais jouaient du banjo ou de l'accordéon pour donner la sérénade ou exprimer leur jalousie ? J'en doute. Quand nous regardons un ballet, nous pénétrons le corps des danseurs, nous faisons avec eux chaque pas, chaque pirouette. Un danseur jette une danseuse dans les bras d'un autre danseur et, pendant une seconde, nous sommes nous aussi dans les airs. Comme le public investit la scène, un bond manqué suscite une réaction instantanée. Si l'empathie était d'ordre purement cognitif, on pourrait s'attendre à un petit intervalle (où le public se demanderait : « Comment cela a-t-il pu arriver ? », ou : « S'est-elle fait mal ? »), mais nous poussons des « Oh ! » et des « Ah ! » avant même que la danseuse ait touché le sol.

L'opéra crée le même contact à travers la voix humaine. Nous savons dès notre naissance (et même avant) que la voix porte le plaisir, la douleur, la rage, etc. La voix est en prise directe sur notre système nerveux central. Elle pénètre au plus profond de nous, comme aucun instrument artificiel ne le fera jamais. Nous n'inférons pas seulement la souffrance de la soprano ; nous la ressentons physiquement et nous en avons la chair de poule. Moi qui adore l'opéra, je me sens émotionnellement épuisé à la fin de chaque grande représentation.

Les arts plastiques exploitent le même lien. Pensons à la statue de Michel-Ange *L'Esclave* – une personne grandeur nature qui lutte pour se libérer d'un bloc de marbre : quiconque la regarde sent ses muscles se tendre. Face au tableau du Caravage *L'Incrédulité de saint Thomas*, où Jésus regarde son disciple sceptique enfoncer un index dans la plaie de sa poitrine, nous ressentons la douleur que ce geste a dû causer. L'œuvre de Bosch, elle aussi, est riche en scènes physiques qui éveillent l'empathie, la pitié ou l'horreur. On a qualifié Bosch de misanthrope, mais son art n'aurait aucun sens sans l'empathie du public. Nous souffrons avec les pécheurs transpercés par des couteaux, pendus à des arbres et agonisants, dévorés par des chiens affamés, écartelés dans une harpe, empalés sur une flûte, peinant comme des esclaves ou finissant dans une poêle à frire. Ironiquement, la torture aussi exige l'empathie : on ne peut infliger délibérément la douleur sans avoir conscience de ce qui fait mal. Si Bosch éveille des émotions aussi puissantes, c'est parce que nous ne pouvons nous empêcher d'entrer dans les scènes représentées. Il veut nous amener à penser que ces personnages torturés pourraient être nous, et pour un instant ils sont nous.

Même l'art abstrait suscite l'empathie physique. Nous refaisons inconsciemment les mouvements du peintre sur la toile, expliquent dans un article commun Vittorio Gallese, le codécouvreur italien des neurones miroirs, et David Freedberg, un historien américain de l'art. Comme un pianiste ne peut écouter un concert de piano sans activer dans son cerveau les régions motrices qui commandent les doigts, ceux qui contemplent une expérimentation picturale de Jackson Pollock éprouvent « un sentiment d'engagement du corps dans les mouvements qu'impliquent les traces physiques – coups de pinceau et *drippings* – des actes créatifs du producteur de l'œuvre[8] ».

Dans *Le Jugement dernier*, de Jérôme Bosch, deux vieilles sorcières font cuire des humains à la broche et dans une poêle. La visualisation des tourments des pécheurs est bien plus efficace qu'un récit. Puisque nous entrons en contact avec les corps humains dans notre subconscient, nous sentons littéralement le feu de l'action.

Ces processus ne sont nullement l'apanage de notre espèce. Dans le brouhaha universitaire qui entoure les neurones miroirs, on a tendance à oublier qu'ils ont été découverts non chez les humains, mais chez les macaques. Et aujourd'hui encore les preuves sont meilleures et plus détaillées pour les neurones « le singe voit, le singe fait* »

* « *Monkey-see, monkey-do* » est une expression traditionnelle pour dire « imiter sans comprendre », mais l'auteur la prend ici au sens littéral pour évoquer le fonctionnement des neurones miroirs des singes.

que pour leurs équivalents dans le cerveau humain. La plupart des études menées sur les humains ne font que *supposer* la présence de ces neurones dans certaines régions du cerveau ; pour la confirmer, il faudrait implanter des électrodes, ce qui se fait rarement[9]. Chez les singes, en revanche, nous avons quantité de preuves directes. Il est probable que les neurones miroirs aident les primates à imiter les autres, par exemple quand ils ouvrent une boîte par le même moyen qu'un modèle entraîné, ou lorsque, en milieu naturel, ils retirent les pépins d'un fruit comme leur mère. Tous les primates sont conformistes. Et ils ne se contentent pas d'imiter ; ils aiment aussi être celui que l'on imite. Nous avons fait une expérience d'interaction entre deux chercheurs et des sapajous qui jouaient avec un ballon en plastique qu'on leur avait donné. L'un des chercheurs imitait chaque mouvement qu'effectuaient les singes avec ce ballon, et l'autre ne le faisait pas. À la fin, les singes ont préféré celui qui les avait imités. De même, chez les humains, les adolescents qui sortent avec un ou une petit(e) ami(e) à qui l'on a donné pour instruction d'imiter chacun de leurs gestes, par exemple prendre un verre ou poser le coude sur la table, apprécient ensuite davantage leur rencontre que ceux qui sont sortis avec un garçon ou une fille qui ne les a pas imités.

On constate aisément que l'interconnexion des corps favorise l'empathie. Quand nous parlons à une personne triste, notre visage s'assombrit et notre posture s'affaisse. Nous pouvons même pleurer avec elle. Quand nous parlons à une personne tonique et rieuse, en revanche, nous rions vite nous-mêmes et par conséquent nous nous sentons bien. La même contagion est à l'œuvre chez les animaux, bien que le sujet soit insuffisamment étudié à cause du regrettable tabou sur les émotions animales. B.F. Skinner dévalorisait les émotions, en particulier celles des animaux : « les *émotions* sont d'excellents exemples des causes fictives que l'on attribue aux comportements[10] », disait-il. Son influence était immense – son école ressemblait à une religion –, mais heureusement elle se dissipe. La recherche sur le cerveau a réussi à trancher le nœud gordien du scepticisme sur les émotions animales. Par exemple, l'amygdale du cerveau humain s'active quand nous regardons des images sanglantes de plaies ouvertes et de violence, qui ne sont pas si éloignées des scènes de l'enfer chez Bosch. En stimulant électriquement la même amygdale dans le cerveau des rats, on les fait fuir, déféquer et s'accroupir dans un coin. Conclusion incontournable : les rats et les humains partagent le même état émotionnel – la peur – dans la même partie du cerveau. En appliquant cette logique à l'amour, à la joie, à la colère, etc., les neurosciences modernes explorent librement la vie émotionnelle des animaux.

Je n'ai jamais ressenti la moindre attirance pour la théorie qui assimile les animaux à des machines de stimulus-réponse. Elle est si lamentable que je ne sais même pas par où commencer pour la tailler en pièces. Même Skinner a changé d'avis, comme l'a signalé la spécialiste des sciences animales Temple Grandin, qui est autiste. À dix-huit ans, alors qu'elle était étudiante, Grandin avait eu avec Skinner un entretien qu'elle décrit comme assez pénible, puisqu'elle a même dû préciser au professeur qu'il ne devait pas lui toucher les jambes. Ne serait-ce pas magnifique si nous connaissions mieux le cerveau ? lui a-t-elle demandé. « Nous n'avons pas besoin d'en savoir plus sur le cerveau, a répondu Skinner, le conditionnement opérant nous suffit. » Cela me paraît vraiment choquant : pourquoi un scientifique dédaignerait-il un savoir sur quoi que ce soit ? La connaissance n'est-elle pas invariablement bonne ? Sauf, bien sûr, si elle risque de fragiliser une théorie qui nous est chère ! Skinner, comme tant de scientifiques, souffrait-il d'un biais de non-confirmation ? Puisque ses problèmes personnels étaient largement liés au fonctionnement du cerveau, Grandin s'est respectueusement déclarée en désaccord. Mais elle rapporte que, vers la fin de sa vie, Skinner a vu la lumière lorsqu'il a appris par expérience directe que le conditionnement n'est pas tout. Quand quelqu'un lui a demandé, dans la même veine, si mieux connaître le cerveau pouvait éventuellement être utile, il a répondu : « Depuis mon attaque, j'en suis persuadé[11]. »

Les neurosciences nous adressent deux messages fondamentaux sur l'empathie. Le premier est qu'il n'existe aucune frontière claire et nette entre émotion humaine et émotion animale. Le second est que l'empathie va de corps à corps. On enfonce une aiguille dans le bras de la femme et les centres de la douleur s'allument dans le cerveau du mari du simple fait qu'il regarde. Son cerveau réagit comme si l'aiguille pénétrait dans son propre bras. À en juger par ce que nous savons des neurones miroirs, du mimétisme et de la contagion émotionnelle, ce « canal corporel » de l'empathie est probablement aussi ancien que l'ordre des primates, mais je le soupçonne de l'être encore plus, et de beaucoup. Puisque j'ai consacré tout un livre, *L'Âge de l'empathie*, à réunir les données dont nous disposons sur son origine, je me limiterai ici à quelques exemples.

L'un de mes collaborateurs rejoue une célèbre comptine : il a un trou dedans son seau. Matt Campbell se promène avec un seau en plastique au fond duquel il a percé un petit trou. Nos chimpanzés ont appris à plaquer un œil contre ce trou pour regarder un iPod suspendu à l'autre extrémité du seau. Grâce à ce dispositif, nous savons très précisément qui regarde et nous empêchons les autres de voir les vidéos. Le seul objectif de ce peep-show est de mesurer la contagion du bâillement, phénomène bien particulier qui est lié à l'empathie. Par exemple, les humains les plus enclins à la contagion du bâillement sont aussi ceux qui ont le plus d'empathie. Et les enfants qui manquent d'empathie, comme les autistes, sont totalement insensibles à la contagion du bâillement. Lorsqu'ils regardent une vidéo de congénères en train de bâiller, nos chimpanzés bâillent énormément, mais seulement s'ils connaissent personnellement le grand singe du film. Les vidéos représentant des étrangers ne leur font aucun effet. Cela suggère que le phénomène ne se réduit pas à la vision d'une bouche qui s'ouvre et se ferme. Il intègre l'identification avec l'individu filmé. Ce rôle de la familiarité, soit dit en passant, est bien connu de tous les chercheurs sur l'empathie, qu'ils travaillent sur les humains ou sur d'autres animaux. Plus nous partageons avec l'autre, plus nous nous sentons proches de lui, et plus nos réactions empathiques seront fortes. Dans une étude en milieu ouvert sur les humains (effectuée clandestinement dans des restaurants, des salles d'attente, etc.), la contagion du bâillement a été plus rapide et plus fréquente entre des parents ou des amis intimes qu'entre de simples connaissances ou des étrangers[12].

Pour rire un peu, notamment après ma conversation avec le dalaï-lama, je me dois de mentionner un récent prix Ig Nobel – cette parodie de prix Nobel honore les recherches qui « commencent par faire rire les gens avant de les faire réfléchir ». Il a été décerné en 2011 à un effort

À trois ans, Vic, un bonobo mâle du zoo de Cincinnati (*ci-dessus*), s'est lié d'amitié avec un garçon du même âge qui venait le voir chaque semaine, emmené par son père. Le singe et l'enfant se regardaient dans les yeux à travers la vitre et on voyait bien qu'ils étaient amis, selon la photographe Marian Brickner. « Quel papa ! dit-elle. Je n'ai jamais su son nom. J'ai pris la photo, j'ai même dû lui demander de bien vouloir faire un pas à gauche pour avoir le bon angle de prise de vue. » En 2012, Marian est revenue au zoo faire un portrait à jour de Vic, aujourd'hui âgé de douze ans, ce qui correspond à la fin de l'adolescence (*à droite*).

Les bonobos ont des rapports sexuels dans toutes les positions et toutes les combinaisons de partenaires. Les copulations face à face sont courantes, comme ici entre deux adultes de sexe opposé (*ci-dessus*). Les accouplements homosexuels sont fréquents aussi, notamment entre femelles. Une femelle adulte en invite une autre à un frottement génito-génital (*à droite*). Notons le rôle du contact oculaire, qui est délibérément recherché et maintenu pendant le rapport sexuel.

Mama et sa fille Moniek. Cette femelle incarne à mes yeux l'essence même de la monarchie dans la société chimpanzé, car elle a régné sur la grande colonie du zoo d'Arnhem pendant des décennies, même quand elle ne pouvait pratiquement plus marcher. Elle ne dominait physiquement aucun mâle adulte, mais tout le monde tenait compte de son influence, et les mâles allaient littéralement chercher refuge dans ses bras si leurs rivaux les soumettaient à une trop forte pression.

Ce chimpanzé qui éclate de rire illustre bien la ressemblance entre les expressions faciales des grands singes et celles des humains. Tout en tenant d'une main ma caméra en l'air, je chatouille de l'autre les côtes de ce mâle de trois ans. Il émet des sons rauques et gutturaux au même rythme que le rire humain, mais sans les cris suraigus que produit notre espèce. Incontestablement, cela l'amuse, puisqu'il en redemande.

Le souci de la communauté se manifeste par des efforts pour rétablir l'harmonie. Deux femelles s'étant affrontées pour des feuillages comestibles, un mâle de haut rang entreprend un arbitrage impartial (*ci-dessus*). Les bras tendus, il se dresse entre elles jusqu'à ce que les cris s'arrêtent. Il arrive aussi que des femelles interviennent, par exemple Mama (*ci-dessous*) dans un conflit entre le mâle alpha et un tout jeune chimpanzé. Mama s'approche du mâle avec des grognements haletants qui apaisent, puis éloigne le petit de la scène.

Le besoin de s'entendre dicte un code de conduite. La confiance mutuelle est à l'œuvre dans le comportement ludique, quand de jeunes chimpanzés se retrouvent totalement entremêlés et se mordillent réciproquement les mains et les pieds (*ci-dessus*). Si le jeu devient trop brutal, il faudra faire amende honorable pour qu'il continue. Les violations des règles sociales suscitent des protestations – par exemple, celles d'un jeune chimpanzé hurlant qui réclame, la main tendue, les baies que quelqu'un lui a volées (*ci-dessous*).

Un riche répertoire de gestes rassurants permet d'apaiser les autres et de se calmer soi-même dans les moments angoissants. Deux femelles chimpanzés s'enlacent en regardant un violent combat au sein de leur communauté (*ci-dessus*), et, après avoir affronté un mâle dominant, une femelle se réconcilie avec lui en l'embrassant sur la bouche (*ci-contre*).

Adopter les enfants des autres est une forme courante d'altruisme chez les humains comme chez d'autres animaux. Une femelle chimpanzé dont la lactation était insuffisante avait perdu plusieurs petits avant que je lui apprenne à nourrir au biberon un bébé adopté, Roosje (*à droite*). Elle l'a fait pour Roosje, mais aussi pour les petits qu'elle a eus elle-même par la suite. Mes leçons m'ont valu la gratitude éternelle de cette femelle.

pour découvrir la contagion du bâillement chez les tortues. Des chercheurs de l'université de Yale ont mis des tortues charbonnières à pattes rouges au contact d'une de leurs congénères entraînée à ouvrir et fermer la bouche. Ils ont constaté leur absence totale de réaction, et conclu que la contagion du bâillement n'est pas un simple réflexe : elle procède du mimétisme et de l'empathie, qui n'existent pas chez les tortues.

N'allons pas croire que le mimétisme empathique chez les primates se limite aux contextes expérimentaux : nous en avons de multiples exemples spontanés. Il y a bien longtemps, au zoo d'Arnhem, j'ai vu un chimpanzé mâle blessé boitiller en marchant sur un poignet replié, et non sur les articulations des phalanges*. Très vite, les jeunes de la colonie se sont mis à boitiller en file indienne derrière ce malheureux mâle, en marchant tous sur leur poignet. J'ai aussi assisté ici, à la station Yerkes, à un accouchement qui a déclenché l'identification corporelle d'une femelle à une autre :

> Depuis ma fenêtre d'observation, je vis un groupe se rassembler autour de May – rapidement et silencieusement, comme attiré par un signal secret. À demi en flexion, les jambes légèrement écartées, May plaça sous elle une main incurvée, prête à attraper le bébé à la sortie. Une femelle plus âgée, Atlanta, se plaça à côté d'elle dans la même posture et fit exactement le même mouvement de la main, mais entre ses jambes *à elle*, ce qui ne servait à rien. Quand, au bout de dix minutes, l'enfant parut – un fils robuste –, ce fut un moment d'enthousiasme général. Un

* Les chimpanzés pratiquent une quadrupédie particulière : ils marchent sur la plante des pieds mais, pour les membres antérieurs, prennent appui sur les articulations entre la première et la deuxième phalange des doigts de la main.

chimpanzé cria, d'autres s'étreignirent, montrant combien tout le monde avait été pris dans l'action. Atlanta s'identifia vraisemblablement à May parce qu'elle avait déjà eu beaucoup de petits. Elle toiletta la jeune mère, sa grande amie, presque sans discontinuer pendant les semaines qui suivirent[13].

On a également signalé le cas d'un chimpanzé handicapé dans la forêt de Budongo, en Ouganda. Catherine Hobaiter décrit un mâle d'une cinquantaine d'années, Tinka, aux mains gravement déformées et aux poignets paralysés. Il souffrait aussi d'une infection chronique de la peau qui lui causait de sérieux désagréments, d'autant plus qu'il ne pouvait pas se gratter avec ses membres atrophiés. Il avait donc mis au point une technique de grattage à l'aide d'une liane, un peu comme nous tendons une serviette de toilette entre nos deux mains pour nous sécher le dos. Il tendait une liane pendante en y posant le pied, puis frottait contre elle sa tête et ses flancs. Le procédé était étrange mais apparemment efficace, car il l'utilisait souvent. Les chimpanzés valides n'avaient aucune raison de faire comme lui, et pourtant on a vu plusieurs jeunes suivre l'exemple de Tinka. Ils se frottaient régulièrement contre des lianes tendues à cette fin. Il semble bien que la diffusion de cette curieuse habitude, inconnue de toute autre population de chimpanzés, soit une nouvelle illustration de l'action des neurones miroirs.

Parce qu'il est inconscient, nous sous-estimons souvent le canal corporel de l'empathie. J'ai même entendu des commentateurs politiques comparer l'empathie à une « fleur fragile », indigne de jouer un rôle majeur dans la société. Manifestement, c'est à des fins inavouables qu'ils tiennent de tels propos, et qu'ils oublient que, selon Abraham Lincoln, les États-Unis sont soudés par les liens de la sympathie. Si Lincoln a décidé de combattre l'esclavage, sa réaction émotionnelle au malheur des autres y était pour beaucoup. Il avait vu des esclaves enchaînés les uns aux autres par des fers – un souvenir qui « n'a cessé de [le] tourmenter », a-t-il écrit à un ami dans le Sud[14]. Puisque des décisions politiques d'une immense portée peuvent être, au moins en partie, motivées par l'empathie, il n'y a aucune raison de minorer son importance. Personnellement, j'estime qu'une société sans empathie et sans solidarité ne mériterait pas qu'on en fasse partie.

Mais l'empathie humaine ne s'arrête pas à la frontière de l'espèce. Elle intervient aussi dans des questions qui touchent les animaux dont nous nous occupons. Prenons le débat sur la castration des cochons. Dans de nombreux pays, on la pratiquait sans anesthésie. Au sein d'un comité d'étude sur la question, les adversaires de cet usage se sont heurtés à la résistance acharnée des scientifiques et des vétérinaires. Que savons-nous de la douleur des cochons ? demandaient-ils. Comment pouvons-nous la mesurer ? C'était le lieu commun habituel : « Nous n'avons aucune idée de ce qu'ils ressentent. » À la réunion suivante, les opposants ont apporté une vidéo. Ils n'ont émis aucune opinion, mais se sont limités à dire que, puisque la discussion portait sur les façons de procéder, il était logique de regarder la procédure en vigueur. Et ils ont passé une scène de castration d'un cochon éveillé. L'animal a fait un tel boucan, en couinant sans répit pendant plusieurs minutes, qu'à la fin tous les hommes dans la salle étaient livides, les mains fermement posées entre les jambes. Plus que tous les arguments rationnels, c'est cette vidéo qui a renversé le cours du débat sur l'anesthésie.

Telle est la puissance de l'empathie corporelle.

Sauvé par un rat

« Et qui est mon prochain ? » demande un légiste intrigué par la recommandation de Jésus d'« aimer son prochain comme soi-même ». Jugeant certaines personnes difficiles à aimer, il sollicitait une directive moins générale. La réponse a été la parabole du bon Samaritain.

Une victime est laissée au bord d'une route, à moitié morte. Passent un prêtre, puis un lévite, qui l'ignorent. Les deux sont des religieux rompus aux subtilités de l'éthique, mais ils n'avaient pas envie d'interrompre leur trajet et ils sont aussitôt passés de l'autre côté de la route. Arrive un troisième voyageur, un Samaritain, qui s'arrête, panse les blessures de l'homme, le hisse sur son âne et l'emmène en lieu sûr. Bien qu'il appartienne à une classe de personnes « impures », méprisée par les Juifs (auxquels s'adressait la parabole), ce Samaritain a été le seul à montrer du cœur. Il a été touché, viscéralement, par la souffrance du blessé. Le message biblique est qu'il faut se méfier de l'éthique codifiée, qui donne trop souvent des excuses pour ignorer la souffrance des autres.

Mais ce n'est qu'une des leçons de la parabole. Il y en a une autre : notre prochain, c'est tout le monde, même ceux qui ne sont pas comme nous. Avec l'esprit de clocher qui caractérise l'empathie humaine et animale, c'est le message qui a le plus de mal à passer. Même au niveau d'une mesure simple comme la contagion du bâillement, l'identification avec les étrangers est difficilement démontrable. Tant les chimpanzés que les humains se joignent plus facilement aux bâillements de familiers qu'à ceux d'individus extérieurs à leur cercle. L'empathie est irrémédiablement biaisée, comme l'a montré, par exemple, une étude de l'université de Zurich qui a mesuré les réactions neuronales à la souffrance des autres. Des hommes regardaient un supporter de football tantôt de leur propre club, tantôt d'un club rival, recevoir des électrochocs par le biais d'électrodes attachées à ses mains. Il va sans dire que les Suisses prennent leur football au sérieux. Seuls les partisans de leur propre club ont activé leur empathie. En fait, à la vue de supporters du club rival soumis à des électrochocs, ce sont les régions de leur cerveau liées au plaisir qui se sont activées[15]. Autant pour l'amour du prochain !

Ce biais de la solidarité interne au groupe est aussi ancien que l'empathie elle-même : une expérience sur les rongeurs l'a bien montré. Deux souris de laboratoire dans des tubes de verre transparents peuvent se voir entre elles ; l'une d'elles reçoit de l'acide acétique dilué, ce qui lui donne – pour citer les termes des chercheurs – des maux d'estomac modérés ; elle réagit à ce traitement en s'étirant, mouvement qui indique qu'elle ne se sent pas bien. La souris spectatrice devient alors de plus en plus sensible à sa souffrance, comme si elle ressentait elle-même la douleur de l'autre. Mais cette expérience sur la compassion ne fonctionne qu'entre des souris qui ont vécu ensemble. Voir souffrir une étrangère les laisse de marbre[16].

Ces souris vivaient la *contagion émotionnelle*, bien connue aussi chez les humains. Nous savons tous comment la joie fait tache d'huile, de même que la tristesse, et combien les humeurs de notre entourage nous influencent. Le meilleur chemin vers le bonheur, dit-on, c'est de s'entourer de gens heureux. On a étudié la contagion émotionnelle en exploitant une idée souvent avancée : parler en public est une épreuve que l'individu moyen craint plus que la mort. Sans grande préparation, on demande à un sujet de s'adresser à un public. Après son exposé, chaque participant est invité à cracher dans une tasse. Les scientifiques peuvent alors extraire le cortisol, l'hormone associée à l'angoisse. Et ils constatent que le stress de l'orateur déteint sur celui de son public. Le public suit chaque mot en se sentant détendu avec les orateurs sûrs d'eux, mais il est mal à l'aise avec les orateurs nerveux. Par le jeu du canal corporel évoqué plus haut pour *Le Discours d'un roi*, les niveaux hormonaux des orateurs et des auditeurs convergent[17].

Une seconde expérience sur les rongeurs a été réalisée avec des rats. Malgré la mauvaise réputation de ces animaux, ses conclusions ne me posent aucun problème, car j'avais des rats de compagnie lorsque j'étais étudiant. Ils n'ont guère contribué à ma popularité auprès des filles, mais ils m'ont appris que les rats sont propres, intelligents et affectueux. À l'université de Chicago, on a introduit un rat dans un enclos où il a trouvé une boîte transparente qui contenait un autre rat. Ce second rat était enfermé, il gigotait désespérément. Non seulement le premier rat a appris à ouvrir une petite porte pour libérer son congénère, mais sa détermination à le faire a été stupéfiante. Devant choisir entre deux boîtes dont l'une contenait des morceaux de chocolat et l'autre un compagnon emprisonné, il a souvent commencé par sauver son compagnon. En revanche, quand il avait le choix entre une boîte vide et une autre contenant du chocolat, il donnait invariablement priorité à la seconde. Les résultats de cette expérience sont diamétralement opposés à l'insistance skinnérienne sur le conditionnement et attestent la puissance des émotions animales. Assimilant le comportement des rats à de l'altruisme fondé sur l'empathie, les auteurs concluent : « Libérer un compagnon de cage enfermé a une valeur du même ordre qu'accéder à des morceaux de chocolat[18]. »

Cette expérience d'évasion portait sur un type d'empathie plus complexe : la sympathie. Nous ne savons pas exactement comment l'empathie se transpose en conduite d'aide ou de réconfort, mais cela exige, au minimum, de se tourner vers l'autre. L'empathie peut être tout à fait passive, refléter une pure sensibilité ; la sympathie s'extériorise. Elle exprime un souci des autres associé à l'urgent besoin d'améliorer leur situation. C'est le sens réel de la parabole du bon Samaritain. Sauf dans un cœur de pierre, voir quelqu'un gémir couché au bord d'une route active inévitablement l'empathie. Mais, au lieu de transposer ce sentiment en sympathie, les deux hommes de Dieu se sont efforcés de le refouler. Ils se sont délibérément éloignés de sa source. Il est courant de s'autoprotéger : certains le font au cinéma quand ils mettent une main devant leurs yeux pour éviter de regarder une scène atroce. C'est pourquoi peu de spectateurs, paraît-il, ont réellement vu la scène cruciale du film *127 heures*, où un homme coincé sous un rocher s'ampute le bras avec un canif de poche. Le Samaritain, en revanche, a regardé en face la détresse de l'autre, mais il a aussi fait preuve de sympathie. Au lieu de penser au temps qu'il allait perdre, aux vêtements qu'il risquait de salir ou à la ruse possible d'un voleur, il a donné priorité à un autre homme dans le besoin.

La multitude d'excuses que trouvent les humains pour *ne pas* agir a été testée dans une expérience ingénieuse. On a donné ordre à des étudiants de passer très rapidement d'un bâtiment du campus au suivant – et on avait placé sur leur chemin une « victime » affalée. Seuls 40 % ont demandé à la « victime » ce qui n'allait pas. Ces étudiants tenus de se dépêcher se sont montrés beaucoup moins secourables que ceux qui avaient du temps. Certains ont littéralement enjambé la « victime » geignante. Et ils l'ont fait alors que le sujet de leur cours était le bon Samaritain[19].

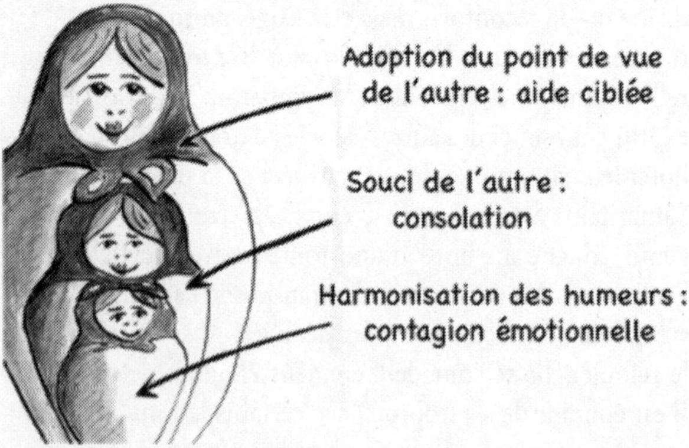

L'empathie ressemble à une poupée russe : elle a plusieurs couches superposées. Le noyau dur, c'est l'aptitude à se mettre au diapason du ressenti émotionnel d'un autre. Autour de ce noyau, l'évolution a construit des capacités toujours plus complexes, comme celle de se préoccuper des autres et celle d'adopter leur point de vue. Rares sont les espèces où toutes les couches sont présentes, mais la capacité-noyau est aussi ancienne que les mammifères.

Mais la décision d'aider ne repose pas uniquement sur des évaluations rationnelles, car sa force motrice est presque toujours d'ordre émotionnel. Sans les sentiments d'empathie et de sympathie, nous ne serions probablement jamais poussés à aider les autres. Qui plongerait dans un fleuve pour sauver quelqu'un par pure réflexion rationnelle ? Dans l'étude sur les supporters de football suisses, par exemple, plus l'empathie s'activait dans le cerveau d'un sujet, plus il faisait d'efforts pour atténuer la douleur de l'autre. D'un autre côté, les émotions ne suffisent pas. Elles se combinent à des calculs coûts/avantages pour déboucher sur un plan d'action, ou d'inaction. C'est pourquoi les étudiants soumis au « test du bon Samaritain » n'ont pas tous été secourables. L'aide humaine est le produit d'une conjonction de moteurs émotionnels et de filtres cognitifs. La même conjonction est à l'œuvre chez d'autres animaux.

L'un des moyens d'étudier le rôle de l'empathie est d'observer les réactions face à la détresse. Chez les chimpanzés et les bonobos, la consolation est un dénouement prévisible. Une victime d'agression qui a dû courir pour sauver sa vie est assise là, seule, morose, léchant une blessure ou arborant un air abattu. Elle se ragaillardit lorsqu'un passant vient lui donner l'accolade, lui faire une petite toilette ou inspecter attentivement sa blessure. On peut voir des scènes de consolation très émotionnelles, où les deux grands singes hurlent littéralement dans les bras l'un de l'autre. En passant au peigne fin près de quatre mille observations, nous avons conclu que le réconfort vient essentiellement des amis et parents, et des femelles plus que des mâles[20]. Ce second point est vrai aussi au sein de notre propre espèce, où l'on considère la consolation comme une forme de sollicitude, une manifestation de sympathie. On l'étudie en général en demandant à des membres d'une famille de se comporter dans leur foyer comme s'ils étaient souffrants ou tristes, et de voir comment réagissent les enfants. Dès le plus jeune âge, ceux-ci touchent, embrassent, apaisent par le contact corporel comme les grands singes, et les filles plus souvent que les garçons.

Je refuse d'utiliser une terminologie différente pour ces réactions selon qu'elles se produisent chez les humains ou chez les grands singes, comme le réclament les adversaires de l'anthropomorphisme. À ceux qui s'exclament : « Les animaux ne sont pas des hommes ! », je réponds : « C'est vrai, mais il est vrai aussi que les hommes sont des animaux » – ce qu'ils ont tendance à oublier. Minimiser la complexité du comportement animal sans en faire autant pour le comportement humain, c'est ériger une barrière artificielle. Personnellement, j'adhère à un principe de simplicité différent : si deux espèces étroitement apparentées agissent de la même façon dans des circonstances semblables, il est probable que les processus mentaux qui sous-tendent leurs comportements sont aussi les mêmes. Faute de quoi il faudrait postuler que, dans la brève période écoulée depuis leur séparation, ces deux espèces ont développé des manières différentes d'engendrer le même comportement. Du point de vue évolutionniste, c'est une idée alambiquée. Tant qu'on ne pourra pas prouver qu'un singe qui réconforte un congénère a d'autres motivations qu'un être humain qui fait de même, je m'en tiendrai au postulat plus élégant selon lequel les deux espèces sont mues par les mêmes élans.

Le point de vue de l'autre

L'*aide ciblée* est une expression encore plus complexe de l'empathie. Il ne s'agit pas ici de réagir à la détresse des autres, mais de comprendre leur situation. Nous avons conscience de leurs besoins spécifiques, comme lorsque nous aidons un aveugle à traverser la rue. Nous pouvons imaginer ce qu'est la cécité et adapter notre assistance à cet état particulier. Les exemples abondent dans la vie normale des humains, et il en va de même chez d'autres espèces à gros cerveau, notamment les dauphins, les éléphants et les grands singes. J'ai maintes fois raconté qu'un bonobo a tenté de secourir un oiseau qui s'était assommé contre une vitre, ou qu'un chimpanzé a littéralement traîné un ami ignorant des réalités de la vie sauvage pour l'éloigner d'un serpent venimeux. Il y a tant d'histoires où un grand singe semble adopter le point de vue d'un autre ! Mais je les laisserai de côté, car l'aide ciblée a enfin été vérifiée par un test. Réalisé au Japon, à l'Institut de recherche sur les primates (IRP) de l'université de Kyoto, il complète à merveille nos travaux sur la disposition des chimpanzés à échanger des faveurs.

Je me suis rendu plusieurs fois à l'IRP. Les chimpanzés y vivent dans de vastes espaces extérieurs équipés de hautes structures d'escalade et très riches en arbustes verdoyants. Dans le cadre d'une procédure semblable à celle que nous appliquons au Centre national Yerkes, on les appelle à l'intérieur pour passer des tests volontaires. Mais à l'IRP les grands singes doivent emprunter un réseau complexe de tunnels qui les conduisent dans un espace où ils sont au centre et les humains à la périphérie : ils se trouvent à l'intérieur d'une salle vitrée, et les chercheurs humains circulent autour d'elle avec leur matériel bizarre. Cela dit, dans l'expérience dont nous parlons, il ne s'agissait pas d'un matériel très avancé. Shinya Yamamoto laissait aux grands singes le choix entre deux façons de boire du jus d'orange. Ils pouvaient soit rapprocher d'eux le récipient avec un râteau, soit aspirer le jus avec une paille. Le problème est qu'ils n'avaient à leur disposition aucun de ces outils. À côté d'eux, dans une zone séparée, se trouvait un autre chimpanzé muni de toute une série d'instruments différents. Ce second chimpanzé observait le problème du premier, puis choisissait l'outil adapté à la tâche et le lui remettait à travers une petite fenêtre. Si le chimpanzé qui avait les outils ne pouvait pas voir la situation de l'autre, il choisissait au hasard, montrant ainsi qu'il n'avait aucune idée de ce dont l'autre avait besoin. Cette expérience a démontré non seulement que les chimpanzés sont prêts à s'entraider, mais aussi qu'ils prennent en compte les besoins spécifiques de l'autre[21].

Certains pensent peut-être que les grands singes ne partageraient jamais d'outils en milieu naturel, mais l'étude de Yamamoto a reçu une belle confirmation en provenance de Fongoli, un site du Sénégal où une primatologue américaine, Jill Pruetz, étudie des chimpanzés de la savane. Contrairement à leurs congénères de la forêt, ils doivent parcourir des distances considérables pour trouver de quoi manger. Il est bien connu que les chimpanzés partagent la viande, mais ceux de Fongoli partagent aussi les végétaux comestibles (par exemple les fruits du baobab) et ils sont les premiers chez qui on a constaté le partage d'outils. Par exemple, une adolescente pêchait des termites avec une petite branche quand un mâle dominant s'est assis à côté d'elle avec un outil préparé dans la bouche. Les chimpanzés fabriquent des outils de pêche en cassant une petite branche et en la nettoyant de ses branchettes latérales. Lorsque son propre instrument est devenu inefficace, la femelle a simplement pris l'outil dans la bouche du mâle, après quoi il en a fabriqué un autre et il a attendu à ses côtés. Elle lui a ôté également de la bouche ce second outil pour ses activités de pêche. Lorsque la femelle est partie, le mâle a cessé de fabriquer des outils et ne s'est pas mis à pêcher lui-même des insectes[22].

Nous n'en savons pas encore bien long sur les capacités des grands singes, en captivité comme en milieu naturel, mais ces dernières années nous avons fait quelques progrès. Il est clair qu'ils sont beaucoup moins égoïstes qu'on l'avait supposé, et peut-être même plus humains que le prêtre ou le lévite moyen.

CHAPITRE 6

Dix commandements de trop

Deux choses remplissent le cœur d'une admiration et d'une vénération toujours nouvelles et toujours croissantes, à mesure que la réflexion s'y attache et s'y applique : le ciel étoilé au-dessus de moi et la loi morale en moi.

Emmanuel KANT[1].

Pouvons-nous nous empêcher de ressentir de la douleur quand le feu nous brûle? Pouvons-nous nous empêcher de sympathiser avec nos amis? Ces phénomènes sont-ils moins nécessaires ou moins gros de conséquences parce qu'ils tombent dans la sphère subjective de l'expérience?

Edvard WESTERMARCK[2].

Au zoo de Tama à Tokyo, j'ai été témoin d'un rituel surprenant. Du toit d'un bâtiment, un soigneur a jeté des poignées de noix de macadamia au milieu de quinze chimpanzés qui se trouvaient dans une aire extérieure. La noix de macadamia est la seule noix disponible dans le commerce que la plupart des femelles chimpanzés sont incapables de casser avec les dents. La colonie n'avait pas de mâle adulte (j'ai visité le petit sanctuaire orné de fleurs fraîches qui avait été érigé pour Joe, son mâle alpha de longue date, mort quelques semaines plus tôt). Seuls les mâles ont des mâchoires assez puissantes pour faire craquer cette noix très dure. Les femelles chimpanzés se sont précipitées pour ramasser avec la bouche, les mains et les pieds le plus de noix de macadamia possible, puis elles se sont assises en des lieux bien distincts, chacune avec sa petite pile de noix bien nette et toutes tournées vers un même endroit : celui qu'on appelle la « station de cassage ».

Une femelle chimpanzé est allée jusqu'à la station – il s'agit d'un gros rocher auquel est fixé par une chaîne un petit bloc de métal. Elle a posé une noix sur le rocher, soulevé le bloc de métal et martelé la noix jusqu'à ce que la coque livre son contenu. Cette femelle a travaillé avec un jeune à côté d'elle, qu'elle a autorisé à profiter de ses efforts. Après avoir terminé sa pile, elle a cédé la place à la femelle suivante, qui a posé ses noix à ses pieds et entamé la même procédure. C'était un rituel quotidien, nous a expliqué le gardien du zoo : il se déroulait toujours de la même manière, en bon ordre, jusqu'à ce que toutes les noix aient cédé.

La paisible tranquillité de la scène m'a frappé, mais pas trompé. Quand nous voyons une société disciplinée, une hiérarchie sociale tacite est souvent à l'œuvre. Elle détermine qui peut manger ou s'accoupler le premier, et elle repose en dernière analyse sur la violence. Si l'une des femelles de rang inférieur et ses petits avaient tenté de revendiquer la station de cassage avant leur tour, il y aurait eu du vilain. Ce n'est pas seulement que ces singes connaissent leur place ; ils savent à quoi s'attendre s'ils violent la règle. Toute hiérarchie sociale est un gigantesque système d'inhibitions, et c'est sûrement ce qui a préparé le terrain à la morale humaine, car elle en est un aussi.

Le contrôle des pulsions est crucial.

L'introuvable impulsif

Quand une Française a accusé Dominique Strauss-Kahn d'agression sexuelle, elle n'a pu s'empêcher d'ajouter qu'il s'était comporté comme « un chimpanzé en rut[3] ». Dès que les humains perdent le contrôle de leurs pulsions, nous ressentons le besoin de les comparer à des animaux. Une terrible insulte… pour le chimpanzé !

Dans les milieux universitaires aussi, on ne peut échapper à l'image populaire des animaux incapables de se dominer. Elle est essentielle pour l'évolution de la morale, car faire « ce que nous voulons » est le contraire de l'éthique, ce qui revient à postuler implicitement : ce que nous voulons n'est pas bon. Le philosophe Philip Kitcher, qui, par ailleurs, est un grand penseur de l'éthique naturalisée, a écrit un jour que les chimpanzés sont des « impulsifs » – des créatures vulnérables à toutes les pulsions qui peuvent leur venir. Si le mot anglais employé (*wanton*) a des connotations de cruauté et de débauche, elles ne faisaient pas partie de sa définition : il voulait seulement parler de leur inattention aux conséquences de leur comportement. Le message était le même que celui de la Française : comme certains hommes méprisables, les animaux n'ont pas le moindre contrôle de leurs émotions. Au fil de notre évolution, spéculait ensuite Kitcher, nous avions surmonté cette impulsivité, et c'est cela qui nous avait rendus humains. Ce processus a commencé par « la prise de conscience que certaines formes de comportement projetées risquaient d'avoir des résultats problématiques[4] ».

Kitcher voulait-il dire que toute chatte qui repère une souris va aussitôt foncer sur elle ? Une chatte n'a-t-elle d'autre choix que de suivre son instinct de chasse ? Mais alors, pourquoi la voit-on s'éclipser furtivement, les oreilles plaquées sur la tête, se cacher derrière la poubelle et traquer lentement, centimètre par centimètre, l'objet de son désir ? Pourquoi perd-elle de précieuses minutes, avançant insensiblement aux seuls instants où la souris ne peut la voir ? Se pourrait-il qu'elle comprenne qu'il vaut mieux bondir au bon moment plutôt que prématurément ? J'ai souvent envie d'encourager les philosophes à prendre un animal domestique. Les conséquences apprises sont de puissants déterminants du comportement.

Chez ces chimpanzés de zoo également, on constate une solide barrière entre la pulsion et l'action. Il est évident que tous veulent ouvrir leurs noix immédiatement mais qu'ils s'abstiennent de le faire. Ou bien imaginons une mère chimpanzé lorsqu'une adolescente bien intentionnée a pris son bébé dans ses bras. La mère la suit en gémissant et en quémandant pour tenter de reprendre sa progéniture à la kidnappeuse, qui persiste à l'éviter. Elle réprime son envie de se ruer à sa poursuite : l'adolescente risquerait de fuir dans un arbre et de mettre en danger le précieux bébé. La mère doit rester calme et concentrée. Mais une fois le nourrisson de nouveau en sécurité sur son ventre, tout change. J'ai vu des mères se retourner contre l'adolescente, la poursuivre sur de longues distances avec des hurlements furieux et libérer ainsi toute la frustration qu'elles avaient retenue. De même, un jeune mâle qui n'a pas le droit de copuler sous les yeux des autres va s'asseoir furtivement près d'une femelle sexuellement attirante et lui envoie des signaux subtils qui ne sont visibles que d'elle, en étendant les jambes pour lui montrer son érection et en lui faisant de la main des gestes d'appel. Il l'invite à le suivre dans un endroit discret. Un jour, un jeune mâle a posé les mains sur son pénis en voyant approcher un mâle plus âgé pour dissimuler rapidement ses intentions.

Les plus haut placés bénéficient aussi du contrôle des pulsions. Par exemple, un mâle alpha peut être défié ostensiblement par un mâle plus jeune qui jette de grosses pierres dans sa direction ou fait mine de se lancer dans une charge impressionnante, le poil hérissé, un peu trop près du patron. C'est une façon de mettre ses nerfs à l'épreuve. Les alphas expérimentés ignorent totalement ce vacarme, comme s'ils le remarquaient à peine, puis ils prennent leur temps, font le tour de leurs alliés pour les toiletter un peu. Ils lanceront leur contre-offensive plus tard dans la journée. À ce moment-là, le jeune trublion sera submergé.

J'ai vraiment compris à quel point les chimpanzés mâles se retiennent le jour où un chercheur de terrain m'a fait à leur propos cette confidence : il n'avait jamais pris conscience qu'ils pouvaient se briser mutuellement les os. Je n'y avais jamais pensé non plus, mais c'est parfaitement sensé de la part d'un animal qui peut casser des noix de macadamia avec ses dents (ce qui demande une pression de vingt et un kilos par centimètre carré). Christophe Boesch, qui a filmé dans la forêt des centaines d'affrontements entre membres de communautés différentes, a remarqué que, lorsqu'un chimpanzé mâle attrape une jambe et mord un étranger, on peut entendre les os se rompre[5]. Je n'ai jamais rien vu de tel dans les combats entre chimpanzés qui se connaissent, si implacables que ces luttes puissent paraître. Ce qui veut dire que, la plupart du temps, du moins au sein de leur groupe, les chimpanzés mâles imposent des limites à leur potentiel de violence.

Ce qui fait la beauté d'un système de réaction émotionnelle par rapport à un système instinctif, c'est que son issue n'est pas gravée dans le marbre. Le mot « instinct » renvoie à un programme génétique qui ordonne aux animaux, ou aux humains, d'agir d'une façon précise dans des circonstances précises. Les émotions, en revanche, produisent des changements internes en même temps que l'individu évalue la situation et pèse ses diverses options. On ne sait pas clairement si les humains et les autres primates ont des instincts *stricto sensu*, mais il est hors de doute qu'ils ont des émotions. Selon l'expert allemand Klaus Scherer, les émotions constituent une « interface intelligente qui harmonise les flux entrants et sortants en se fondant sur ce qui est le plus important pour l'organisme à tel moment particulier[6] ».

Cette définition peut paraître contre-intuitive, puisqu'elle qualifie les émotions d'intelligentes, mais n'oublions pas qu'un débat est en cours sur la distinction globale entre émotion et cognition. Les deux s'entremêlent. Et leur interaction est probablement très semblable chez les humains et chez les autres primates. On s'imagine souvent que le cortex préfrontal, qui contribue à réguler les émotions, est d'une envergure exceptionnelle dans notre espèce, mais c'est une idée dépassée. Le cortex cérébral humain contient 19 % des neurones du cerveau, exactement le même pourcentage que chez tout autre mammifère. C'est pourquoi on a présenté notre cerveau comme l'« agrandissement linéaire d'un cerveau de primate ». Il est peut-être grand globalement, mais les relations mutuelles entre ses diverses composantes n'ont rien d'exceptionnel[7].

Beaucoup d'entre nous ont vu ces vidéos hilarantes où des enfants assis seuls à une table s'efforcent désespérément de *ne pas* manger une guimauve – ils la lèchent en secret, en détachent d'infimes fragments avec les dents ou regardent ailleurs pour éviter la tentation. C'est l'un des tests les plus explicites sur le contrôle des pulsions. On a promis à ces enfants qu'ils auraient une seconde guimauve s'ils ne touchaient pas à la première. Ce type de « gratification différée » a également été testé chez nos parents primates. Par exemple, les singes ne toucheront pas à une tranche de banane s'ils savent qu'en agissant ainsi ils en auront une plus grosse ensuite. Il y a aussi le chimpanzé qui regarde patiemment un récipient où une friandise tombe toutes les quinze secondes. Il peut à tout moment le déconnecter et avaler ce qu'il contient, mais dans ce cas le flux de friandises s'arrêtera. Plus il attend, plus il en aura. Les grands singes font presque aussi bien que les enfants dans cette tâche : ils diffèrent la gratification jusqu'à dix-huit minutes. Et plus longtemps encore s'ils ont des jouets pour détourner leur attention de la machine à friandises. Comme les enfants, ils cherchent une distraction pour mieux combattre la tentation. Est-ce à dire qu'ils sont conscients de leurs désirs et les freinent délibérément ? Si c'est le cas, il semble que nous soyons tout près du libre arbitre[8] !

Manifestement, les « impulsifs » de Kitcher sont une espèce inexistante. Les primates nous donnent à voir une vie collective fondée à la fois sur les émotions et sur leur contrôle. Étroitement intégrés dans la société, ils respectent les limites qu'elle fixe à leur conduite et ne sont prêts à jouer les perturbateurs que s'ils peuvent le faire impunément ou si l'enjeu en vaut vraiment la peine. Sinon, comme les chimpanzés du zoo de Tama, ils attendent leur tour et contrôlent leurs élans. Nous venons d'une longue lignée d'ancêtres aux hiérarchies bien développées, pour lesquels l'inhibition sociale était une seconde nature. S'il faut aux sceptiques des preuves de tout ce que nous devons à cette histoire, il leur suffit de constater à quel point nous investissons les règles morales d'autorité. Il s'agit parfois d'une autorité personnelle, à l'image d'un super-mâle alpha, comme lorsque nous affirmons que Dieu nous a remis la loi au sommet d'une montagne. D'autres fois, nous choisissons l'autorité du raisonnement, en faisant valoir que certaines règles s'imposent avec une telle force logique qu'il serait stupide de leur désobéir. La vénération de la loi morale par l'humanité trahit la mentalité d'une espèce où l'on aime rester en bons termes avec les supérieurs.

Rien n'est plus révélateur que notre réaction après une transgression. Nous baissons les yeux, évitons le regard des autres, rentrons les épaules, plions les genoux, réduisons notre stature. Notre bouche s'affaisse, nos sourcils s'écartent pour n'exprimer aucune menace. Nous avons honte, nous cachons notre visage dans nos mains, nous voudrions « disparaître sous terre ». Ce désir d'invisibilité est une réminiscence des postures de soumission. Les chimpanzés rampent devant leur chef, s'abaissent pour pouvoir lever les yeux vers lui ou tournent leur postérieur dans sa direction pour montrer qu'ils ne le menacent pas. Les grands singes dominants, en revanche, prennent des postures qui les grandissent, et – au sens strictement littéral – courent ou marchent par-dessus un subordonné qui se recroqueville en position fœtale. L'anthropologue Daniel Fessler, qui a étudié la honte dans les cultures humaines, compare l'attitude universellement contractée par laquelle elle se manifeste à celle du subordonné face au dominant en colère. La honte reflète la conscience d'avoir irrité les autres, qu'il faut apaiser. Quels que soient les sentiments conscients qui l'accompagnent, ils sont secondaires par rapport au modèle hiérarchique, beaucoup plus ancien.

Une seule expression de la honte est propre aux humains, comme l'avait déjà relevé Darwin : nous rougissons. Je ne connais aucun autre primate dont le visage rougit instantanément. C'est un mystère évolutionniste, qui doit laisser particulièrement perplexes ceux qui croient les humains uniquement capables d'exploiter les autres. Si c'était vrai, ne serions-nous pas mieux lotis sans cet afflux incontrôlable de sang vers les joues et le cou, où le changement de couleur de peau se voit comme un phare ? Ce signal n'a pas de sens pour un manipulateur né. Je ne peux lui imaginer qu'un seul avantage : indiquer aux autres que nous sommes conscients de l'impact que nos actes ont sur eux. Ce qui renforce la confiance. Nous préférons avoir affaire à ceux dont on peut lire les émotions sur le visage qu'à d'autres qui ne laissent jamais transparaître le moindre signe de doute ou de culpabilité. Le fait même d'avoir développé, au fil de notre évolution, un signal honnête pour communiquer le malaise que nous inspire une violation des règles révèle une vérité profonde sur notre espèce.

Le rougissement appartient au « paquet évolutionniste » qui nous a donné la morale.

Un chimpanzé dominant, poil hérissé, marche en locomotion bipède en portant une très grosse pierre. Il donne l'impression d'être plus grand que son rival, qui l'esquive avec des grognements-halètements, signe de soumission. Mais tout cela n'est rien d'autre qu'un rituel : en réalité, ces deux mâles sont de même poids et de même taille.

Morale en tête à tête

La morale est un système de règles portant sur deux A : Aider ou du moins ne pas Agresser ses semblables. Elle s'intéresse au bien-être des autres et fait passer la collectivité avant l'individu. Sans nier l'intérêt personnel, elle le bride pour promouvoir une société de coopération.

Cette définition fonctionnelle permet de distinguer clairement la morale des us et coutumes, comme manger avec un couteau et une fourchette, avec des baguettes ou avec les mains. Si je mange avec les mains, les gens me désapprouveront peut-être, du moins dans ma culture actuelle, mais leur réprobation ne sera pas d'ordre moral. Même les très jeunes enfants distinguent l'étiquette (les garçons vont dans les toilettes des garçons et les filles dans celles des filles) des règles morales (on ne tire pas sur une queue de cheval). Ils prennent au sérieux les règles liées aux deux A beaucoup plus que les conventions. Les tout-petits croient à l'universalité de ces règles. Quand on leur demande s'ils peuvent imaginer une culture où tout le monde va dans les mêmes toilettes, ils répondent oui, mais demandez-leur s'il peut exister des cultures où c'est très bien de faire mal à un autre sans nécessité : ils se refusent à le croire. « Les règles morales sont en prise directe sur les émotions, explique le philosophe Jesse Prinz. Lorsque nous pensons à frapper, nous nous sentons coupables, et nous ne pouvons pas refouler aussitôt ce sentiment[9]. » La perception morale se développe étonnamment tôt dans la vie. Dans un spectacle de marionnettes, les nourrissons de moins d'un an préfèrent déjà le gentil : la marionnette qui joue au ballon en faisant aimablement des passes à une autre, pas celle qui s'empare du ballon et s'enfuit avec.

L'empathie est cruciale. Très tôt, l'enfant apprend que gifler ou mordre son frère ou sa sœur provoque en réaction des hurlements et une série de conséquences négatives. À l'exception des quelques-uns qui deviendront psychopathes – et dont l'enfance est marquée par des tortures d'animaux, une violence excessive et l'absence de remords –, les enfants, dans leur immense majorité, ne prennent aucun plaisir à voir pleurer leurs frères et sœurs. D'autant plus que leur faire mal, c'est mettre fin abruptement à tous les jeux et amusements. Personne ne veut jouer avec quelqu'un qui frappe en toute occasion. Enfin, il est probable qu'un parent ou un enseignant en colère va entrer en scène et invectiver le donneur de coups, ou lui inspirer un sentiment de culpabilité en lui faisant bien remarquer les larmes de sa victime. Toutes ces conséquences émotionnelles dissuadent de frapper un compagnon de jeu. L'empathic apprend aux enfants à prendre au sérieux les sentiments des autres.

Ne soyons pas surpris de la voir apparaître si tôt dans la vie. Seule la domination de la théorie du vernis nous a fait croire que la bonté est étrangère à la nature humaine et qu'il nous faut travailler dur pour l'inculquer à nos enfants. Ceux-ci étaient perçus comme des monstres d'égoïsme, qui apprenaient de leurs enseignants et de leurs parents à être moraux *malgré* leurs penchants naturels. On les croyait moraux à contrecœur. Ma vision des choses est diamétralement opposée. L'enfant est moral naturellement : sa constitution biologique l'aide considérablement à s'engager dans cette voie. S'intéresser aux autres, être attiré vers eux, faire nôtre leur situation – pour nous, humains, tout cela est automatique. Comme tous les primates, nous sommes touchés émotionnellement par les autres. Et pas seulement comme les primates. Si un gros chien cesse de mordiller un petit compagnon de jeu dès que celui-ci émet un jappement aigu, c'est pour la même raison : la répugnance à faire souffrir l'autre.

Les chiens sont plus hiérarchiques que nous ; ils ont donc des raisons supplémentaires de redouter les conséquences. Cela explique peut-être l'ampleur de la réaction d'un chien de Konrad Lorenz, Bully, à une violation de la règle. La victime, en l'occurrence, n'était pas un autre chien vulnérable mais le maître lui-même. Bully a mordu accidentellement à la main le célèbre éthologue, qui intervenait pour mettre fin à un combat. Bien que Lorenz ne l'ait pas réprimandé et l'ait immédiatement rassuré, Bully a fait une dépression nerveuse sévère. Il a été pratiquement paralysé pendant des jours, il s'est désintéressé des aliments. Couché sur le tapis, il émettait de faibles halètements, parfois interrompus par un profond soupir venu du tréfonds de son âme tourmentée. On l'aurait cru frappé d'une maladie mortelle. Il est resté abattu pendant des semaines, si bien que Lorenz a fini par se demander s'il avait une « conscience ». Jusque-là, Bully n'avait jamais mordu personne, et il était donc impossible qu'il se soit fié à une expérience antérieure pour conclure qu'il avait fait quelque chose de mal. Peut-être avait-il violé un tabou naturel interdisant d'infliger un préjudice à un supérieur, ce qui pouvait avoir les pires conséquences imaginables, jusqu'à l'expulsion de la meute[10].

Quand j'étais étudiant, j'ai suivi le comportement d'un groupe de macaques en la présence ou en l'absence du mâle alpha. Dès que l'alpha tournait le dos, les autres mâles se mettaient à s'approcher des femelles. Normalement, ils ne pouvaient le faire sans s'attirer des ennuis. Lorsqu'on a voulu vérifier ce principe par une expérience, les mâles au statut peu élevé ont refusé d'approcher les femelles tant que le dominant regardait de l'intérieur d'un box transparent. Mais dès qu'on l'a fait sortir, ils ont perdu toute inhibition. Ils se sont sentis libres de copuler. Les mêmes mâles ont aussi fait des bonds de parade et marché la queue en l'air, attitude typique des mâles de haut rang. Au retour du patron, toutefois, ils étaient extrêmement nerveux, et ils l'ont accueilli avec de larges sourires soumis. Ils semblaient conscients d'avoir fait quelque chose de mal[11].

Les situations du type « quand le chat n'est pas là » sont toujours amusantes à observer, car le chat n'est jamais bien loin de l'esprit des souris. Dans un autre groupe de macaques, un mâle alpha de longue date, Mr. Spickles, se lassait parfois de tenir à l'œil une demi-douzaine de mâles agités pendant la saison des amours. Ou peut-être voulait-il simplement réchauffer ses vieux os à l'intérieur. Il disparaissait pendant une demi-heure, ce qui laissait aux autres de multiples occasions de s'accoupler. Le mâle bêta était très populaire auprès des dames, mais si obsédé par Mr. Spickles qu'il était irrésistiblement attiré vers la porte pour épier à travers une fissure ce qui se passait à l'intérieur. Peut-être voulait-il s'assurer que Mr. Spickles allait bien rester là où il était. Comme les singes rhésus n'éjaculent qu'après plusieurs montes (l'éjaculation a lieu après des rapports sexuels répétés), le jeune mâle effectuait au pas de course une dizaine d'aller et retour entre sa partenaire et la porte avant d'achever une série de montes.

N'en concluons pas qu'on obéit aux règles sociales en présence des dominants et qu'on les oublie en leur absence, tout simplement. Si c'était le cas, les mâles de rang peu élevé ne ressentiraient pas le besoin de vérifier activement ce que fait l'alpha, ni de se montrer exagérément soumis après leurs exploits. Dans une certaine mesure, ils ont intériorisé les règles. On en a eu un jour une illustration plus complexe dans la colonie des chimpanzés d'Arnhem, après le premier combat où le mâle bêta, Luit, a battu physiquement l'alpha, Yeroen. Quand cet affrontement a eu lieu, les deux mâles étaient seuls ensemble dans leur quartier de nuit. Le lendemain matin, lorsque la colonie fut libérée sur son île, ce fut le choc, et elle ne put que constater les preuves :

> Quand Mama découvrit les blessures de Yeroen, elle se mit à pousser des houts et à regarder dans toutes les directions. Alors Yeroen s'effondra, criant et glapissant, sur quoi tous les autres individus s'approchèrent pour voir ce qui se passait. Tandis que les chimpanzés s'attroupaient autour de lui et poussaient des houts, le « coupable », Luit, se mit

à crier à son tour. Il courait nerveusement d'une femelle à l'autre, les étreignant et se présentant à elles. Ensuite, il passa une grande partie de la journée à soigner les plaies de Yeroen. Yeroen avait une entaille au pied et deux blessures au flanc, causées par les puissantes canines de Luit[12].

La situation de Luit ressemblait à celle de Bully, le chien : il avait brisé l'enchantement de la hiérarchie en mordant l'alpha. Quel acte terrible! semblait dire la réaction du groupe, et Luit faisait de son mieux pour s'excuser. Mais sans renoncer à son objectif stratégique de dominer Yeroen : dans les semaines qui ont suivi, il l'a maintenu sous pression, et il a fini par l'obliger à se retirer de sa position au sommet. Nul ne doit s'étonner qu'il ait nettoyé les blessures du vieux mâle, car cela fait partie des relations normales entre chimpanzés, mais ce comportement est encore plus caractéristique des bonobos. Pendant les retrouvailles entre adversaires, j'ai vu des agresseurs prendre sans hésiter le pied de l'autre, ou toucher son bras, là où ils avaient enfoncé leurs dents. Ce qui suggérait un rappel précis du combat, mais aussi du regret. Les bonobos mordent si rarement qu'il est normal qu'ils se soucient des conséquences, qu'ils lèchent chaque goutte de sang versée en raison de leur comportement abusif.

L'empathie a probablement joué un rôle dans ces incidents, ainsi que dans la réaction de Luit aux blessures de Yeroen. Bien qu'elles fussent superficielles selon les critères des chimpanzés, c'étaient les premières entailles que Yeroen subissait depuis des années. En général, les primates tiennent à maintenir de bonnes relations, même en cas de discorde et de dissensions. Qu'ils soient parfaitement conscients des effets négatifs de la douleur et de l'angoisse à cet égard, on le voit aussi dans leur comportement ludique. Lorsqu'il y a une grande différence d'âge, le jeu devient souvent trop rude pour le plus jeune : on lui tord la jambe, ou un mordillement se transforme en morsure. Au moindre signe de détresse, sa mère va interrompre la partie. Normalement, le jeu a lieu dans un silence complet, sauf lorsque éclate le rire haletant et rauque qui ressemble au rire humain. En enregistrant des centaines de combats ludiques, nous avons découvert que les joueurs rient particulièrement quand la mère d'un compagnon de jeu très jeune les regarde. Ils rient davantage en sa présence que lorsqu'ils sont seuls avec ce tout-petit. Presque comme s'ils cherchaient à rassurer la mère (« regarde comme on s'amuse ! »)[13].

Au total, deux grands facteurs soutiennent le code social selon lequel vivent les primates et les enfants. L'un vient du dedans, l'autre du dehors. Le premier est l'empathie, et un désir de bonnes relations qui incite à éviter de faire souffrir sans nécessité. Le second est la menace de conséquences physiques, comme les sanctions infligées par les supérieurs. Avec le temps, ces deux facteurs créent un ensemble intériorisé de directives que j'appelle la « morale en tête à tête ». Cette morale permet à des partenaires qui n'ont pas la même force ni les mêmes aptitudes de s'entendre – par exemple les mâles avec les femelles et les adultes avec les jeunes – en les maintenant ensemble dans les limites d'un *modus vivendi* mutuellement agréable. Parfois, ces directives sont suspendues – notamment quand deux rivaux s'affrontent pour la préséance –, mais en général les primates œuvrent pour la coexistence pacifique. Ceux qui ne peuvent pas ou ne veulent pas respecter le code social sont marginalisés. Du point de vue évolutionniste, le moteur ultime de tout ce processus est le désir d'intégration, puisque son opposé – l'isolement ou l'ostracisme – réduit radicalement les chances de survie de l'individu.

Dans son livre de 1985 *Sex and Friendship in Baboons* [Sexualité et amitié chez les babouins], Barbara Smuts a été la première à appliquer à des animaux le mot « amitié ». Ce terme a été farouchement contesté à l'époque : certains le jugeaient exagérément anthropomorphique. Mais, avec le développement de nos connaissances sur les liens entre animaux, le scepticisme s'est dissipé et le mot est devenu d'usage courant. Dans la forêt de Kibale en Ouganda, par exemple, deux vieux chimpanzés mâles se déplaçaient la plupart du temps ensemble, chassaient côte à côte, partageaient la viande et s'appelaient mutuellement pour garder le contact quand ils étaient séparés par une épaisse végétation. Ces mâles se soutenaient aussi entre eux dans les combats contre des tiers. Ils étaient des partenaires de confiance depuis des années, alors qu'ils n'étaient pas apparentés. À la mort de l'un d'eux, raconte John Mitani, un primatologue qui les a suivis pendant des années, son copain est devenu infiniment moins sociable, il s'est isolé, on l'aurait cru en deuil. Un grand nombre de relations de ce genre ont été étudiées avec précision, et l'analyse ADN confirme l'absence fréquente de liens de parenté. Les qualifier d'« amitié » n'est donc nullement une exagération, et on utilise aussi le mot pour des liens entre des éléphants, des dauphins et d'autres animaux. Les études de terrain sur les babouins ont montré que les femelles qui ont des liens d'amitié vivent plus longtemps que celles qui n'en ont pas et élèvent davantage de petits. Il existe donc d'excellentes raisons évolutionnistes pour accorder une grande valeur à ces étroites relations[14].

Le code social qui permet de rester en bons termes avec tout le monde indique, notamment, qui peut copuler avec qui, comment jouer avec les bébés, à qui manifester de la déférence et dans quelles circonstances s'approprier les aliments d'un autre ou attendre son tour. Les chimpanzés et les bonobos respectent mutuellement leurs possessions, si bien que même le mâle le plus haut placé peut avoir à quémander ses aliments. Il est rare qu'un dominant s'empare de la nourriture d'un autre par la force, et les violations du code se heurtent à une résistance acharnée. L'attaque collective contre Volker relatée au chapitre 3 montre comment, en milieu naturel, les bonobos traitent ceux qui enfreignent les règles. On ne manque pas d'exemples de ce genre : en voici un, qui s'est produit dans la colonie des chimpanzés que j'observe de ma fenêtre. Un jour, Jimoh, le précédent mâle alpha, a puni un jeune mâle qu'il soupçonnait de s'être accouplé. Normalement, il se contentait d'obliger le coupable à quitter les lieux, mais, pour une raison inconnue – peut-être parce que la même femelle avait refusé de copuler avec lui ce jour-là –, il a pris en chasse son rival à toute allure et ne s'est plus arrêté. Le jeune mâle en a eu la diarrhée tellement il avait peur, et tout indiquait que l'affaire allait mal se terminer. Mais, avant que Jimoh ait pu mettre la main sur lui, des femelles ont poussé des cris tonitruants, « woaow », en signe de protestation. Quand la femelle alpha s'est jointe à elles, les cris se sont mués en un chœur assourdissant. Lorsque la protestation a atteint son point culminant, Jimoh a interrompu son attaque avec un sourire nerveux : il avait reçu le message.

J'ai eu l'impression de voir l'opinion publique à l'œuvre.

Quand l'« être » rencontre le « devoir-être »

Ce qui est si fascinant dans le code social, c'est qu'il est prescriptif. Le code se fait obéir. Je ne montre pas seulement ici comment les animaux se comportent, mais comment *on attend d'eux* qu'ils se comportent. Tout se résume à la distinction entre *est* et *doit être*. On peut avoir l'impression que c'est un simple détail grammatical, mais il se trouve que le clivage entre l'« être » et le « devoir-être » constitue un grand sujet de réflexion pour les philosophes. De fait, il est impossible d'analyser l'origine de la morale sans se trouver pris aux rets de cette distinction. L'« être », c'est la façon dont les choses sont (les tendances sociales, les aptitudes mentales, les processus neuronaux) ; le « devoir-être », c'est la façon dont nous voulons qu'elles soient et dont nous sommes censés nous comporter. L'« être » porte sur les faits, le « devoir-être » sur les valeurs. Les animaux qui vivent en fonction d'un code prescriptif sont passés de l'« être » au « devoir-être », et ils l'ont fait, ajouterai-je, en ignorant allégrement l'océan d'encre que les universitaires ont consacré à cette transition.

Le philosophe écossais à qui nous devons le distinguo « être »/« devoir-être », David Hume, a écrit il y a près de trois siècles qu'il fallait prendre soin de ne pas supposer implicitement qu'ils se confondent ; notre argumentation ne peut tirer du constat des faits les valeurs pour lesquelles nous luttons, « il est nécessaire [que] soit donnée une raison », a-t-il ajouté[15]. Autrement dit, la morale n'est pas un simple reflet de la nature humaine. On ne peut pas déduire de qui ou de ce que nous sommes les normes morales, pas plus que de la description d'une voiture le code de la route. L'idée de Hume est pertinente, mais elle est très éloignée de la thèse abusive énoncée par des philosophes ultérieurs, qui ont transformé son appel à la prudence en « guillotine de Hume » : un abîme infranchissable, affirment-ils, sépare l'« être » et le « devoir-être ». Après quoi ils ont utilisé cette guillotine afin de mettre à mort toutes les tentatives, même les plus circonspectes, pour appliquer la logique évolutionniste ou les neurosciences à la morale humaine. La science ne peut pas nous dire comment concevoir la morale, ont-ils déclaré. Certes, mais la science peut sûrement nous aider à comprendre pourquoi certains résultats ont plus de chances de se produire que d'autres, donc pourquoi la morale est ce qu'elle est. D'ailleurs, il serait aussi absurde d'élaborer des règles morales impossibles à respecter qu'un code de la route auquel les voitures seraient incapables de se conformer – parce qu'il leur ordonnerait, par exemple, de sauter par-dessus les véhicules plus lents. Les philosophes appellent cet argument le principe « devoir implique pouvoir ». La morale doit convenir à l'espèce à laquelle elle s'adresse.

L'« être » et le « devoir-être » sont comme le yin et le yang de la morale. Nous avons les deux, il nous faut les deux ; ils ne sont pas identiques, mais ils ne sont pas non plus totalement séparés. Ils se complètent mutuellement. Hume lui-même a ignoré la « guillotine » qui porte son nom en soulignant toute l'importance de la nature humaine : il voyait dans la morale un produit des émotions. L'empathie (qu'il appelait « sympathie ») était tout en haut de sa liste. Il lui prêtait une immense valeur morale. En soutenant cette position, il ne se contredisait en rien, puisqu'il n'avait préconisé que la prudence lorsqu'on passait de ce que nous sommes à la façon dont nous devons nous conduire. Il n'avait jamais dit que passer de l'un à l'autre était interdit.

Gardons-nous aussi d'oublier que la tension entre les deux est ressentie beaucoup moins clairement dans la vie réelle qu'au niveau conceptuel où la plupart des philosophes aiment se situer. Ils estiment que nous ne pouvons pas passer d'un niveau à l'autre *dans le raisonnement*, et ils ont raison, mais qui dit que la morale est, ou doit être, conçue rationnellement ? Et si elle était ancrée dans des valeurs émotionnelles, comme le pensait Hume ?

Certaines valeurs sont intégrées à notre façon d'être. On croit parfois que la biologie se situe entièrement du côté « être » de l'équation morale. En fait, tout organisme poursuit des objectifs. La survie en est un, la reproduction aussi, mais il y a également des buts plus immédiats, comme maintenir ses rivaux hors de son territoire ou éviter les températures extrêmes. Les animaux « doivent » s'alimenter, échapper aux prédateurs, trouver des partenaires sexuels, etc. Avoir le ventre plein n'est évidemment pas une valeur morale, mais la distinction devient plus malaisée quand nous en arrivons au domaine social. Les animaux sociaux « doivent » s'entendre. La morale humaine se développe à partir de la sensibilité aux autres et d'une prise de conscience : pour jouir des bienfaits de la vie collective, il nous faut faire des compromis et prendre en compte les autres.

Les animaux ne partagent pas tous cette sensibilité. Même s'ils étaient aussi intelligents que nous, les piranhas ou les requins ne se doteraient jamais de notre code social, puisque faire du mal aux autres ne les tourmente absolument pas – sauf pour le risque de représailles. Sur le plan émotionnel, nous sommes radicalement différents, et c'est bien pourquoi nous assignons un statut spécial aux deux A, Aider et (ne pas) Agresser. Loin de nous venir du dehors ou par le biais de la logique, ces valeurs sont profondément ancrées dans notre tronc cérébral. Dans son livre *Braintrust*, Patricia Churchland a recours au vocabulaire de l'« être » et du « devoir-être » pour expliquer comment l'évolution nous a prédisposés à la morale :

> Du point de vue biologique, les émotions fondamentales sont le moyen par lequel Mère Nature nous incite à agir comme nous devrions le faire en toute prudence. Les émotions sociales sont un moyen de nous amener à agir socialement comme nous le devrions, et le système de récompenses/punitions est un moyen d'apprendre à utiliser les expériences passées pour améliorer nos résultats sur les deux plans[16].

La tension entre ce que nous sommes et ce que nous devrions être conduit à des débats fascinants, comme celui que j'ai eu récemment avec un blogueur : il soutenait que les personnes naturellement dotées d'une pulsion altruiste méritent moins notre estime que celles qui n'en ont pas mais pratiquent néanmoins l'altruisme. L'un des penseurs les plus influents de l'éthique, le philosophe Emmanuel Kant, défendait cette position. Il accordait à la chaleur humaine à peu près autant de valeur que Dick Cheney à la conservation de l'énergie. Cheney se moquait des économies d'énergie, qu'il disait « vertueuses » mais sans aucune portée, et Kant jugeait la compassion « belle » mais sans utilité morale. Qui a besoin de tendres sentiments si seul importe le devoir ?

Un autre blogueur, en revanche, préférait les gens qui aident par élan du cœur spontané à ceux qui le font sur la base d'un calcul de ce qui est juste. Il estimait donc davantage la gentillesse ressentie que l'altruisme par obligation. C'est un dilemme intéressant, comparable à la question : «Avec qui souhaitez-vous vous marier ? Une personne qui vous aime, ou une autre qui vous apporte exactement le même soutien, mais seulement parce qu'elle considère que c'est son devoir ?» La seconde fait sûrement davantage d'efforts et mérite plus d'admiration, mais je préfère épouser la première. Peut-être suis-je un romantique incurable ; toujours est-il que je ne m'attends pas à un engagement aussi solide par devoir. De même, la morale sera plus fiable, et de loin, si d'authentiques sentiments sociaux constituent sa force motrice.

L'enfer sur terre

Le second moteur, c'est notre nature hiérarchique et notre peur de la sanction. C'est un vieux thème, notamment chez ceux qui affirment qu'il ne peut y avoir de morale sans Dieu. Rien nc nous oblige à approuver leur sombre vision des choses, mais le rôle de l'autorité et de la pression sociale est indéniable. Contrairement aux tendances à la sociabilité, qui se manifestent tôt dans la vie, l'imposition des règles apparaît assez tardivement. Même les macaques rhésus, notoirement hiérarchiques, font preuve d'une incroyable tolérance pour les jeunes. Dans les années 1980, j'ai mené des expériences où je privais d'eau pendant quelques heures une troupe nombreuse de singes, après quoi je remplissais leur bassin. Tous les adultes venaient alors boire par ordre hiérarchique – la scène n'était pas sans évoquer celle du cassage des noix au zoo de Tama. Mais les bébés de moins d'un an se présentaient quand ils voulaient. Ils buvaient avec les mâles du plus haut rang et se mêlaient librement à la famille de la matriarche suprême. La punition n'intervenait que dans la deuxième année, où on leur apprenait vite leur place.

Chez les grands singes, qui grandissent plus lentement que les petits, les jeunes restent pratiquement impunis pendant leurs quatre premières années de vie. On leur passe tout, même s'ils utilisent comme trampoline le dos d'un mâle dominant, prennent des aliments dans la main d'un autre ou frappent de toutes leurs forces un jeune plus âgé. Même leur propre mère ne les corrigera pas. Sa stratégie essentielle consiste à détourner leur attention vers autre chose. Si son nourrisson rampe vers un adulte de mauvais poil ou s'apprête à se battre avec un compagnon de jeu, la mère ira le chatouiller, l'éloigner ou le prendre dans ses bras pour s'occuper de lui. On peut imaginer le choc quand un jeune se fait rabrouer ou punir pour la première fois. Les châtiments les plus spectaculaires sont ceux des jeunes mâles qui se sont aventurés trop près d'une femelle sexuellement attirante. Jusque-là, on leur permettait de traîner autour de ces femelles, et même de s'accoupler avec elles s'ils en étaient capables. Mais un jour, inévitablement, le climat de concurrence entre mâles adultes déborde, et une agression impromptue contre un jeune survient. L'un des mâles, tous poils hérissés, va fondre sur le Don Juan sans méfiance, l'empoigner et projeter brutalement au sol ce gaffeur, qui se retrouve en sang. Les jeunes mâles n'ont besoin que d'une ou deux leçons de ce genre. À partir de là, tout mâle adulte pourra les écarter instantanément d'une femelle d'un simple coup d'œil ou en faisant un pas en avant.

C'est ainsi que les jeunes apprennent à contrôler leurs pulsions sexuelles, ou du moins à les prendre avec circonspection. Les enfants humains apprennent les règles sociales de la même façon. Nous sommes beaucoup plus indulgents avec un enfant de trois ans, dont l'inconduite en général nous amuse, qu'avec un adolescent, dont les transgressions nous irritent profondément. Le processus d'apprentissage est le même que chez les autres primates : au début, tout passe, puis la gamme des comportements acceptables se réduit de plus en plus. Ne soyons donc pas surpris de la prééminence du châtiment dans nos systèmes moraux, de la justice répressive à la mise à l'écart des tricheurs, et du principe « œil pour œil » aux feux éternels de l'enfer qui attendent les pécheurs.

Inoculer la crainte de la sanction n'est pas une mince affaire, et la religion comme la société y travaillent énergiquement. C'est là que les œuvres de Bosch jouent un rôle particulier. La notoriété de Bosch repose sur sa peinture de l'enfer : il nous rappelle les terribles châtiments qui vont s'abattre sur ceux qu'attire le vice. Ses scènes de torture et d'anéantissement jouent sur nos peurs les plus profondes du rejet, de la souffrance et de la mort. Il n'est pas surprenant que ses tableaux aient été copiés inlassablement, à la façon dont une image se répand aujourd'hui comme un virus sur Internet. Il y avait à Anvers toute une usine artistique qui copiait les scènes de Bosch. Pourtant, ceux qui sont persuadés que celui-ci était sûrement un esprit profondément religieux pour avoir peint toutes ces images devraient y regarder de plus près. Le panneau de droite du *Jardin des délices* est sans équivalent : Bosch a oublié Dieu, laissant tout aux mains des humains. De même que le bouddhisme n'a pas de Dieu répressif, mais a le concept de « karma » pour payer de retour ceux qui mènent une vie immorale, Bosch a peint, littéralement, un enfer terrestre. On y trouve tant de scènes de la vie quotidienne, certes bizarres, qu'il ressemble davantage à une façon extrêmement désagréable de finir sa vie qu'aux traditionnels brasiers infernaux de l'au-delà. Nous apercevons bien du feu à l'horizon, mais c'est la terre elle-même qui brûle. L'enfer de Bosch comprend même un lac gelé où patinent des humains nus et des animaux fantastiques, comme les Néerlandais patinent sur tout ce qui gèle. Ce n'est sûrement pas l'enfer habituel!

Un personnage important est le monstre à tête d'oiseau qu'on appelle le Prince de l'Enfer. Il porte un chaudron sur la tête. Ce monstre est assis sur une chaise percée tenant lieu de trône. Il mange des damnés qu'il défèque dans un sac transparent ou un sac amniotique suspendu au-dessous. Nous voyons aussi deux oreilles géantes sans lien avec aucun corps, et entre elles un couteau; les interprétations sont multiformes, du couteau, qui serait l'instrument de purification d'un alchimiste, aux oreilles, qui symboliseraient la surdité de l'humanité au Nouveau Testament, ou à l'ensemble, qui représenterait un canon sur roues ou un phallus avec des testicules. Associées aux nombreux instruments de musique démesurés de l'enfer de Bosch (on y trouve la première représentation exacte de la vielle à roue), les grandes oreilles font aussi allusion à une torture musicale au moyen d'une cacophonie sans fin.

Nous autres mortels, Bosch nous laisse seuls avec notre destin, notre terreur. En m'efforçant de relier cet enfer terrestre aux autres éléments de son triptyque, j'ai été frappé par l'abondance des fruits dans les deux autres panneaux et par leur absence en enfer. J'ai déjà signalé que le paradis de Bosch n'a pas de fruit défendu, ce qui suggère qu'Adam et Ève n'ont jamais vécu le traumatisme – l'obtention de la connaissance interdite et ses sinistres conséquences. Ce fruit absent, Bosch le compense en donnant aux personnages nus qui occupent en masse le panneau central plus de fruits qu'ils ne peuvent en tenir. Les oiseaux les nourrissent de fruits, ils s'en nourrissent entre eux, ils portent des framboises géantes. Il y a même un homme dont la tête s'est transformée en raisin, allusion possible à une expression du moyen-néerlandais qui désigne le gland du pénis[17]. Mais, si le panneau central regorge de fruits non défendus, l'enfer n'en contient aucun ; on a donc l'impression que Bosch voulait indiquer par là quelque chose.

J'ai cru, naïvement, que je trouverais peut-être la réponse dans un roman intitulé *Big Sur et les oranges de Jérôme Bosch*. Je l'ai emporté lors d'un voyage en Californie. Être assis parmi des baigneurs nus dans des sources sulfureuses m'a effectivement mis en phase avec le *Jardin*, et Big Sur était évidemment magnifique, mais j'ai eu beaucoup de mal à lire le livre jusqu'au bout. J'ai rarement lu un auteur aussi complaisant envers lui-même que Henry Miller, et j'ai vite découvert qu'il ne savait pratiquement rien de Bosch. Son livre parle du triptyque *Millennium** : c'est ainsi qu'un historien allemand de l'art, Wilhelm Fränger, a rebaptisé *Le Jardin des délices*[18]. Fränger soutenait que Bosch appartenait à une secte hérétique, spéculation souvent répétée sans l'ombre d'une preuve à l'appui. Elle est du même acabit que d'autres affirmations fantaisistes qui font du peintre un homosexuel caché épouvanté par la castration ou un fou furieux schizophrène. Miller s'enthousiasme pour la représentation d'un bosquet d'orangers, et remarque combien les oranges de Bosch paraissent réalistes (« infiniment plus

* C'est le cas dans le texte original du livre de Henry Miller. La traduction française de *Big Sur*, quant à elle, rétablit la dénomination traditionnelle de l'œuvre, *Le Jardin des délices*. L'ouvrage de Wilhelm Fränger dans lequel il propose ce nouveau nom a été traduit en français sous le titre *Le Royaume millénaire*.

délectables, infiniment plus nourrissantes et riches en vitamines que les oranges *sunkist* que nous consommons journellement[19] »). Or il est fort peu probable que Bosch ait même su ce qu'était une orange. Les Européens du Nord n'ont appris l'existence de ce fruit qu'au XVIe siècle et n'ont commencé à le cultiver dans des « orangeries » qu'au XVIIe. Les peintres néerlandais – pensons notamment à Pieter Mondrian – représentent en général des pommiers ou d'autres arbres fruitiers du Nord. *Le Jardin des délices* aussi montre, semble-t-il, un verger de pommiers.

L'inégale répartition des fruits sur le triptyque s'explique aisément. Les fruits symbolisent le plaisir, tant gustatif qu'érotique, et l'enfer est un lieu où tout plaisir s'éteint. Mais il reste à rendre compte de l'absence de Dieu. Puisque Dieu est bien présent dans l'autre tableau de Bosch sur l'enfer, *Le Jugement dernier*, qu'il préside ostensiblement au dessus des masses angoissées, le peintre devait avoir une raison pour ne pas le représenter dans le *Jardin*. Bosch adressait-il un message laïque ? Suggérait-il que l'immoralité méritait une sanction infernale indépendamment du jugement divin ? Faisait-il allusion à la célèbre question de Socrate : avons-nous besoin que les dieux nous disent ce qui est moral ? Une action est-elle morale parce qu'elle plaît aux dieux, ou plaît-elle aux dieux parce qu'elle est morale ? demandait Socrate à Euthyphron.

Le Jardin nous invite à imaginer un monde où nous menons nos affaires quotidiennes sans instructions divines sur le bien et le mal et sans la surveillance de Dieu. Ce monde exigerait malgré tout une morale, semble dire Bosch, et punirait encore ceux qui ne vivraient pas décemment : ils n'iraient plus en enfer, mais l'enfer viendrait à eux sur terre.

Le panneau droit apocalyptique du *Jardin* de Bosch comprend deux oreilles percées d'une flèche. Elles portent entre elles un couteau aiguisé. Écrasant brutalement les âmes damnées, elles ont déconcerté des générations de critiques d'art.

Le souci de la communauté

Enfant de la Renaissance, Bosch vivait à une époque qui en était venue à préférer la raison à la piété. L'humanité commençait à rêver d'une morale justifiée rationnellement, ce qui aboutirait plusieurs siècles plus tard au sacre de la « raison pure » par Kant pour la fonder. Selon la position dominante, les vérités morales éternellement valides sont « là », quelque part, reliées entre elles par une logique irréfutable qu'il nous incombe de découvrir. Les philosophes nous offrent leurs compétences pour le faire.

Comment une idée aussi saugrenue a-t-elle pu naître ? Elle rappelle l'argument du « dessein » dans le débat sur l'évolution, qui prend l'exemple de l'œil. À en croire ce raisonnement, la fonctionnalité complexe de l'œil n'aurait jamais pu apparaître par hasard ; nous devons donc postuler un concepteur intelligent. La plupart des biologistes ne sont pas d'accord, et font remarquer l'existence de stades intermédiaires, qu'il s'agisse des pigments qui rendent le ver plat sensible à la lumière ou de l'œil en trou d'épingle du nautile. Si on lui donne assez de temps, la sélection naturelle peut produire, par accumulation de petits pas, des structures d'une immense complexité : elle agit en « horloger aveugle », pour citer l'heureuse expression de Dawkins. Elle n'a besoin d'aucun plan. Donc, pourquoi traiter la loi morale comme un autre œil ? Elle est certes complexe et raffinée, mais cela n'implique pas un plan directeur logique. Qu'est-ce qui en a un dans la nature ? L'idée voulant que la morale puisse être déduite rationnellement de principes premiers est un mythe créationniste, et mal défendu, de surcroît, puisque personne ne l'a fait de façon un tant soit peu convaincante. Nous n'avons que des approximations.

L'éthique normative est marquée du sceau d'une ère antérieure. L'idée même de « loi » morale suggère un principe imposé ou imposable, ce qui amène à se demander qui l'impose. Autrefois, la réponse était évidente, mais comment appliquer cette idée sans invoquer Dieu ? Pour une analyse philosophique de ce problème, je recommande le livre de Philip Kitcher *The Ethical Project* [Le Projet éthique], où il exprime son scepticisme :

> Le travail théorique sur le projet éthique a été entravé par un postulat : il y a forcément une autorité en éthique, un point de vue à partir duquel on peut discerner la vérité de façon sûre. Les philosophes se sont attribué le rôle de remplaçants éclairés des maîtres religieux qui dans le passé prétendaient savoir. Mais pourquoi ? L'éthique peut être simplement quelque chose que nous élaborons ensemble[20].

Bien que nous vivions en un temps qui célèbre le cérébral et méprise les émotions, qu'il juge mièvres et désordonnées, les besoins, les désirs et les obsessions fondamentaux de notre espèce sont incontournables. Faits de chair et de sang, nous sommes poussés à poursuivre certains objectifs – à commencer par les aliments, le sexe et la sécurité. Ce qui donne à l'idée même de « raison pure » le profil d'une pure fiction. Connaissez-vous l'étude qui prouve que les juges sont plus indulgents après le déjeuner qu'avant[21] ? Pour moi, elle résume le raisonnement humain. Il est pratiquement impossible de désenchevêtrer la prise de décision rationnelle des prédispositions mentales, des valeurs subconscientes, des émotions et du système digestif. Selon la science cognitive, les rationalisations s'effectuent surtout *a posteriori*. Nous avons une mentalité duale qui suggère immédiatement des solutions intuitives, bien avant que nous ayons réfléchi au problème, puis engage un second processus, plus lent, de tri de ces solutions en fonction de leur qualité et de leur réalisme. Si ce second processus nous aide à justifier nos décisions, présenter ces justifications comme les vraies raisons est un tour de passe-passe grossier. Néanmoins, nous le faisons en permanence, comme l'esclavagiste qui dit qu'il rend service à ses esclaves ou le fauteur de guerre qui jure que son seul but est de libérer le monde d'un tyran. Nous sommes doués pour trouver des raisons adaptées à nos objectifs. Jonathan Haidt a mis à nu cette tendance dans les raisonnements moraux : il la compare judicieusement à la « queue qui remue le chien ». Les fondements que nous attribuons à notre conduite ne reflètent guère nos motivations réelles. Pour citer l'élégante formule de Pascal, « le cœur a ses raisons, que la raison ne connaît point[22] ».

Les explications que donnent les gens de leur comportement me laissent d'ailleurs si sceptique que j'estime avoir une chance immense de travailler avec des sujets incapables de remplir des questionnaires. Pourtant, l'opinion dominante soutient toujours que la pensée précède le comportement : j'ai entendu des philosophes évoquer l'« idée » de pardon et le « concept » d'équité, en prétendant même que nous devons le second à la Révolution française. Veulent-ils dire que, avant que Marie-Antoinette ait perdu la tête, les humains ignoraient tout de l'équité ? Nous sommes très forts, assurément, pour traduire des tendances préexistantes en concepts, mais cela n'empêche pas les primates et les petits enfants, qui n'ont jamais entendu parler de ces concepts, d'échanger baisers et accolades après un combat ou de vociférer pour protester contre l'inégalité des récompenses et des cadeaux de Noël. J'en reviens donc à mon analyse sur la morale venue d'en bas, qui met les émotions aux commandes. Elle postule que la morale a deux niveaux fondamentaux : l'un concerne les relations interpersonnelles et l'autre la communauté. Le premier niveau est celui que j'ai baptisé « morale en tête à tête » : il signifie que l'on comprend l'impact que notre comportement a sur l'autre. C'est un niveau que nous partageons avec d'autres animaux sociaux, qui développent des inhibitions et des codes de conduite semblables. Les violer crée la discorde, c'est pourquoi nous nous sentons l'obligation, le « devoir », de prendre en compte les intérêts des autres. La source de ce devoir *n'est pas* le raisonnement, même s'il n'est guère difficile de trouver des raisons expliquant pourquoi les autres feraient objection s'ils étaient négligés, ou pourquoi un chimpanzé mâle va punir un rival plus jeune qui s'attarde autour d'une femelle. Ces réactions sont entièrement émotionnelles : c'est la jalousie d'un mâle contre un autre, ou le sentiment que pour être entouré d'amis mieux vaut agir en ami.

Mais la morale en tête à tête est assez étroite. Il nous faut un second niveau, que j'appelle le *souci de la communauté*. Sans nier les intérêts personnels, il effectue une ascension radicale, puisque son objectif est l'harmonie au sein de la communauté prise globalement. C'est le niveau auquel la morale humaine commence à se dissocier de tout ce que nous avons pu rencontrer jusqu'ici, même si certains animaux manifestent des formes rudimentaires de souci de la communauté.

J'ai déjà évoqué le rôle de gardien de la paix de Phineas et d'autres primates de haut rang, qui font cesser les combats entre les autres. Cette action de « police » impartiale est connue aussi chez les chimpanzés en milieu naturel, et une étude récente qui compare ses formes dans divers groupes conclut qu'elle stabilise la dynamique sociale[23]. Il y a aussi les intercessions des femelles âgées qui réconcilient les mâles en conflit en les tirant littéralement par le bras pour les rapprocher de leurs adversaires. Des femelles arrachent de lourdes pierres des mains de mâles violents. Elles le font même si elles ne sont pas directement concernées et auraient pu aisément rester spectatrices. Les chimpanzés améliorent donc le climat social autour d'eux en encourageant la paix non seulement pour eux, mais aussi pour tous les autres. Ou voyons comment les femelles réagissent aux tentatives des mâles pour s'imposer sexuellement à l'une d'elles. Dans la nature, les mâles ont des chances de réussir, parce qu'ils peuvent s'éloigner du groupe en emmenant une femelle en « safari » afin d'éviter que des tiers ne s'en mêlent. Ils peuvent même s'armer de branches pour brutaliser les femelles réticentes et les forcer au rapport sexuel. Mais, en captivité, il est impossible de s'éloigner des autres, et j'ai souvent vu les mâles qui faisaient des avances sexuelles trop insistantes susciter des hurlements de protestation de la femelle concernée ; une masse de femelles venait alors aussitôt l'aider à chasser l'agresseur. Puisque la solidarité féminine n'est pas de rigueur chez les chimpanzés, cette objection unanime des femelles aux tentatives de viol est remarquable. Ont-elles conclu un accord tacite ? Ont-elles conscience que, si elles aident toutes celles qui en ont besoin, elles seront toutes en meilleure posture à long terme ?

Le souci de la communauté chez les humains est motivé par l'intérêt bien compris. Nous luttons pour une totalité qui fonctionne bien parce que c'est là que nous pouvons prospérer. Si je vois un cambrioleur faire un casse dans une maison de ma rue, même si ce n'est pas la mienne et que cela ne me concerne pas, je suivrai les règles de la société et j'appellerai la police. Si un incident du même ordre se produisait dans un village ancestral, nous mobiliserions tous les habitants pour arrêter celui qui a du mal à distinguer le mien du tien. Les transgressions morales, même celles qui ne nous affectent pas directement, sont mauvaises pour tout le monde. La littérature anthropologique décrit admirablement comment cela se passe dans les sociétés préalphabétisées. Colin Turnbull, par exemple, relate l'histoire d'un chasseur pygmée Mbuti, Cephu, qui avait installé ses filets devant ceux des autres familles. Les chasseurs Mbuti tendent de longs filets dans la jungle, après quoi femmes et enfants font un énorme vacarme pour pousser vers les filets des animaux comme les antilopes des forêts et les pécaris. Les animaux pris au piège sont ensuite frappés à la lance par les chasseurs. En plaçant son filet en avant par rapport aux autres, Cephu a fait une prise exceptionnelle, mais, malheureusement pour lui, les autres avaient remarqué qu'il avait triché. Au retour au camp, l'humeur était sombre, et les remarques négatives sur Cephu ont commencé à sourdre. Selon Turnbull, l'infraction dont il s'était rendu coupable était vraiment scandaleuse aux yeux des pygmées, généralement aimables. Au camp, les autres chasseurs se sont mis à railler Cephu, à se moquer de lui. Des jeunes ont refusé de se lever pour lui laisser un siège, et d'autres lui ont dit qu'ils aimeraient beaucoup le voir tomber sur sa lance. Cephu a fondu en larmes et a vite vu toute sa viande distribuée aux autres, même celle que son épouse avait tenté de cacher sous le toit de leur hutte. Il a appris une grande leçon, et la communauté a fait respecter une règle vitale pour tous les chasseurs-cueilleurs. C'est la coopération qui garantit un flux régulier d'aliments pour tous, donc il faut dévaloriser le succès individuel à la chasse et faire du partage une obligation profondément ressentie.

Je pense à ces événements chaque fois que je vois l'« opinion publique » à l'œuvre chez les chimpanzés, par exemple quand les femelles affrontent un mâle trop agressif. Ont-elles une vue d'ensemble des conséquences qui dépassent l'individu, comme c'est sûrement le cas pour les Mbuti ? Et ceux qui prennent la tête du mouvement gagnent-ils en prestige ce faisant ? Accroître son prestige et sa réputation est l'une des grandes raisons qui incitent les humains à l'action morale, même si elle ne leur rapporte pas de gains directs. Les autres sont plus enclins à suivre un citoyen modèle que quelqu'un qui ment, triche et privilégie constamment ses intérêts personnels. On peut voir quelques lueurs de renommée chez les grands singes. Par exemple, si un affrontement de grande envergure échappe à tout contrôle, les spectateurs iront peut-être réveiller le mâle alpha en lui donnant de petits coups sur le flanc. Puisque chacun sait qu'il est l'arbitre le plus efficace, on attend de lui qu'il intervienne. Les grands singes sont attentifs aussi à la façon dont un individu en traite un autre. Dans une expérience, ils ont préféré avoir affaire à un humain qui s'était conduit aimablement avec d'autres. Leur motivation n'était pas la façon dont ils avaient été traités eux-mêmes, mais la réputation qu'avait acquise cet humain en partageant des aliments avec d'autres grands singes[24]. Dans nos propres travaux, nous avons constaté que, si nous laissons les membres de la colonie observer deux chimpanzés qui font la démonstration d'astuces différentes mais tout aussi simples pour obtenir des récompenses, ils préfèrent suivre le modèle au statut le plus élevé. Tels les adolescents qui se coiffent comme Justin Bieber, ils imitent les membres importants de leur communauté et non ceux qui sont au bas de l'échelle[25]. Les anthropologues appellent cela l'*effet de prestige*.

Mais, malgré les divers indices de réputation individuelle et de sensibilité aux problèmes communautaires chez les grands singes, les humains vont beaucoup plus loin. Nous sommes bien meilleurs pour calculer l'impact de nos actes et de ceux des autres sur l'intérêt général, et pour discuter entre nous des règles à instaurer et du type de sanctions à mettre en œuvre. Nous comprenons la nécessité d'étouffer dans l'œuf une infraction légère pour que le même individu n'en commette pas ensuite de plus graves. Nous avons aussi l'avantage du langage, qui nous permet de transmettre des événements qui se sont produits très loin dans le temps ou dans l'espace, afin que toute la communauté en soit informée. Si un chimpanzé en maltraite un autre, sa victime sera peut-être la seule à le savoir. Chez les humains, tout le monde le saura avec des détails saisissants le lendemain matin, y compris les habitants des villages voisins. Nous sommes incroyablement bavards. Le langage nous permet de maintenir en vie les souvenirs et d'évoquer certaines infractions de temps à autre. Nos réputations se construisent par accumulation d'éléments, conservés dans la mémoire collective. L'infraction de Cephu ne sera pas oubliée de son vivant, et on la rappellera peut-être même à ses enfants. Les humains ont porté la constitution des réputations et le souci de la communauté à un niveau qui n'a aucun équivalent chez les grands singes, et ils ont ainsi resserré le filet moral autour de chaque individu.

La pensée de niveau communautaire explique aussi notre intérêt pour les règles généralisables. Si les émotions morales diffèrent des émotions ordinaires, c'est notamment par « le désintéressement, l'impartialité apparente et la saveur de généralité », écrit Edvard Westermarck[26]. Des émotions comme la gratitude et le ressentiment ne sont liées qu'à nos intérêts personnels – la façon dont nous avons été traités ou dont nous voulons être traités –, mais les émotions morales vont plus loin. Elles concernent le bien et le mal dans l'abstrait. C'est seulement lorsque nous portons des jugements sur la façon dont n'importe qui, dans les mêmes circonstances, devrait être traité que nous parlons de « jugement moral ». Pour bien le faire comprendre, Adam Smith nous demande d'imaginer ce qu'un « spectateur impartial » penserait de notre conduite. Quel serait l'avis de quelqu'un qui n'a pas d'intérêt en jeu ? C'est la morale humaine à son niveau le plus complexe : une opinion sur le bien ou le mal indépendamment des conséquences qu'elle a pour nous.

Mais l'impartialité du spectateur impartial me pose problème. Après tout, c'est un humain. Soit il appartient à notre communauté, soit il peut au moins imaginer qu'il en est membre. Smith n'a jamais proposé de choisir un extraterrestre. Pour voir ce que cela peut signifier, prenons une histoire que raconte Westermarck dans un de ses livres. Elle met en scène un chameau vindicatif, conduit par un garçon de quatorze ans qui l'avait exagérément battu en de multiples occasions parce qu'il flânait ou s'écartait trop souvent du chemin. Il avait reçu ces punitions passivement, mais, quelques jours plus tard, se trouvant déchargé et seul sur la route avec le même chamelier, « il saisit dans sa gueule monstrueuse la tête de l'infortuné conducteur, le souleva en l'air ; puis il le rejeta par terre, le sommet du crâne arraché, la cervelle répandue[27] ». Cette horrible scène se prête à une interprétation morale, notamment au vu du comportement antérieur de ce garçon. Néanmoins, la plupart d'entre nous vont la juger en termes non moraux, sauf sur un point : nous pensons que les animaux domestiques ne doivent pas tuer des humains (au Moyen Âge, on traduisait des animaux en justice pour leurs actes contraires au commandement de Dieu sur la « domination humaine »). Mettons-nous donc encore plus à distance, en supposant que le chameau n'a pas attaqué un garçon, mais un chien. Un tel incident est encore moins susceptible d'éveiller chez nous des émotions morales. Pourquoi ? Ne sommes-nous pas parfaitement impartiaux ?

Le problème est que nous sommes trop impartiaux. Si impartiaux, en fait, que nous ne nous soucions pas de l'incident au plus profond de nous. Nous pouvons être horrifiés et avoir de la compassion pour le chien, mais l'affaire n'active pas plus notre approbation ou désapprobation morale que lorsqu'un rocher frappe un autre rocher. En revanche, dès que nous voyons une interaction entre deux personnes, même si nous ne les connaissons pas, nous ne pouvons nous empêcher de comparer leur comportement à notre idée de la façon dont des humains doivent se traiter entre eux. Si l'une gifle l'autre, nous avons immédiatement une opinion : était-ce mérité, excessif, cruel ? En partie parce que nous attribuons plus facilement des intentions aux humains qu'aux animaux, mais la grande raison est qu'une scène humaine active automatiquement notre souci de la communauté. Est-ce le type de comportement, nous demandons-nous, que nous aimons voir autour de nous, comme la serviabilité et le soutien mutuel ? Ou compromet-il l'intérêt général, comme le mensonge, le vol ou la violence ? Nous sommes très conscients des conséquences, et nous avons du mal à rester neutres. Aucune de ces préoccupations n'est éveillée par ce qui se passe entre un chameau et un chien.

Chris Boehm, anthropologue américain qui a étudié à la fois les humains et les grands singes, analyse avec perspicacité la façon dont s'y prennent les communautés de chasseurs-cueilleurs pour faire respecter les règles. Il estime qu'elle peut conduire à une sélection génétique active, semblable à celle d'un éleveur qui choisit des animaux sur la base de leur apparence et de leur tempérament. Certains sont autorisés à se reproduire, d'autres pas. Non que les chasseurs-cueilleurs aient explicitement réfléchi en termes de génétique humaine, mais, en ostracisant ou en tuant ceux qui violent trop de règles ou qui ont enfreint une règle trop importante, ils retirent bel et bien des gènes du réservoir génétique. Il arrive, explique Boehm, que des criminels violents ou de dangereux déviants soient éliminés par un membre de la communauté qui a reçu pour mission de leur tirer une flèche dans le cœur. Répétées systématiquement pendant des millions d'années, ces exécutions à justification morale ont sûrement réduit le nombre de têtes brûlées, de psychopathes, de tricheurs et de violeurs, ainsi que les gènes responsables de leur comportement. On objectera peut-être qu'il en reste encore beaucoup, mais cela n'exclut pas la possibilité d'une sélection contre eux[28].

C'est une idée fascinante de se dire que l'humanité a peut-être pris en main elle-même son évolution morale, et obtenu que, dans notre espèce, de plus en plus d'individus soient prêts à se soumettre aux règles.

Du Prozac dans l'eau

Les sociétés de chasseurs-cueilleurs n'autorisent même pas un chasseur à dire ce qu'il a tué. Selon Richard Lee, le chasseur Khoïsan arrive au camp sans dire un mot, s'assied près du feu et attend que quelqu'un vienne lui demander ce qu'il a vu ce jour-là. Il répond alors calmement quelque chose comme : « Ah, je ne suis vraiment pas bon pour la chasse. Je n'ai rien vu du tout [pause]… juste un tout petit, minuscule. » À ces mots, son interlocuteur rit intérieurement, car cela veut dire que ce chasseur a dû prendre du gros gibier[29]. Les cultures de chasseurs-cueilleurs reposent sur la communauté et le partage et privilégient l'humilité et l'égalité. Les hâbleurs sont mal vus. La société occidentale, en revanche, célèbre le succès individuel et permet à ceux qui réussissent de garder leurs gains. Dans ce contexte, l'humilité peut être risquée.

Les chasseurs de baleines du village de Lamalera, en Indonésie, écument l'océan dans de grands canoës à partir desquels une douzaine d'hommes capturent des baleines presque à mains nues. Les chasseurs rament vers la baleine, le harponneur saute sur son dos et lance le harpon, qui se fiche dans l'animal. Après quoi les hommes restent à proximité jusqu'au moment où le Léviathan qui perd son sang meurt d'hémorragie. Puisque des familles entières sont réunies autour d'une activité à haut risque – leurs hommes étant, c'est le cas de le dire, sur le même bateau –, la répartition de l'aubaine alimentaire est très présente dans leur esprit. Sans surprise, les gens de Lamalera sont plus sensibles à l'équité que la plupart des cultures testées par les anthropologues, qui ont essayé le « jeu de l'ultimatum » dans le monde entier. Ce jeu mesure les préférences pour les offres équitables. Les habitants de Lamalera sont les champions de l'équité, contrairement à des sociétés plus autosuffisantes comme les sociétés horticoles, où chaque famille a généralement sa propre parcelle[30].

Il est donc fort peu probable que la loi morale – à supposer qu'elle existe – soit identique partout. Elle ne peut pas être la même chez les Khoïsans, à Lamalera et dans un pays occidental moderne. Certes, notre espèce possède des caractéristiques invariantes, et toute morale humaine se soucie des deux A, Aider et (ne pas) Agresser : il faut s'attendre, par conséquent, à une certaine dose d'universalité. Mais les détails sur le degré d'équité de la répartition des ressources ou l'ampleur de l'humilité souhaitable ne sauraient être énoncés par une loi unique. Dans toute société, la morale change également au fil du temps : les problèmes brûlants d'aujourd'hui n'avaient peut-être guère d'intérêt aux yeux des générations précédentes. On en a un bel exemple avec la sexualité. Les tribus celtes qu'ont trouvées les Romains quand ils ont envahi l'Europe du Nord étaient gouvernées, dit-on, par des reines qui pratiquaient l'amour libre avec des mœurs sexuelles scandaleuses, du moins aux yeux des patriarcats qui ont suivi. Cela reste difficile à prouver, certes, mais il est hors de doute que les purs produits de ces patriarcats ont subi un choc, des siècles plus tard, quand le capitaine Cook a débarqué sur le littoral d'Hawaii. Ils ont défini les habitants de l'île, qui connaissaient peu de contraintes sexuelles, comme des adeptes de la « licence » et de la « promiscuité ». Cette terminologie méprisante est toutefois contestable, puisque rien n'indique que quiconque souffrait de la situation, ce qui serait à mon sens la seule raison pour rejeter un style de vie donné. À cette époque, les enfants hawaiiens étaient formés par le massage et la stimulation orale à jouir de leurs parties génitales. Selon le sexologue Milton Diamond de l'université d'Hawaii, « les concepts de sexualité préconjugale et extraconjugale n'existaient pas, et, comme presque partout en Polynésie, personne au monde ne s'abandonnait davantage à ses appétits sensuels que ces insulaires[31] ».

L'autonomie sexuelle féminine est considérablement supérieure dans les sociétés matriarcales, et l'humanité a expérimenté d'innombrables dispositifs de reproduction. Peut-être ne sommes-nous devenus strictement monogames qu'après la révolution agricole, il y a environ dix mille ans, quand les hommes ont commencé à se faire du souci au sujet de la transmission de leurs filles et de leur fortune. En matière de reproduction, l'obsession de la fidélité et celle de la virginité ne sont peut-être apparues qu'à cette époque-là. C'est du moins ce que suggèrent Christopher Ryan et Cacilda Jethá dans leur livre *Sex at Dawn* [L'Aube de la sexualité], en choisissant – non sans provocation – le bonobo comme modèle ancestral de la vie sexuelle humaine. Dans un chapitre intitulé « Qui est tes papas ? », ils expliquent que, dans certaines cultures, il est dans l'intérêt de l'enfant d'avoir plusieurs pères. Leur raisonnement se fonde sur les travaux pionniers de Sarah Hrdy, qui a montré la valeur des familles multiparentales pour la survie, et il reprend son rejet du dogme voulant que les hommes ne s'occupent que des enfants dont ils sont sûrs d'être les pères. Certaines tribus pratiquent la « paternité divisible », où le fœtus qui grandit est censé être nourri par la semence de tous les hommes avec lesquels couche une femme. Chaque père potentiel en revendique une part et doit contribuer à l'éducation de l'enfant. Cet arrangement, qui est courant dans les tribus des basses terres d'Amérique du Sud et garantit le soutien aux enfants dans un environnement où la mortalité des hommes est élevée, implique une moindre exclusivité sexuelle. Les choix sexuels d'une femme en dehors du mariage sont respectés et non punis. Le jour du mariage, on dit aux nouveaux époux de prendre soin de leurs enfants, mais on demande aussi à chacun d'eux de réfréner sa jalousie à l'égard des amants de l'autre[32].

La jalousie sexuelle est peut-être universelle, mais le choix de l'encourager ou de la décourager est entièrement du ressort de la société. Autant pour les normes morales universelles. Loin de refléter une nature humaine immuable, les règles morales sont étroitement liées à nos modes d'organisation. On ne peut pas attendre d'éleveurs nomades qu'ils aient la même morale que des chasseurs de gros gibier, qui eux-mêmes ne sauraient avoir la même morale que les habitants d'un pays industrialisé. Nous pouvons formuler toutes les lois morales que nous voulons ; elles ne seront jamais valides partout au même degré. Les

Dix Commandements font-ils exception, comme on le suppose souvent ? C'est fort douteux. On pourrait même se demander s'ils nous sont d'un grand secours pour prendre nos décisions morales. Quand un homme politique conservateur invité dans une émission humoristique, *The Colbert Report*, a clamé qu'il faudrait que les Dix Commandements restent placardés en permanence dans les lieux publics, car « sans eux nous risquons de perdre le cap », l'animateur de l'émission lui a simplement demandé de les citer. Le politicien a été pris au dépourvu. À la grande hilarité du public, il en a été incapable et a seulement dit : « Tu ne mentiras pas, tu ne voleras pas[33]. »

La plupart des commandements n'ont rien à voir avec la morale, comme l'a souligné Christopher Hitchens. Ils portent sur le respect. Dans les cinq premiers, Dieu exige de nous une allégeance exclusive (« Tu n'auras pas d'autres dieux devant moi ») et le respect de nos aînés. C'est ensuite seulement qu'il passe aux commandements « tu ne feras pas » que tout le monde connaît. Hitchens écrit :

> Il serait difficile de trouver une preuve plus manifeste que la religion est de fabrication humaine. On commence par la vocifération monarchique sur le respect et la peur, accompagnée d'un sévère rappel de l'omnipotence et de la vengeance illimitée, du genre de ceux qu'un empereur babylonien ou assyrien eût demandé à ses scribes de placer en tête d'une de ses proclamations. Vient ensuite l'injonction de travailler dur et de ne se reposer que lorsque le despote l'autorise. Suivent quelques avertissements juridiques [...]. Mais [...] c'est certainement faire insulte au peuple de Moïse que de l'imaginer tombé si bas que le meurtre, l'adultère, le vol et le parjure lui aient été permis[34].

Le sixième commandement («Tu ne tueras pas») paraît clair et net, mais si une armée étrangère envahissait mon pays ou si quelqu'un enlevait mon enfant, j'aurais quantité de justifications pour l'ignorer. La Bible elle-même énumère de nombreuses exceptions. La peine capitale prononcée par les autorités légitimes, par exemple, ne semble pas contrevenir à ce principe. Manifestement, les Dix Commandements n'étaient pas conçus pour être pris au pied de la lettre.

Les deux lois morales laïques les plus populaires ne s'en sortent pas beaucoup mieux. La règle d'or sonne bien et son esprit me plaît beaucoup – «Agis envers les autres comme tu voudrais qu'ils agissent envers toi» –, mais elle comporte un vice fatal. Elle postule que nous sommes tous identiques. Pour donner un exemple assez cru : supposons que, lors d'un colloque, je suive une femme séduisante que je ne connais pas jusqu'à sa chambre d'hôtel et saute dans son lit sans y avoir été invité; je crois savoir comment elle réagirait; si j'explique que j'agis simplement envers elle comme j'adorerais qu'elle agisse envers moi, j'ai bien peur que mon recours à la règle d'or ne marche pas. Ou supposons que je serve délibérément des saucisses à un végétarien. Puisque j'aime la viande, je ne fais que suivre la règle d'or, mais le végétarien jugera mon comportement irritant, voire immoral. Churchland donne un autre exemple, celui de fonctionnaires canadiens bien intentionnés qui ont enlevé leurs enfants à des familles amérindiennes pour les faire élever par des Blancs. Peut-être auraient-ils souhaité qu'on agisse ainsi envers eux s'ils avaient vécu dans un camp du *bush* canadien, mais ces politiques d'intégration forcée – comme celle qui a créé la «génération perdue» d'enfants indigènes en Australie – sont aujourd'hui jugées odieusement immorales. La règle d'or n'aide pas à résoudre la plupart des dilemmes, par exemple à déterminer si la peine de mort est morale ou non, ou si Jean Valjean, dans *Les Misérables*, a eu raison ou tort de voler du pain pour sa nièce affamée. La règle d'or a une portée très limitée, et elle ne fonctionne que si tout le monde est du même âge, du même sexe, dans le même état de santé, avec les mêmes goûts et les mêmes aversions. Puisque nous ne vivons pas dans un monde de ce genre, cette règle, en fait, n'est pas aussi utile qu'elle en a l'air.

La seconde règle laïque populaire est le principe du plus grand bonheur, qu'on appelle aussi « utilitarisme » et que Sam Harris vient de choisir pour servir de socle « scientifique » à la morale[35]. Les philosophes se sont aussitôt empressés de souligner qu'il n'a rien de scientifique : il a été proposé par Jeremy Bentham et John Stuart Mill, deux philosophes britanniques du XIXe siècle, et remonte directement à Aristote. La morale devrait accroître l'« épanouissement humain » (le mot grec est *eudaimonia*), donc les bonnes décisions morales sont celles qui rendront heureux le plus de gens possible : cette idée ne repose sur aucune donnée empirique. C'est un jugement de valeur. Les jugements de valeur peuvent toujours être discutés, et les défauts de l'utilitarisme sont connus depuis longtemps. Bien que le désir d'accroître le bonheur total dans le monde nous oriente en général dans le bon sens, ce critère est loin d'être infaillible. Supposons que j'habite un immeuble où un seul homme gâche la vie de plus d'une centaine de personnes en jouant toutes les nuits du tuba jusqu'à l'aube. Comme nous ne réussissons pas à le dissuader de faire son tintamarre, l'un de nous l'abat pendant son sommeil. Il n'a jamais su ce qui lui était arrivé. Vu l'ampleur de la souffrance collective que nous avons soulagée, que pourrait-il y avoir de mal dans notre décision ? Et si le coup de feu vous gêne, disons que nous lui avons fait une injection mortelle. Oui, nous avons privé un seul homme de sa vie et de son bonheur possible, mais le bien-être total dans l'immeuble est clairement monté d'un cran. En termes utilitaristes, nous avons fait ce qu'il fallait.

On a signalé d'autres problèmes liés à cette approche, par exemple la solution de mettre du Prozac dans l'eau. Quel moyen génial de créer une société d'imbéciles heureux ! Ou bien nous pourrions suivre l'exemple nord-coréen et manipuler les médias pour que tout le monde se sente satisfait de la façon dont vont les choses dans le pays, en créant un Nouveau Monde radieux d'ignorance béate[36]. Ces initiatives feraient monter le baromètre du bonheur, et pourtant elles n'ont pas l'air particulièrement morales. Mais la critique que je fais à la prémisse utilitariste, pour ma part, est plus profonde et plus grave : j'ai le sentiment que ce principe contredit totalement les bases de la biologie. Je ne peux imaginer aucune société humaine ou animale sans liens privilégiés de fidélité. Toute la nature est construite autour de la distinction entre membres et non-membres du groupe, parents et non-parents, amis et ennemis. Même les plantes reconnaissent la parenté génétique, puisqu'elles développent un réseau de racines plus concurrentiel quand elles sont mises en pot avec une plante étrangère et non une plante sœur[37]. Les individus qui luttent pour le bien-être global sans distinction n'ont strictement aucun précédent dans la nature. Le projet utilitariste ignore des millions d'années de liens familiaux et de loyauté envers le groupe.

On dira peut-être que nous nous trouverions bien mieux sans ces allégeances, et que nous ne devons pas chercher à savoir qui bénéficie ou non de notre conduite. Nous devons surmonter notre biologie, tout simplement, pour servir une morale généralisée plus parfaite. Cela peut paraître exaltant, jusqu'au moment où nous remarquons le revers de la médaille : la perte de toute forme d'attachement et de solidarité de groupe. « La famille d'abord » n'est pas un slogan utilitariste. Bien au contraire, l'utilitarisme nous demande de subordonner notre famille à l'intérêt général. Pour moi, ça ne passe pas. Si tous les enfants du monde ont exactement la même valeur pour tout le monde, qui va rester toute la nuit au chevet d'un enfant malade, qui va vérifier s'ils ont fait leurs devoirs ? Si Jean Valjean avait été utilitariste, il n'aurait vu aucune raison impérieuse de rapporter sa miche de pain à la maison. Il aurait aussi bien pu la donner à des enfants affamés dans la rue. La position utilitariste amène à poser des questions choquantes : pourquoi devrais-je rester avec mon épouse si une autre femme a davantage besoin de moi ? Pourquoi devrais-je aider mes parents si d'autres seniors sont plus mal lotis ? Il n'y aurait rien de mal non plus à vendre les secrets militaires de mon pays, surtout à une nation très peuplée : puisque les gens que je vais rendre heureux dans cet autre pays sont plus nombreux que ceux que je vais rendre malheureux dans le mien, j'ai fait le bon choix. Si mon pays ne partage pas cette opinion, est-ce simplement par excès de sensiblerie ? Personnellement, je ne le pense pas, car pour moi les liens privilégiés ne sont pas moralement gênants, comme pourraient le dire les utilitaristes ; ils font pleinement partie du tissu moral. Nous les attendons, et quand ils font défaut nous sommes horrifiés : pensons à la négligence parentale, au refus de financer l'éducation d'un enfant, à la trahison.

Nous haïssons tant cette dernière que notre réponse est le peloton d'exécution.

J'ai eu un jour un débat public sur ces questions avec Peter Singer, philosophe si utilitariste qu'à son avis même notre espèce ne mérite pas de loyauté particulière[38]. On fait entrer la souffrance et le bonheur des humains et des animaux dans une équation unique qui couvre divers degrés de sensibilité, de dignité et de capacité à ressentir la douleur. Les calculs ici sont ahurissants. Une personne est-elle l'équivalent de mille souris ? Un grand singe vaut-il davantage qu'un bébé humain atteint du syndrome de Down ? Un patient qui souffre de démence sévère a-t-il la moindre valeur ? Après un long dialogue, nous avons trouvé, Singer et moi, un terrain d'entente : les humains doivent traiter les autres animaux du mieux qu'ils peuvent. Un message de compassion a pour moi bien plus d'attrait qu'un froid calcul. Singer a été contraint de concéder les faiblesses de son approche quand les médias ont révélé qu'il payait des auxiliaires privés pour s'occuper de sa mère, malade d'Alzheimer à un stade avancé. Quand on lui a demandé pourquoi il ne consacrait pas son argent à des personnes plus méritantes, du moins selon ses propres théories, il a répondu : « Peut-être est-ce plus difficile que je ne le pensais, parce que, quand c'est votre mère, c'est différent[39]. » L'utilitariste le plus célèbre du monde a donc donné la priorité à ses allégeances personnelles sur le bien-être global, décision qui selon moi était la bonne.

Cette brève escapade dans les Dix Commandements, la règle d'or et le principe du plus grand bonheur montre à quel point je doute qu'il soit possible de condenser ce qui est à faire et à ne pas faire en morale dans des règles simples et irréfutables. Les tentatives de ce genre obéissent à la même logique – celle des principes venus d'en haut – que la morale religieuse dont nous essayons de nous dégager. Logique qui n'est pas sans danger, puisqu'elle risque de nous fourvoyer en nous amenant à faire passer les principes avant les êtres humains. En poussant à l'extrême, on a pu qualifier la quête du normatif de « moralement irresponsable[40] ». Lorsqu'on lit Kitcher, Churchland et d'autres philosophes, on peut voir qu'un mouvement alternatif est en cours : il s'efforce d'ancrer la morale dans la biologie sans nier que les formes spécifiques qu'elle prend sont décidées par les gens[41]. C'est aussi ma position. Je ne crois pas que l'observation des chimpanzés ou des bonobos puisse nous dire ce qui est bien ou mal, et je ne pense pas non plus la science capable de le faire, mais il est sûr que la connaissance du monde naturel nous aide à comprendre comment et pourquoi nous en sommes venus à nous soucier les uns des autres et à viser des résultats moraux. Nous le faisons parce que notre survie dépend de nos bonnes relations et d'une société où l'on coopère.

Les lois morales ne sont que des approximations, des métaphores peut-être, du comportement souhaitable. Que les valeurs sous-jacentes puissent être intériorisées au point de nous doter d'une conscience autonome est quelque chose qui, comme l'écrit Kant, doit nous remplir d'admiration, car la façon dont cela arrive est très mal comprise.

Rester dans la ligne

Je terminerai par deux autres récits sur la morale en tête à tête et le souci de la communauté chez nos proches parents. Je ne prétends pas que les grands singes soient moraux au sens où nous le sommes, mais ces deux ingrédients cruciaux sont bel et bien présents. Le premier récit fait écho à un point déjà signalé : les bonobos se souviennent de l'endroit précis où ils ont mordu quelqu'un et montrent qu'ils s'en préoccupent, voire regrettent ce qu'ils ont fait. Mais, au lieu d'une situation interne à leur groupe, nous nous intéressons ici à leur réaction à l'égard d'une vétérinaire du zoo du comté de Milwaukee. Lorsque je vivais encore dans le Wisconsin, il y a de cela plusieurs décennies, j'ai rendu visite à ces bonobos à maintes reprises. Ils exprimaient leur empathie sous toutes sortes de formes remarquables, en particulier leur mâle alpha, Lody. Celui-ci se montrait très protecteur, par exemple, avec une femelle âgée, Kitty. Aveugle et sourde, Kitty risquait de se perdre dans un bâtiment plein de portes et de tunnels. Le matin, Lody l'emmenait aimablement à sa place favorite à l'extérieur, au soleil, dans l'herbe, et en fin de journée il la réveillait pour la ramener à l'intérieur en la prenant par la main. Lorsque Kitty avait une de ses crises d'épilepsie, il refusait de s'éloigner d'elle[42].

Mais un jour Lody s'est montré moins empathique. Il a mordu le doigt de la vétérinaire qui lui administrait des vitamines à travers le grillage. Quand elle a tenté de retirer sa main, il a serré les dents. Entendant alors un craquement, Lody a levé les yeux, a paru surpris et a lâché la main, amputée d'un doigt – qu'à l'hôpital les médecins n'ont pu réimplanter. Quelques jours plus tard, la victime s'est à nouveau rendue au zoo et, remarquant Lody, elle a levé sa main gauche bandée et lui a dit : « Lody, mon gars, tu sais ce que tu as fait ? » Lody a jeté un coup d'œil à la main et il est parti dans le coin le plus éloigné, où il s'est assis la tête basse, en s'enveloppant de ses bras.

Dans les années qui ont suivi, la vétérinaire a quitté la région, et elle a rarement eu l'occasion d'y revenir, mais, quinze ans après l'incident, elle a fait une visite impromptue au zoo. Puisqu'elle se trouvait parmi le public, Lody aurait aisément pu l'ignorer, mais il a immédiatement couru vers elle. Il a essayé de regarder sa main gauche, qui était dissimulée sous la rampe où il ne pouvait pas la voir. Il n'a cessé de regarder à gauche, en insistant pour voir la main qu'il avait mordue, jusqu'au moment où la vétérinaire la lui a montrée. Il a dirigé tout droit son regard sur la main incomplète, puis sur le visage de la vétérinaire, et à nouveau sur la main. « Il savait », a-t-elle conclu. Elle suggérait ainsi que les bonobos sont tout à fait conscients des conséquences de leur comportement. C'est aussi mon impression, bien qu'elle soit difficile à vérifier, car personne ne fait d'expérience sur quinze ans. Si c'est vrai, cela confirme à quel point ces grands singes se soucient de leurs relations et manifestent le type de sollicitude qui sous-tend les tendances morales humaines.

Le second récit a pour cadre le zoo d'Arnhem au temps où j'y étais encore. Par une soirée parfumée, nous avons appelé les chimpanzés à l'intérieur, mais, comme le temps était superbe, deux adolescentes ont refusé de rentrer. Quel plaisir d'avoir l'île pour elles toutes seules ! La règle du zoo étant qu'aucun grand singe ne dînait tant que tout le monde n'était pas de retour, ces femelles obstinées ont provoqué l'énervement général. Quand elles ont fini par rentrer, plusieurs heures plus tard, on leur a assigné une chambre à coucher séparée pour prévenir les représailles. Le lendemain matin, alors que nous avions tous oublié l'incident, les chimpanzés ont montré qu'ils s'en souvenaient fort bien. Une fois à l'extérieur, sur l'île, toute la colonie a exprimé sa frustration pour le retard de la veille en se lançant dans une poursuite collective qui s'est terminée par la correction physique des deux coupables. Certes, la règle qu'elles avaient violée était imposée par l'homme, mais c'est peut-être ce qui nous a aidés à voir qu'on la faisait respecter. La colonie semblait comprendre l'intérêt de maintenir tout le monde « dans la ligne ».

Ce soir-là, les deux adolescentes ont été les premières à rentrer.

Chapitre 7

Un trou de la taille de Dieu*

Si Dieu n'existait pas, il faudrait l'inventer.

Voltaire[1].

Paradoxalement, c'est l'un des hommes les moins empathiques de l'histoire, Mobutu Sese Seko, qui a préservé la jungle servant aujourd'hui de terrain de jeu au seul refuge pour bonobos du monde. C'était le dernier bout de jungle dans la capitale, Kinshasa. À Lola Ya Bonobo (« Paradis des bonobos » en lingala), un nombre important de grands singes vivent dans les espaces extérieurs verdoyants de l'ancienne retraite de week-end de l'ex-dictateur congolais. C'est ici que l'homme à la toque en peau de léopard, qui a extorqué cinq à dix milliards de dollars à son pays pauvre, festoyait avec des mets raffinés importés d'Europe par avion tout en manigançant la pendaison publique de ses rivaux.

* L'auteur emploie ici, en lui donnant un tout autre sens, une expression courante chez les politologues américains, le *God gap* : elle désigne le gros écart de voix entre démocrates et républicains dans l'électorat croyant, qui vote très majoritairement pour les seconds.

La République démocratique du Congo (RDC) est un immense pays – grand comme l'Europe occidentale – qui abrite l'habitat d'origine des bonobos. Mais cette espèce est gravement menacée : on estime qu'elle ne compte plus que cinq mille à cinquante mille individus. Même le second chiffre est inférieur au nombre de places habituel dans les grands stades. On tue malheureusement les bonobos sauvages pour la viande de brousse ; en revanche, tout bébé que l'on trouve agrippé aux victimes reste en vie, car il peut se négocier plusieurs milliers de dollars au marché noir. La vente des bonobos n'en est pas moins illégale, si bien que les bébés singes sont souvent confisqués et amenés à Claudine André, la fondatrice et directrice belge du refuge. À Lola, les orphelins sont élevés dans une nursery par des *Mamans*, des femmes du lieu qui veillent sur eux et leur donnent le biberon. Au bout de quelques années, les jeunes rejoignent les groupes qui vivent à l'extérieur, dans la forêt, libres de leurs mouvements même s'ils restent dépendants de l'approvisionnement humain. C'est ici que nous menons nos études sur l'empathie, puisque nous pouvons nous approcher beaucoup plus près de ces grands singes que de ceux qui vivent en milieu naturel. Les chercheurs de terrain ont bien de la chance s'ils voient leurs bonobos régulièrement, et l'observation prolongée des interactions sociales est pratiquement impossible sous les épaisses frondaisons.

L'une de mes collègues, Zanna Clay, attend patiemment les conflits spontanés entre bonobos et les filme en vidéo afin que nous puissions analyser ce qui se passe ensuite. Inévitablement, ces incidents provoquent la détresse d'une partie, ou des deux. Comment réagissent les spectateurs ? Ils rassurent quiconque a perdu un combat par un frottement génito-génital, une monte brève ou un massage manuel des parties génitales. Ce que les chimpanzés font par toucher platonique exige chez les bonobos un engagement sexuel. Mais le principe est exactement le même dans les deux espèces : les grands singes régulent et apaisent mutuellement leurs angoisses. C'est cette réaction émotionnelle de base que nous remarquons même chez les orphelins de la nursery, qui n'ont pas eu de modèles sociaux pour l'apprendre. Et eux aussi lui donnent souvent un caractère sexuel.

À d'autres moments, néanmoins, les bonobos ont un comportement plus proche de celui des chimpanzés : ils s'embrassent ou se font la toilette entre eux. Prenons le retour de Makali, un mâle adulte qui a été blessé dans une attaque collective féroce. Il a été durement mordu à la main. Après quoi il s'est caché loin du groupe pendant plusieurs nuits, attendant son heure dans la forêt au lieu de rejoindre les autres dans leurs quartiers de nuit. Quand il a fini par se montrer, il s'est glissé discrètement dans un groupe qui paressait à l'ombre. Il a été immédiatement entouré de jeunes curieux. Certains semblaient mimer sa façon maladroite de tenir en l'air le membre où se trouvait sa blessure infectée. Ils essayaient de toucher celle-ci, mais Makali évitait systématiquement leurs petites mains avides. Le visage douloureux, il tenait son doigt blessé devant lui en courbant son poignet vers le bas. Les adultes se sont montrés plus diplomates, établissant le contact par la toilette. Makali a d'abord été approché par un mâle dominant, qui lui a fait un baiser dans le cou, après quoi il a été toiletté par une des femelles. Si les jeunes étaient venus vers lui en bande, les adultes semblaient attendre leur tour : ils sont arrivés un par un. La première à s'occuper de sa blessure a été la femelle alpha, Maya. Elle lui a fait un brin de toilette, puis lui a pris la main et a léché soigneusement la plaie ouverte. Il l'a laissée faire. Cet acte a marqué, semble-t-il, sa réadmission dans le groupe, et a conduit l'un de ses principaux agresseurs à entrer en scène. En temps normal, Makali avait une relation d'hostilité totale avec ce mâle. Mais celui-ci, après avoir jeté un bref regard sur la blessure, lui a fait la toilette, ce qui, de l'avis général, était sans précédent[2].

Ce sont les cycles normaux amour-haine de la vie sociale. La même alternance entre conflit et retrouvailles caractérise les familles et les couples humains, et tous les groupes ordinaires de primates. Mais gardons-nous d'oublier que ces bonobos sont loin d'être ordinaires. Des humains leur ont fait subir des abus inimaginables : à un âge tendre, ils ont perdu leur mère dans les filets de braconniers ou sous les balles. Il est vraiment remarquable qu'ils soient capables de se réconcilier après des combats et de calmer des compagnons irrités. Zanna a remarqué que les bonobos nés dans les groupes de Lola (les grands singes sont autorisés à se reproduire, et certaines orphelines sont devenues mères) sont beaucoup plus habiles à résoudre les conflits et plus enclins à témoigner de la sympathie que leurs pairs orphelins. Cet avantage de l'éducation par la mère est conforme à ce que nous savons de la régulation des émotions, et chez les humains aussi. Les orphelins roumains, par exemple, ont subi des ravages émotionnels durables. Cela rend d'autant plus stupéfiant le fait que les orphelins de Lola aient pu construire ensemble une vie sociale décente. Cela prouve leur résilience et la qualité des soins humains qu'ils ont reçus. Après avoir tout perdu par la faute des chasseurs, ils ont été nourris et choyés avec amour par des humaines, qui sont devenues des mères de substitution. Ils ont dû opérer une distinction mentale entre les manifestations contradictoires de ce grand singe bipède, capable à la fois d'une telle cruauté et d'une telle gentillesse. Leçon bien déconcertante à apprendre si tôt dans la vie.

Ayant grandi dans une nursery, les bonobos restent fascinés par les bouteilles, et ils s'en servent pour démontrer leur empathie. Une femelle adulte ramasse une bouteille en plastique vide, la remplit d'eau boueuse du fleuve et s'assied devant deux jeunes, dont l'un est son propre enfant. Elle porte alors doucement la bouteille à la bouche de l'un des deux et l'incline pour que l'eau coule entre ses lèvres, qu'il tend vers elle, et emplisse entièrement sa lèvre inférieure. Lorsqu'il a la bouche pleine, la femelle incline légèrement la bouteille en arrière et la maintient en place, attendant que l'enfant ait avalé. Puis elle lui en donne encore, jusqu'au moment où son attention se tourne vers l'autre jeune, une petite qui avance les lèvres dès qu'elle la regarde, sachant bien que c'est son tour. La femelle approche la bouteille de sa bouche et recommence. Je n'ai jamais constaté cette façon de procéder, empreinte d'une douce attention aux capacités de déglutition de l'autre, chez les grands singes. Cette femelle interprète peut-être le rôle d'une *Maman*, et les jeunes jouent le jeu.

Puisque le fleuve coule juste à côté d'eux, ce n'est sûrement pas parce qu'ils ont soif.

La vie et la mort

La conscience de la mort est souvent citée comme l'une des raisons qui nous ont amenés, nous humains, à élaborer la religion. Et dès l'instant où l'on dit que nous nous savons mortels, on conjecture du même souffle que nous sommes peut-être les seuls à le savoir. Sur cette question, je n'ai pas de réponse claire ; mais lorsqu'il s'agit de la mortalité des *autres*, il n'y a aucune raison de supposer l'ignorance chez les primates, nos semblables. Comme les bonobos de Lola, les grands singes connaissent parfaitement la mort et la perte. Parfois, ils sont eux-mêmes les tueurs, comme le jour où les bonobos ont éliminé une vipère du Gabon, serpent extrêmement vénéneux. Ce serpent faisait peur ; tout le monde reculait d'un bond à chacun de ses mouvements. Ils l'ont prudemment poussé avec un bâton, puis Maya l'a lancé en l'air et écrasé au sol. Il est clair que, une fois le serpent tué, nul n'a donné le moindre signe de s'attendre à le voir revenir à la vie. Ce qui est mort est mort. Les jeunes ont allégrement traîné son cadavre inanimé comme un jouet, l'ont passé autour de leur cou et ont même ouvert sa bouche pour examiner ses énormes crocs venimeux.

Cette scène m'a rappelé une chasse que j'ai observée un jour chez des chimpanzés. En suivant les grands singes dans les monts Mahale, en Tanzanie, nous avons soudain entendu un grand vacarme très haut dans les arbres. Les chimpanzés lancent un cri spécial quand ils ont capturé une proie. L'existence même de cette vocalisation indique qu'ils sont prêts à partager la viande : si ce n'était pas le cas, il serait plus judicieux de se taire. Leurs cris ont attiré beaucoup de monde. Plusieurs mâles avaient pris un singe rouge colobus, type de proie qu'un chimpanzé a du mal à capturer seul. C'est en général un travail d'équipe. En regardant au plus haut à travers les strates de branches et de feuilles, j'ai vu que les chasseurs commençaient à manger le singe alors qu'il était encore vivant. Les chimpanzés n'étant pas des prédateurs « professionnels », ils n'ont jamais développé les techniques efficaces des félins pour tuer, et – c'est vrai aussi des humains – leur façon de traiter les proies ne reflète guère leurs aptitudes à l'empathie. De nombreux chimpanzés ont constitué un groupe de mangeurs, qui comprenait des femelles aux parties génitales turgescentes : elles sont souvent prioritaires. Tout cela était très bruyant et chaotique, mais chacun a fini par avoir un morceau de viande de singe. Le lendemain, j'ai remarqué une femelle chimpanzé qui se promenait avec une jeune cavalière sur le dos. Sa fille agitait joyeusement en l'air un objet pelucheux. Il s'est avéré qu'il avait appartenu au pauvre singe : la queue d'un primate est le jouet d'un autre.

Un matin, Geza Teleki a suivi un groupe de chimpanzés : il avait entendu des vocalisations rauques dans le lointain. Six mâles chargeaient farouchement en lançant des « wraaah ! » que renvoyaient en écho les parois de la vallée. Dans un petit ravinement gisait le corps immobile de Rix, étalé au milieu des pierres. Teleki n'avait pas vu tomber le corps, mais il a eu le sentiment d'être témoin de la réaction initiale à la chute de ce mâle du haut d'un arbre : elle lui avait brisé le cou. Plusieurs individus faisaient une pause pour fixer le cadavre de Rix, après quoi ils s'en éloignaient dans une charge vigoureuse en lançant de gros blocs dans toutes les directions. Au milieu de ce vacarme, des chimpanzés s'embrassaient, copulaient, se touchaient et se donnaient les uns aux autres de petites tapes avec de grands sourires nerveux. Plus tard, les chimpanzés ont passé un temps considérable à fixer le corps. Un mâle s'est penché en se tenant avec un membre, il a touché le corps et gémi. D'autres ont touché ou flairé les restes de Rix. Une adolescente a regardé fixement le corps sans interruption pendant plus d'une heure, immobile et silencieuse. Après trois heures d'activité, l'un des mâles âgés a finalement quitté la clairière pour descendre vers l'aval. Les autres ont suivi un à un, non sans jeter au cadavre des regards par-dessus leur épaule en s'en allant[3].

Dorothy, une femelle chimpanzé de trente ans, est morte d'une crise cardiaque dans un refuge au Cameroun. Le personnel l'a sortie sur une brouette pour présenter le corps. Les chimpanzés, en temps normal chahuteurs, se sont massés tout autour en fixant le cadavre et en se tenant les uns aux autres. Ils étaient aussi silencieux que nous le sommes à un enterrement.

Les documents sur la façon dont les grands singes réagissent à la mort se font de plus en plus nombreux. En 2009 a été diffusée massivement une photographie sur la mort de Dorothy, dont le cadavre a suscité l'attention intense (mais étonnamment silencieuse) de la communauté de son refuge. Dans le Blair Brummond Safari Park en Écosse, la mort d'une femelle âgée nommée Pansy a été analysée très soigneusement à l'aide de vidéos. Dans les dix minutes qui ont précédé son décès, d'autres l'ont toilettée ou caressée une douzaine de fois, et sa fille adulte est restée auprès d'elle toute la nuit. Les réactions à sa mort sont allées de l'examen de sa bouche et de ses membres, peut-être pour voir si elle respirait encore ou était capable de bouger, jusqu'à la claque violente administrée par un mâle sur son corps. Ce comportement a aussi été relevé après d'autres décès. Il choque par son insensibilité, mais c'est peut-être un moyen d'essayer de réveiller le défunt. Les grands singes réagissent souvent par un mélange de frustration face à l'absence de réaction et d'efforts pour en provoquer une. Mais la plupart des individus qui se rassemblent sont abattus, comme s'ils se rendaient compte qu'un événement terrible s'est produit. En conclusion de leurs observations sur les derniers moments de Pansy, les chercheurs écrivent : « On a sous-estimé la conscience de la mort chez les chimpanzés[4]. »

Une adolescente, Oortje, est décédée de mort subite au zoo d'Arnhem. Je la connaissais pour sa bonne humeur, son espièglerie, sa douceur et ses oreilles décollées (son nom veut dire « petite oreille »). Mais elle avait été très discrète les semaines précédentes, et elle s'était mise à tousser. Malgré les antibiotiques, son état de santé s'était détérioré. Maintenue dans ses quartiers d'hiver, la colonie était divisée en deux groupes qui pouvaient s'entendre mais non se voir. Au milieu de la journée, on a vu une femelle adulte plonger son regard de très près dans les yeux d'Oortje. Soudain, sans raison apparente, cette femelle s'est mise à pousser des hurlements hystériques tout en se frappant et en effectuant des mouvements de bras spasmodiques, comme le font souvent les chimpanzés frustrés. Elle semblait profondément bouleversée par quelque chose qu'elle avait détecté dans les yeux d'Oortje. Jusque-là, celle-ci avait gardé le silence, mais elle se mit alors à pousser en retour de faibles cris, puis tenta de se coucher, tomba du rondin sur lequel elle était assise et resta à terre, inanimée. Une femelle de l'autre salle poussa des cris semblables à ceux de la première, bien qu'il lui fût impossible de voir ce qui s'était passé. Après quoi les vingt-cinq chimpanzés du bâtiment sombrèrent dans un silence complet. L'autopsie révéla qu'Oortje avait subi une infection massive du cœur et de l'abdomen.

En général, les réactions des grands singes à la mort de compagnons suggèrent qu'ils ont du mal à les laisser partir (les mères peuvent porter des bébés morts pendant des semaines, jusqu'au moment où le cadavre est desséché et momifié) : ils vérifient l'état du cadavre, tentent de le ranimer, et sont simultanément irrités et abattus. Ils semblent comprendre que le passage de la vie à la mort est irréversible. Certaines de leurs réactions ressemblent aux soins que les humains donnent à leurs morts quand ils les touchent, les lavent, oignent leur corps, font la toilette des défunts avant de les mettre en terre. Mais les humains vont plus loin, puisqu'ils donnent souvent aux morts quelque chose pour leur « voyage » ; pensons aux pharaons égyptiens, dont les tombeaux étaient remplis en abondance de bien des choses : aliments, vin et bière, chiens de chasse, chats, babouins domestiqués et même bateaux à voile grandeur nature. Les humains considèrent souvent la mort comme une continuation de la vie. Rien n'indique qu'un autre animal le fasse.

Les grands singes semblent bel et bien s'inquiéter de la mort possible des autres. Si des bonobos sont pris dans des filets de braconniers posés pour capturer des potamochères et des céphalophes, ils parviennent en général à se libérer eux-mêmes, mais il y a suffisamment de bonobos sauvages auxquels il manque des doigts ou une main pour conclure qu'ils n'ont pas toujours cette chance. Entendant des hurlements soudains dans la forêt humide, des chercheurs de terrain ont trouvé un mâle, Malusu, accroupi avec un piège de métal autour de la main et traînant un petit arbre auquel ce piège était attaché. L'arbre entravait sa locomotion. D'autres bonobos avaient détaché le piège des lianes et tenté de dégager la main de Malusu. Mais elle était restée prise et Malusu avait été laissé en arrière, tandis que les autres gagnaient la forêt sèche où ils avaient l'habitude de dormir. Le lendemain matin, ces bonobos ont fait quelque chose qui n'avait jamais été observé jusque-là. Ils ont reparcouru un kilomètre et demi pour revenir exactement à l'endroit où ils avaient vu Malusu pour la dernière fois. Une fois sur place, ils ont ralenti et cherché tout autour. Sachant qu'il y avait des pièges, les bonobos ont peut-être fait le lien avec la perte d'un membre du groupe. Ils n'ont pas trouvé Malusu, mais un mois plus tard il a rejoint la communauté. Malgré une main définitivement mutilée, il avait survécu à son calvaire[5].

On peut affirmer sans risque d'erreur, semble-t-il, que les grands singes savent certaines choses sur la mort, par exemple qu'elle est différente de la vie et permanente. C'est peut-être vrai aussi d'un petit nombre d'autres animaux, comme les éléphants, qui ramassent l'ivoire ou les os d'un défunt de leur troupeau, les tiennent avec leur trompe et se les passent entre eux. Certains pachydermes reviennent pendant des années à l'endroit où est mort un parent à seule fin de toucher et d'inspecter ses restes. L'autre leur manque-t-il ? Se souviennent-ils de sa façon d'être de son vivant ? Il est impossible de répondre à de telles questions, mais nous ne sommes pas les seuls à être fascinés et intimidés par la mort.

Un jour, nous avons effectué une expérience sur la permanence de la mort avec les chimpanzés d'Arnhem, en leur montrant leurs anciens amis et rivaux. Un film merveilleux, *La Famille des chimpanzés*[6], avait saisi les personnalités et l'intelligence de grands singes comme aucun documentaire ne l'avait fait jusque-là. C'était un grand succès de télévision dans le monde entier. J'avais quitté les Pays-Bas avant son tournage, et j'ai eu les larmes aux yeux quand je l'ai vu pour la première fois, sensible à la tendre attention avec laquelle il présentait tous mes vieux amis. Le film montrait Nikkie en tant que mâle alpha de la colonie, mais, dans les années suivantes, deux mâles avaient entrepris de se coaliser contre lui. Nikkie était sûrement sur le qui-vive comme il ne l'avait jamais été, parce qu'un matin, entendant des cris et des « houts » derrière lui, il est sorti du bâtiment à toute vitesse et a couru droit vers les douves qui entouraient l'île. Un an plus tôt, il avait réussi à les traverser grâce à une couche de glace. Peut-être pensait-il pouvoir répéter cet exploit, mais cette fois il a échoué et s'est noyé. Si les journaux ont parlé de « suicide », c'était plus probablement une crise de panique à l'issue fatale.

Avec la mort de Nikkie, la solidarité des deux autres mâles s'est évaporée. La rivalité a pris sa place – c'était à prévoir. Dandy est devenu le nouvel alpha, mais le fantôme de Nikkie planait encore, comme l'a révélé la réaction de la colonie au film. Un soir, plus de deux ans après son tournage, on a transformé la grande salle d'hiver en cinéma. On a baissé toutes les lumières et projeté le film sur un mur nu. Les grands singes l'ont regardé dans un silence complet, certains tous poils hérissés. Quand, dans le film, une femelle a été attaquée par des mâles pubères, plusieurs cris d'indignation ont retenti, mais on ne pouvait pas dire clairement si les singes reconnaissaient les acteurs. Du moins, jusqu'au moment où Nikkie est apparu en pleine gloire sur le mur ! Dandy a dénudé les dents*, couru en hurlant vers le mâle qui l'avait soutenu contre Nikkie et sauté littéralement sur ses genoux. Les deux mâles se sont embrassés avec de grands sourires nerveux.

La « résurrection » de Nikkie avait ranimé leur vieille alliance.

Danser sous la pluie

Les hypothèses sur l'origine de la religion sont légion. La peur de la mort n'est que l'une d'elles ; il y en a d'autres, à foison. Selon une théorie qui a tout l'air d'avoir été inventée dans un bar, elle est née de l'ivresse. On pensait traditionnellement que le vin et la bière fortifiaient le corps, mais ils nourrissent aussi l'imagination. Avec l'autoexaltation typique des ivrognes, nos ancêtres ont commencé à s'imaginer invincibles et à regarder au-delà de leur existence immédiate. Cette relation psychotrope est encore bien visible : pensons au rôle des vins et spiritueux (le mot dit tout !) dans des rituels religieux, par exemple le culte du vin du dieu grec Dionysos, la messe catholique qui présente le vin comme le sang du Christ, ou le Kiddouch, la bénédiction juive que l'on récite avant de boire : « Bénis sois-tu Éternel, notre Dieu, créateur du fruit de la vigne. » Mentionné deux cent trente et une fois dans la Bible du roi

* Signe de soumission chez les chimpanzés.

Jacques*, le vin est au cœur de nombreuses religions pour sa miraculeuse aptitude à libérer l'esprit humain.

Les avantages des boissons fermentées pour la santé, et plus généralement le souci de notre condition physique, étaient très présents dans les religions primitives. Puisqu'on ne disposait pas d'une médecine efficace, tout le monde pouvait mourir d'une infection mineure. Les gens se sont tournés vers la religion pour trouver du réconfort et prier pour les guérisons. Peut-être ont-ils eu raison, car le lien épidémiologique entre religiosité et santé est bien établi[7]. La religion semble promouvoir le bien-être du corps et de l'esprit. Mais je m'empresse d'ajouter qu'il n'y a aucun consensus sur la façon dont elle le fait. Bien que de nombreuses religions aient des règles qui régissent le régime alimentaire, les médications, le mariage et l'hygiène, il ne semble pas que ce soit la raison de leur effet bénéfique sur la santé. La recherche s'oriente plutôt vers l'assistance aux cérémonies religieuses, qui serait un facteur majeur, ce qui suggère une dimension sociale. Chacun sait que le lien social renforce le système immunitaire, et l'assistance aux offices est sûrement positive à cet égard. Si c'est le cas, ce n'est peut-être pas la religiosité en soi qui protège de la maladie, mais plutôt le contact humain. À notre connaissance, les membres d'un club de lecture ou d'une société ornithologique jouissent du même avantage. Mais les églises créent plus d'action commune, ce qui renforce le sentiment d'appartenance. Émile Durkheim, le père français de la sociologie, a insisté sur les rites collectifs, la musique sacrée et le chant à l'unisson, qui font de la pratique religieuse

* La *King James Bible* est la traduction anglaise de la Bible, publiée en 1611, qui fait autorité dans l'Église anglicane.

une expérience irrésistible de constitution de liens affectifs. D'autres ont présenté Dieu comme une « figure d'attachement » qui offre sécurité et réconfort dans les situations d'angoisse. De plus, de nombreuses religions ajoutent des statues féminines au doux visage indulgent. Ces sources maternelles de consolation – de Marie dans le christianisme à Déméter en Grèce et à Guan Yin en Chine – sont conçues pour alléger nos gros chagrins, comme le font les mères avec leurs enfants.

Mais les « histoires d'origine » de la religion ne s'arrêtent pas là. Il y a aussi l'ahurissement émerveillé devant des événements naturels qui échappent à notre contrôle. Cette réaction n'est peut-être pas exclusivement humaine : à preuve les charges ostentatoires des chimpanzés devant les chutes d'eau ou pendant les averses. La première fois que j'en ai été témoin, j'ai eu du mal à en croire mes yeux. Les chimpanzés du zoo d'Arnhem étaient assis, l'air malheureux, avec leur « visage de pluie » (une expression de dégoût, sourcils baissés et lèvre inférieure en avant), sous les arbres les plus hauts, en faisant de leur mieux pour rester au sec. Mais lorsque la pluie s'est intensifiée et a pénétré sous les arbres, deux mâles adultes se sont levés, le poil hérissé, et ont commencé une parade qu'on appelle la « fanfaronnade bipède » (ce qui, comme on l'imagine aisément, leur donnait un air humain un peu gangster). À grands pas rythmés et ondulants, ils ont marché à découvert, hors de leur abri, se faisant tremper jusqu'aux os. Ils se sont rassis quand la pluie s'est calmée. Ayant constaté ce comportement plusieurs fois depuis, je suis d'accord avec ceux qui le qualifient de « danse de la pluie », parce que c'est exactement l'impression qu'il donne. Jane Goodall a décrit un chimpanzé mâle qui agit de même près d'une chute d'eau qui gronde :

Tandis qu'il se rapproche et que le grondement de la chute d'eau s'accroît, il presse le pas, tous ses poils se hérissent et, quand il parvient au bord du cours d'eau, il accomplit une magnifique parade au pied de la cascade. Debout, il se balance en rythme d'un pied sur l'autre, piétine dans l'eau peu profonde qui jaillit, ramasse de grosses pierres et les lance. Parfois, il grimpe aux minces lianes qui pendent des arbres tout en haut et se balance dans l'écume de l'eau qui tombe. Cette « danse de la chute d'eau » peut durer dix à quinze minutes[8].

Goodall se pose alors quelques questions. Ces parades pourraient-elles être ritualisées dans une religion animiste ? Et que se passerait-il si les chimpanzés pouvaient partager entre eux ces sentiments ? Cela conduirait-il à une adoration collective des éléments ? Mais on pourrait interpréter tout autrement le même comportement en soutenant que les grands singes croient, pour une raison quelconque, pouvoir influencer le cours de la nature. Peut-être un événement fortuit – la pluie a pu cesser au cours d'une de leurs charges – leur a-t-il inspiré une conviction superstitieuse : s'ils répètent cette parade avec assez d'obstination, ils peuvent arrêter les précipitations. Pour ceux qui jugeraient stupides ces fausses associations d'idées, précisons qu'il n'y a guère de doute sur l'identité du grand singe le plus superstitieux de tous, et ce n'est pas le chimpanzé.

Les jeunes chimpanzés sont plus intelligents que les enfants. Telle a été du moins la conclusion traumatisante d'une expérience dans laquelle des scientifiques ont montré une procédure simple à des chimpanzés et à des enfants. Un chercheur enfonçait un bâton dans les trous d'une grosse boîte en plastique, en suivant un ordre précis, jusqu'au moment où des bonbons en sortaient. Mais un seul trou comptait – les autres n'avaient rien à offrir. Quand la boîte était en plastique noir, il était impossible de dire que certains usages du bâton ne servaient qu'à amuser la galerie. Avec une boîte transparente, en revanche, on voyait clairement d'où venaient les bonbons. Lorsqu'on leur a donné le bâton et la boîte, les jeunes chimpanzés ont mimé les mouvements nécessaires en ignorant tous les trous vides, au moins quand la boîte était transparente. Ils avaient été très attentifs. Mais les enfants ont imité tous les gestes du scientifique, y compris ceux qui n'avaient aucun sens. Et ils l'ont fait même avec la boîte transparente, en traitant le problème comme un rituel magique et non comme la tâche orientée vers un objectif que les grands singes avaient vue dans cette expérience[9].

Notre espèce est incroyablement superstitieuse. Elle développe quantité d'habitudes indignes d'un animal rationnel. Nous touchons du bois quand nous ne voulons pas tenter le sort, nous enfilons un tee-shirt usagé pour porter chance à notre équipe pendant ses matchs, certains joueurs de football n'entrent pas sur le terrain sans avoir mis à l'envers leurs sous-vêtements, et les joueurs de base-ball effectuent une douzaine de rites avant même de prendre une batte. Turk Wendell mastiquait toujours quatre morceaux de réglisse noire quand il lançait. Il les recrachait à la fin de chaque tour de batte, puis ne revenait qu'après s'être brossé les dents. Nous sommes également sensibles aux chiffres : les Chinois évitent systématiquement le 4 et les Occidentaux ont peur du 13. Quand je suis arrivé aux États-Unis, j'ai été ébahi par l'omission du 13e étage dans les immeubles, mais j'y suis maintenant si habitué que j'ai été choqué en sens culturellement inverse quand, à bord d'un grand navire de croisière néerlandais, on m'a récemment recommandé pour ma sécurité le canot de sauvetage n° 13. Le compositeur Arnold Schönberg souffrait tant de triskaidekaphobie* que cela lui a peut-être coûté la vie. Il redoutait particulièrement les multiples de 13, et voici que, juste avant son soixante-septième anniversaire, un ami lui fait remarquer que les chiffres peuvent aussi s'additionner. Ayez donc des amis ! En restant au lit toute la journée, Schönberg avait presque réussi à sortir indemne de son anniversaire, mais son cœur a cessé de battre un quart d'heure avant minuit, le 13 juillet 1951. Un vendredi, en plus.

Certains chats semblent penser qu'ils auront à manger s'ils grattent la litière, et certains chiens tournent en rond dans la cuisine parce que dans le passé ils ont reçu des aliments en le faisant. Il y a aussi des associations négatives. L'un de nos chats, Loeke, avait subi une opération chirurgicale près de l'anus et avait si mal chaque fois qu'il déféquait qu'il s'était mis à en « accuser » la litière. Il ne s'approchait de sa caisse que s'il ne pouvait vraiment plus attendre, presque en la traquant, puis en s'y jetant et en la fuyant en trombe, comme si l'objet risquait de l'attaquer. Nous avons été très patients et avons nettoyé beaucoup de saletés pendant six mois pour l'amener à surmonter sa phobie. B.F. Skinner appelait ces fausses associations d'idées des « superstitions ». Dans des expériences sur les pigeons, il avait employé un appareil qui délivrait des pastilles alimentaires à intervalles réguliers, indépendamment du comportement des oiseaux. Spontanément, les pigeons ont commencé à lier l'apparition des aliments aux actes qu'ils venaient d'accomplir :

* *Triskaideka* [litt. « trois et dix »] est le mot grec qui signifie « treize ».

très vite, certains se sont mis à effectuer de petits cercles et d'autres à pousser constamment la tête dans le même coin de la cage. Mais ce type de comportement équivaut-il réellement à la superstition humaine ? C'est discutable.

Nous prenons nos superstitions très au sérieux, à tel point qu'elles entravent parfois le progrès. Le paratonnerre de Benjamin Franklin, l'un des pères fondateurs des États-Unis, est un exemple classique. Il avait d'abord utilisé un cerf-volant pour démontrer que l'éclair est de l'électricité, puis inventé un moyen de conduire son énergie dans le sol afin d'éviter tout dégât. Puisque l'éclair frappait souvent les clochers, ils constituaient le support idéal de ses barres métalliques. Mais, en se concentrant sur les églises, Franklin a heurté de front l'interprétation de l'éclair comme preuve du déplaisir de Dieu. Monter son appareil sur la maison de Dieu, c'était défier sa volonté. Un livre sur Franklin a été judicieusement intitulé *Stealing God's Thunder* [Le Vol du tonnerre de Dieu][10]. Ses barres de métal étaient pourtant extrêmement efficaces. Il y avait moins d'églises détruites autour de Boston, où étaient installés la plupart de ses engins, que partout ailleurs. Néanmoins, certains jugeaient sacrilège l'idée même d'échapper à la main de Dieu. Lorsqu'en 1755 le Massachusetts fut frappé par un grand tremblement de terre, un pasteur accusa Franklin d'avoir attiré ce séisme par son arrogance hérétique.

La superstition brouille la frontière entre le réel et l'imaginaire, comme le font la religion et la croyance en Dieu. À un certain niveau, l'existence de Dieu est une certitude absolue pour beaucoup, mais, à un autre, elle reste toujours exposée à la critique. Si l'on appelle la religion « foi », c'est justement parce qu'elle fait confiance à des choses que l'on ne voit pas. Nous, les humains, nous avons le chic pour cela, comme le montre l'expérience d'imitation avec les boîtes que nous venons d'évoquer. Alors que les grands singes ont pris la tâche au pied de la lettre, en ignorant les gestes superflus, les enfants ont fait confiance à l'expérimentateur et copié tous ses actes. Ils ont investi sa façon de procéder d'un sens mystérieux. Naturellement, les psychologues n'étaient pas très contents de devoir constater que les grands singes s'étaient montrés plus rationnels. Ils ont vite parlé de « surimitation » par les enfants, et y ont vu un bon choix. Brillant, même ! Puisque les adultes ont un savoir supérieur, les enfants doivent les copier sans se poser de questions. La stratégie la plus rationnelle, a-t-on conclu, c'est la foi aveugle.

Non que l'imagination et le faire-semblant soient hors de question pour nos parents primates. Certains rapports signalent leur existence chez des grands singes élevés par les humains, comme Washoe, qui faisait délicatement prendre un bain à sa poupée, ou une autre femelle, Viki, qui feignait de traîner un jouet imaginaire avec une corde imaginaire qu'elle dégageait lorsqu'elle était « coincée ». J'ai déjà mentionné la femelle bonobo qui nourrissait des jeunes avec une bouteille alors qu'ils n'en avaient aucun besoin, s'imaginant peut-être qu'elle était une *Maman*. Chez les chimpanzés sauvages, on a observé des soins donnés à des petits imaginaires. Richard Wrangham a vu un jeune de six ans, Kakama, porter et bercer une petite bûche de bois comme si c'était un nouveau né. Il l'a fait pendant des heures d'affilée et, à un moment, il a même construit un nid dans un arbre et y a doucement déposé la bûche. Le chercheur de terrain n'avait guère envie de tirer les leçons de ce qu'il avait vu, mais il a bien dû admettre qu'il s'agissait d'un jeune mâle qui jouait à la poupée. Kakama anticipait peut-être la naissance d'une petite sœur, car sa mère était alors enceinte. J'ai moi-même vu de jeunes chimpanzés agir de même, tenant tendrement un bout de tissu ou un balai. On a signalé qu'une gorille sauvage avait ramassé un tas de mousse bien douce, qu'elle portait et tenait sous ses seins comme un bébé en faisant semblant de l'« allaiter »[11].

Peut-être les grands singes aussi peuvent-ils créer une nouvelle réalité qui existe à côté de l'ancienne. Dans l'ancienne, une bûche n'est qu'une bûche ; dans la nouvelle, c'est un bébé. Cette aptitude à la réalité duale est si développée dans notre propre espèce qu'une pilule de sucre nous fait du bien même si l'infirmière la sort d'un flacon étiqueté ostensiblement « placebo ». À un certain niveau, nous savons que c'est une fausse pilule. À un autre, nous croyons malgré tout qu'elle aura un effet. De même, nous nous laissons prendre aux histoires d'amour, aux rivalités et aux morts dans les films tout en étant parfaitement conscients que les acteurs ne font que jouer. Nous sommes très forts pour suspendre une réalité au profit d'une nouvelle. C'est l'une des raisons du succès de Hatsune Miku, une pop-star japonaise populaire qui attire un public massif de jeunes rockers alors qu'elle n'est qu'un hologramme. Cette projection en 3D générée par ordinateur, dotée d'une personnalité féminine et d'une voix de synthèse, danse et chante devant un orchestre vivant en dominant de haut son public, puisqu'elle n'est pas limitée par la taille humaine. Ses concerts sont complets en quelques minutes. Le public chante avec elle et réagit à ses mouvements sexy comme si elle était réelle.

Soutenir, comme le font volontiers les néo-athées, que seule la réalité empirique compte, que les faits l'emportent sur les croyances, c'est refuser à l'humanité ses espoirs et ses rêves. Nous projetons notre imagination sur tout ce qui nous entoure. Nous le faisons dans les films, au théâtre, à l'opéra, dans la littérature, dans la réalité virtuelle et, oui, dans la religion. Les néo-athées sont comme des gens qui restent à l'extérieur du cinéma en nous disant : ce n'est pas vrai, Leonardo DiCaprio n'a pas coulé avec le *Titanic*, c'est scandaleux ! Nous sommes parfaitement à l'aise, pour la plupart, avec cette dualité. L'humour aussi s'appuie sur elle, en nous berçant d'une certaine vision de la situation pour mieux nous matraquer avec une autre. Enrichir la réalité est l'une de nos aptitudes les plus jubilatoires, des jeux où nous « faisons semblant » dans notre enfance aux visions d'un au-delà quand nous devenons plus âgés.

Il y a des réalités qui existent et d'autres auxquelles nous aimons croire.

Aucun souci du lendemain

Borie, une vieille femelle chimpanzé chez qui nous soupçonnions une infection à l'oreille, a fait une étrange requête. Tandis qu'on l'examinait dans les quartiers de nuit, elle ne cessait d'agiter la main en direction d'une table. Sur cette table, il n'y avait rien, sauf un petit miroir en plastique pour bébé. Après quelques minutes de ce manège, nous nous sommes dit que Borie voulait peut-être le miroir, et nous le lui avons donné.

Elle l'a pris d'une main, a ramassé un fétu de paille de l'autre, et a incliné le miroir de façon à pouvoir regarder son oreille en y mettant la paille. Tout en se nettoyant l'oreille, elle suivait attentivement le déroulement des opérations dans le miroir, comme si telle avait été son intention depuis le début. Si simple que cette tâche puisse paraître, elle exigeait une certaine puissance intellectuelle. D'abord, Borie devait savoir qu'elle pouvait se voir elle-même dans un miroir, et peu d'animaux le savent. Mais l'autoreconnaissance dans une glace est bien établie chez les grands singes. Deuxièmement, elle a dû prévoir son geste depuis le début : sinon, pourquoi s'est-elle immédiatement servie du miroir de cette façon ?

On croit souvent les animaux captifs de l'ici et maintenant, mais Borie attendait sûrement de pouvoir nous orienter vers ce qu'il lui fallait. L'aptitude à faire des plans est en fait très développée chez les grands singes. On voit par exemple des chimpanzés en liberté constituer un fagot de tiges de hautes herbes, puis le transporter dans leur bouche sur plusieurs kilomètres jusqu'à la termitière où ces tiges leur serviront de cannes à pêche. De même, les chimpanzés de zoo peuvent amasser des brassées de paille de leur cage de nuit avant de sortir dehors où il fait froid. Mais le cas le plus connu de planification est incontestablement celui de Santino, un chimpanzé mâle d'un zoo suédois. Chaque matin, avant l'arrivée des visiteurs, il ramassait sans se presser des pierres dans le fossé qui entourait son enclos et les empilait en petits tas bien nets dans un endroit discret. Il disposerait ainsi de tout un arsenal quand le zoo ouvrirait ses portes. Comme tant de chimpanzés mâles, Santino allait se ruer plusieurs fois par jour, tous poils hérissés, pour intimider la colonie. Jeter des choses dans tous les sens, y compris des projectiles dirigés vers le public, faisait partie de la démonstration. Alors que la plupart des chimpanzés se trouvaient les mains vides au moment critique, Santino avait préparé ses piles de pierres à cette fin. Il l'avait fait à une heure calme, où il ne ressentait pas encore la montée d'adrénaline qui le rendait d'humeur à produire son spectacle habituel[12].

Les expériences sur l'aptitude à faire des plans remontent à Wolfgang Köhler, qui, dans les années 1920, a présenté à des grands singes une banane pendue au plafond en leur fournissant des caisses et des bâtons. Les éléphants aussi, nous l'avons vu, sont capables de résoudre ce problème. Plus récemment, on a donné à des grands singes la possibilité de choisir des outils sans utilité immédiate mais dont ils pourraient se servir plus tard. Ils ont préféré ces outils à des récompenses instantanées, et les ont gardés patiemment en prévision de récompenses futures[13]. Dans un test innovant, des scientifiques ont voulu voir si les grands singes étaient capables d'imaginer une solution qu'ils n'avaient jamais observée. Ils les ont mis face à un récipient transparent trop étroit pour qu'ils puissent attraper ce qu'il contenait. Tout au fond, il y avait une cacahuète épluchée. Ne pouvant toucher cette cacahuète et ne disposant d'aucun outil, que pouvait faire le grand singe, sinon la fixer des yeux? Eh bien, il avait une solution. Il est allé au robinet, a pris de l'eau plein sa bouche et l'a crachée dans le récipient. Mais une gorgée n'a pas suffi, et il a donc dû effectuer plusieurs aller et retour entre le robinet et le récipient avant de récupérer la cacahuète flottante avec ses doigts. Un grand singe a été encore plus imaginatif : il en a fait autant en urinant[14].

La connaissance du futur et la conscience de la mort sont potentiellement en mesure de créer, en s'associant, un sens de sa propre mortalité. Mais même si nos parents primates partagent jusqu'à un certain point notre imagination et notre intérêt pour l'avenir, on ne sait pas encore clairement s'ils pensent à leur propre mort. Reo, un chimpanzé de l'Institut de recherche sur les primates de l'université de Kyoto, a servi d'exemple à cet égard. À la fleur de l'âge, il a été paralysé à partir du cou et jusqu'aux pieds par une inflammation de la moelle épinière. Il pouvait boire et manger, mais il ne pouvait plus bouger. Il n'a cessé de perdre du poids et a développé de larges escarres pendant les six mois où vétérinaires et étudiants l'ont soigné en permanence. Reo s'est rétabli, mais le point le plus intéressant a été sa réaction à ses souffrances d'alité.

> Une chose a été très claire pour tous ceux qui ont participé aux soins : d'un bout à l'autre de sa période de paralysie complète, l'attitude de Reo à l'égard du monde extérieur n'a pas changé. Il taquinait souvent les jeunes étudiants en leur crachant de l'eau – exactement comme il le faisait avant sa maladie. Sa vision de la vie après être tombé malade est restée la même qu'avant ; nous n'avons pas remarqué le moindre changement perceptible, même quand il était couché là, maigre comme un râteau et couvert de plaies. Disons-le : il ne semblait pas inquiet pour son avenir. Il n'est pas devenu dépressif, alors que son état nous paraissait, à nous, extrêmement grave[15].

Notre imagination tant vantée est une épée à double tranchant. Elle crée le désespoir dans une situation qu'un grand singe vit peut-être sans inquiétude, mais elle nous apporte aussi l'espoir, puisqu'elle nous permet d'envisager un avenir meilleur. Nous regardons si loin dans le futur, en fait, que nous comprenons que notre vie aura une fin. Cette prise de conscience influence en profondeur notre existence, en nous inspirant une quête permanente de sens et d'amères plaisanteries sur le thème : « Chienne de vie – et après, on meurt ! » Aurions-nous développé une croyance dans le surnaturel sans ce nuage qui plane au-dessus de nous ? Un travail de recherche donne une réponse partielle : il a montré que plus les gens sont conscients de leur propre mortalité, plus ils y pensent, plus ils croient en Dieu[16]. Ils sentent que le bateau tangue, pour ainsi dire, et, comme tant de voyageurs sur une mer déchaînée, ils en appellent à un pouvoir supérieur.

Mais avant de conclure que la thanatophobie nous distingue, une réserve majeure s'impose, et je ne peux m'empêcher d'y penser chaque fois que je regarde *Le Jardin des délices* de Bosch. La plupart du temps, loin de penser à notre mort, nous mettons ces idées en suspens. Aucun individu sain d'esprit ne nie explicitement qu'il est mortel, bien sûr ; néanmoins, beaucoup agissent comme s'ils allaient vivre toujours. L'œuvre de Bosch est une immense mise en garde contre cette illusion. *Le Jardin des délices* regorge d'adultes célibataires qui ne pensent qu'à leurs petits plaisirs. Aucun souci du lendemain. « Leur seul péché », écrit un expert, « était de n'avoir pas conscience » du péché[17]. Bien qu'ils participent à un rassemblement massif, les personnages nus paraissent solitaires et introvertis. Un peu comme les adolescents d'aujourd'hui qui restent collés à leur smartphone personnel même quand ils se déplacent en bande. Les hédonistes du panneau central du *Jardin* n'élèvent pas d'enfants, ils ne produisent rien de précieux, enfermés qu'ils sont dans leur cocon existentiel, sauf pour l'occasionnelle amourette érotique qui nécessite un partenaire. Peut-être vivent-ils dans un paradis de la luxure, mais c'est aussi un paradis sans finalités ni réalisations. Ils semblent se désintéresser du monde, y compris de la mort et de la destruction qui vont inévitablement les frapper. Ils agissent comme s'ils étaient immortels. Nous les spectateurs, en revanche, nous voyons l'épouvantable panneau de droite et nous savons ce qui va leur arriver sous peu.

Beaucoup d'hédonistes du *Jardin* vivent dans leur cocon. On a dit que la bulle de ce couple était en verre craquelé pour symboliser la fragilité de l'amour. Mais les fissures ressemblent plutôt aux veines d'un sac amniotique, qui les met à l'abri du monde extérieur. Quant à l'homme à droite, il regarde au bout d'un tube en verre (allusion à l'alchimie) un rat. La symbolique n'est pas claire, mais je ne peux m'empêcher de voir en lui un scientifique béhavioriste.

Quand une émission radiophonique a invité la romancière turque Elif Shafak à donner son « idée en soixante secondes pour changer le monde », elle s'est inspirée d'une recommandation soufie : goûter la mort avant de mourir[18]. Le bouddhisme aussi met l'accent sur ce point : accepter sa propre mort lui paraît libérateur. Puisque le monde moderne est fondé sur une négation de la mort, a dit Shafak, nous aurions tous besoin de nous rendre dans un salon, comme un salon de coiffure, où, pendant une heure, nous goûterions la mort, notre propre mort. Cela nous adoucirait le cœur et nous ferait apprécier davantage la vie, a-t-elle soutenu. Nous savons bien que nous sommes mortels, mais nous avons du mal à intégrer cette connaissance à notre existence. En écoutant sa proposition, je me suis dit que c'était très bien pour les gens en milieu de vie, mais inutile pour tous ceux de mon âge. Les membres de ma génération ont vu mourir leurs parents ou s'y attendent à tout moment. Nous avons perdu des frères et sœurs, des amis, des conjoints, peut-être même des enfants. Nous avons des amis atteints de la maladie de Parkinson, du cancer, de la maladie d'Alzheimer ou de quelque autre affection effroyable. Plus nous prenons de l'âge, plus nous faisons l'expérience des ravages physiques de notre propre vieillissement et plus nous avons une vive conscience que le temps qu'il nous reste à vivre est limité.

Pieter Brueghel l'Ancien a exprimé l'idée de la façon la plus explicite et morbide possible en un seul tableau. Nous voyons des charrettes pleines de crânes, tandis que des gens de tous les milieux – des paysans, des évêques, des nobles – sont emportés sans distinction de l'autre côté. Les morts marchent sur les vivants comme une armée qu'on n'arrête pas, en les poussant vers d'immenses pièges tandis que des incendies rougeoient au loin. Il y a un pendu à l'horizon, un chien mange le visage d'une morte et un homme portant au cou une pierre de meule est tenu en suspens au-dessus de l'eau. Autour d'une table, les invités d'un dîner tentent vainement de résister, en tirant l'épée ou en fuyant l'avancée des cadavres, tandis que, dans l'angle inférieur droit, un amant insouciant joue du luth à une femme derrière laquelle un squelette joue allègrement le même air. La répugnante armée de mort et de destruction de Brueghel date de 1562, un demi-siècle après *Le Jardin des délices*, dont l'enfer-sur-terre l'a inspiré. Ce tableau est justement nommé *Le Triomphe de la Mort*.

Son équivalent moderne est l'installation de l'artiste britannique Damien Hirst intitulée *The Physical Impossibility of Death in the Mind of Someone Living* [L'Impossibilité physique de la mort dans l'esprit d'un vivant]. L'œuvre présente le corps d'un requin-tigre traité au formol dans une vitrine : il est si grand et sa bouche est si largement ouverte et pleine de dents qu'il apporte la perspective de la mort de façon tout à fait tangible. Quand il a atterri à New York au Metropolitan Museum of Art, on l'a défini comme « simultanément vie et mort, incarnées d'une façon que l'on ne saisit vraiment que quand on l'a vu, en suspens, en silence, dans son aquarium[19] ». Mais on a aussi qualifié cette œuvre de poisson sans frites outrageusement coûteux.

La mort est si difficile à accepter que nous essayons de pas y penser, et que nous faisons comme si défunts et défuntes s'en allaient vers un monde meilleur où nous les retrouverons un jour. Les funérailles raffinées remontent à nos ancêtres de Cro-Magnon : les morts partaient avec des ornements – des perles d'ivoire, des bracelets, des colliers. Personne ne laisse tant d'objets précieux dans une tombe sans croire à la survie dans l'au-delà. Nous sommes la seule espèce à pratiquer ces rites et à jouir du réconfort qu'ils apportent, mais je ne suis pas entièrement convaincu que nous soyons les seuls à nous douter que nous allons mourir. En sa qualité de jeune mâle adulte, Reo n'était peut-être pas le meilleur exemple. Il est rare que la mort imminente soit acceptée à cet âge-là. Dans de nombreuses espèces, les individus vieillissants semblent nettement plus sages que les jeunes, et une perte progressive de sa vitalité au fil des ans peut être vécue tout autrement que l'immobilisation soudaine qui a frappé Reo. Quand un vieux singe remarque que grimper aux arbres est de plus en plus difficile, quand un éléphant a de plus en plus de mal à tenir le rythme du troupeau, se pourrait-il qu'ils appliquent ce qu'ils ont appris de la vie et de la mort à leur propre corps ?

C'est difficile à savoir, mais cela ne peut être exclu.

La frousse de Freud

Tenter de définir la religion en termes satisfaisants pour tout le monde est une entreprise sans espoir. J'ai participé un jour à un forum de l'American Academy of Religion où quelqu'un a proposé que nous commencions par le faire. Idée certes fort judicieuse, mais qu'un autre participant a aussitôt écartée : il a rappelé à tout le monde que, la dernière fois qu'ils avaient essayé de définir la religion, la moitié du public, indignée, avait soudain quitté la salle. Et c'est une académie expressément nommée de ce terme ! Donc, limitons-nous à dire que *la religion est le respect partagé du surnaturel, du sacré ou du spirituel, ainsi que des symboles, rites et cultes qui lui sont associés.* Cette définition ne fait pas la distinction entre spiritualité et religion, mais, en se limitant au respect « partagé », elle exclut les approches individuelles et ne prend en compte que les phénomènes collectifs. Ainsi définie, la religion est un universel humain.

Une seule exception a été signalée : les Pirahã. On a soutenu que ce peuple de la forêt brésilienne n'avait pas de religion (on l'a même qualifié de « tribu athée »). Mais cette assertion ne survit pas à l'examen des sources originales. Daniel Everett, l'ex-missionnaire américain qui a vécu chez les Pirahã, précise qu'ils parlent aux esprits et dansent pour eux. Ils portent des colliers faits de grains, de dents, de plumes et de fermetures de canettes de bière qui « ne sont décoratifs qu'en second lieu ; leur premier but est de conjurer les esprits qu'ils voient presque tous les jours[20] ». Et, non contents de les voir, ils les canalisent en parlant d'une voix de fausset. Toutefois, les Pirahã ont une telle terreur des mauvais esprits qu'ils refusent de les appeler par leur nom. Même quand ils viennent de les canaliser, ils nient leur présence (« Je ne sais pas, je ne l'ai pas vu »). Leur effroi rend pratiquement impossible aux Occidentaux de comprendre à quoi croient vraiment les Pirahã, mais il est hors de doute qu'ils croient à quelque chose. Leur croyance est seulement d'un type inhabituel pour nous.

Si la religion est à ce point répandue, une question se pose aussitôt : pourquoi l'évolution l'a-t-elle créée ? Les biologistes réfléchissent toujours en termes de valeur pour la survie. Quel type d'avantages la religion apporte-t-elle ? On a voulu le découvrir en comparant les premiers chrétiens à la population romaine qui les entourait. Quand deux grandes pestes ont ravagé l'empire – chacune a tué un tiers de la population –, les chrétiens s'en sont mieux sortis que les Romains. Ils ont apporté des aliments et de l'eau à ceux qui étaient trop malades pour assurer leur propre subsistance, répondant à leurs besoins au nom du Christ, tandis que les Romains fuyaient leurs êtres chers, qu'ils abandonnaient avant même leur dernier soupir pour tenter d'échapper à la contagion. Bien que les chrétiens aient pris le risque de la contamination, une étude des inscriptions funéraires a révélé qu'ils ont joui d'une espérance de vie plus élevée.

Mais est-ce la bonne comparaison ? Son premier défaut est évident : les Romains étaient eux-mêmes extrêmement religieux, ils désiraient ardemment apaiser et satisfaire leurs dieux et déesses, tels Mars et Vénus. Nous ne comparons donc pas vraiment des gens religieux et irréligieux. Le second défaut est que les premiers chrétiens n'étaient pas une population ordinaire : c'était une minorité persécutée ; ils appartenaient donc à une communauté étroitement soudée en lutte contre un ennemi commun. Cette situation leur a sûrement donné une raison de vivre commune, ce qui a pu avoir des effets bénéfiques pour leur santé. Malheureusement, essayer de cerner avec précision les bienfaits de la religion, c'est comme s'interroger sur les bénéfices qu'apporte le langage. Je suis sûr qu'il en apporte, mais, puisque tous les humains en ont un, nous manquons de points de comparaison. Avec la religion, nous sommes tous dans le même bateau. La seule chose que nous savons, c'est que les tentatives pour l'abolir ou la décourager ont eu des effets désastreux.

On l'a vérifié sous Staline en Union soviétique, sous Mao Tsé-toung en Chine communiste et sous Pol Pot chez les Khmers rouges du Cambodge : ils ont torturé, tué et affamé des millions de leurs propres concitoyens. Les Khmers rouges ont interdit toute religion, tout en offrant aux masses condamnées cet effrayant slogan : « À te garder on ne gagne rien, à t'éliminer on ne perd rien*. » Ces idéologies

* C'est la traduction littérale, mais le sens de ce slogan (adressé aux personnes envoyées en « rééducation ») était, semble-t-il : « [Si] à te garder on ne gagne rien, à t'éliminer on ne perd rien. »

n'ont pas produit des sociétés particulièrement saines et ont été un fiasco du point de vue biologique. D'un autre côté, leurs attitudes antireligieuses s'inscrivaient dans un cadre plus général. Les trois pays opéraient un renversement de l'ordre existant qui a pu les obliger à briser le pouvoir de la religion établie. Je ne rendrais donc pas nécessairement responsable de leurs atrocités l'athéisme en soi. De même, lorsqu'on a tué au nom de Dieu, comme pendant les croisades ou au cours des massacres perpétrés par les conquistadors espagnols, c'était souvent une façade pour des ambitions politiques ou coloniales. Chez Christophe Colomb, la soif de l'or était aussi vive que l'amour de Dieu. Il est donc problématique de retenir comme seule cause la religion. Le fond de l'affaire est que les humains sont capables d'une incroyable cruauté, que ce soit au nom de Dieu ou pour nier son existence.

Il est peut-être possible de répondre à la question à plus petite échelle, par exemple en étudiant la longévité des expériences de vie communautaire menées au XIXe siècle aux États-Unis. Les communautés fondées sur une idéologie laïque comme le collectivisme se sont désintégrées beaucoup plus vite que celles qui reposaient sur des principes religieux. Pendant chaque année d'existence de ces communautés, les religieuses ont eu quatre fois plus de chances de survie que leurs homologues laïques[21]. Le partage d'une religion accroît considérablement la confiance. Nous connaissons la force du lien que créent les pratiques coordonnées, par exemple prier collectivement et accomplir les mêmes rites. Cela renvoie au principe primate « agir ensemble améliore les relations » : on en a de multiples illustrations, de la préférence des grands singes pour les chercheurs humains qui les imitent à la meilleure résistance physique (telle qu'un seuil plus élevé de sensibilité à la douleur) qu'acquièrent les rameurs des équipages d'aviron universitaire du fait qu'ils s'exercent en équipe et non isolément[22]. L'action commune peut stimuler la sécrétion d'endorphine, comme on l'a aussi suggéré pour d'autres mécanismes unificateurs, tel le rire collectif. Ces effets positifs de la synchronisation contribuent à expliquer la cohésion que créent les religions et leur effet sur la stabilité sociale.

Durkheim appelait les bénéfices que l'on tire de l'appartenance à une religion son « utilité laïque ». Il était persuadé qu'un phénomène aussi omniprésent et envahissant devait servir un objectif – et que cet objectif n'était pas surnaturel, mais social. Le biologiste David Sloan Wilson, qui a analysé les données dont nous disposons sur les premiers chrétiens, est d'accord avec lui ; il voit la religion comme un mécanisme d'adaptation qui permet aux groupes humains de fonctionner harmonieusement : « Les religions existent essentiellement pour que les gens puissent réussir ensemble ce qu'ils ne peuvent réussir seuls[23]. »

Construire des communautés religieuses nous vient naturellement. De fait, puisqu'il est courant d'opposer la religion à la science, il est bon de rappeler l'avantage prodigieux dont jouit la première. La science est une réalisation artificielle, inventée, tandis que la religion nous vient aussi facilement que la marche ou la respiration. De nombreux auteurs l'ont souligné, de la primatologue américaine Barbara King, qui, dans *Evolving God* [Comment l'évolution à créé Dieu], rattache la pulsion religieuse à notre désir d'appartenance, à l'anthropologue français Pascal Boyer, qui perçoit une aptitude intuitive à la religion :

> La recherche scientifique et la théorisation ne sont apparues que dans très peu de sociétés humaines. [...] Les résultats de la recherche scientifique peuvent être bien connus, mais le style intellectuel global qui est requis pour les atteindre est réellement difficile à acquérir. En revanche, des représentations religieuses sont apparues dans tous les groupes humains que nous connaissons, elles s'acquièrent aisément, se maintiennent sans effort et semblent accessibles à tous les membres d'un groupe, indépendamment de leur intelligence ou de leur formation. Comme l'observe Robert McCauley, [...] les représentations religieuses sont tout à fait naturelles chez les êtres humains, tandis que la science, très clairement, ne l'est pas. Autrement dit, les premières vont dans le sens des intuitions que l'évolution nous a données, tandis que la seconde nous impose de suspendre, voire de contredire, la plupart de nos modes de pensée usuels[24].

Quel contraste entre la facilité avec laquelle les enfants adoptent la religion et le long parcours laborieux que doivent effectuer les jeunes pour obtenir un doctorat vers l'âge de trente ans ! S'il devait dire laquelle des deux survivrait en cas d'effondrement de la société, m'a confié McCauley, un de mes collègues philosophes d'Emory, il miserait sur la religion et non sur la science. « La religion repose massivement sur ce que j'appelle la cognition naturelle, une pensée qui est automatique, qui pour l'essentiel n'est pas consciente. » Profil que McCauley oppose à celui de la science, qui est « consciente, en général sous la forme du discours. Elle est lente, elle est délibérative[25] ».

Imaginons que nous mettions quelques dizaines d'enfants sur une île sans adultes. Que se passerait-il ? William Golding pensait le savoir : il nous a donné la sauvagerie et le meurtre dans *Sa Majesté des mouches*. C'était peut-être une brillante extrapolation de la vie dans les pensionnats anglais, mais il n'y a pas l'ombre d'une preuve que des enfants abandonnés à eux-mêmes agiraient ainsi. Lorsqu'on laisse seuls des enfants de quatre ou cinq ans dans une pièce, ils ont tendance à négocier entre eux à l'aide d'une terminologie morale : « C'est pas juste ! », ou : « Pourquoi tu ne lui donnes pas quelques-uns de tes jouets[26] ? » Nul ne sait ce qu'ils feraient si on les laissait à eux-mêmes beaucoup plus longtemps, mais ils constitueraient sûrement une structure de domination hiérarchique. L'établissement d'un ordre hiérarchique est une question que les jeunes animaux, qu'il s'agisse d'oisons ou de chiots, règlent vite par le combat, et les enfants font de même. Je me souviens de ces étudiants en psychologie imprégnés d'égalitarisme universitaire qui pâlissaient, bouleversés, en voyant les tout-petits se battre entre eux le premier jour de l'école maternelle. Nous sommes des primates hiérarchiques, et, malgré tous nos efforts pour tenter de le camoufler, cela se voit tôt dans la vie.

Les enfants sur l'île pourraient aussi entrer dans le champ symbolique. Ils élaboreraient probablement un langage, comme les enfants sourds du Nicaragua, dans les années 1980, se sont mis à communiquer dans une langue des signes simple que les non-initiés ne pouvaient suivre. Beaucoup d'autres aspects se développeraient également, comme la culture. Les enfants transmettraient des habitudes et des savoirs, et feraient preuve de conformisme dans les outils fabriqués ou les façons de se saluer. Il y aurait aussi des droits de propriété, et des tensions autour de la propriété. Enfin, ils créeraient sans aucun doute une religion. Nous ne savons pas de quel type, mais ils croiraient dans des forces surnaturelles, peut-être personnalisées, comme des dieux, et se doteraient de rites pour les apaiser et les plier à leur volonté.

La seule chose que les enfants ne créeront jamais, c'est la science. De l'avis général, elle n'est vieille que de quelques milliers d'années : elle est donc apparue extrêmement tard dans l'histoire de l'humanité. C'est un véritable exploit, qui a une importance cruciale, mais il serait naïf de le penser sur un pied d'égalité avec la religion. La guerre entre science et religion, pour le dire en termes bibliques, c'est le combat de David contre Goliath. La religion a toujours été avec nous et il est peu probable qu'elle disparaisse un jour, car elle fait partie de notre peau sociale. La science ressemble plutôt à un manteau que nous venons d'acheter. Nous risquons toujours de le perdre, ou de le jeter aux orties. Il faut surveiller en permanence les forces antiscientifiques dans la société : la science est si fragile comparée à la religion ! Opposer les deux comme si elles étaient sur le même pied et en compétition, c'est donner une image étrangement déformée, qui n'est explicable que si l'on réduit la science et la religion à des sources de connaissance sur les mêmes phénomènes. C'est le seul cas de figure où l'on pourrait soutenir que, si l'une a raison, l'autre a forcément tort.

Quand il s'agit seulement de connaître le monde physique, le choix est évident. Je n'arrive pas à comprendre pourquoi, à une époque où tout le monde se promène avec son ordinateur portable et prend l'avion, il est encore besoin de défendre la science. Pensons aux immenses progrès accomplis par la biomédecine, et à l'allongement considérable de la vie qui en est résulté. N'est-il pas manifeste que la science est un moyen supérieur de déterminer comment les choses fonctionnent, d'où viennent les humains, ou comment est apparu l'univers ? Je côtoie des scientifiques tous les jours, et rien n'est plus addictif que l'excitation de la découverte. Certes, il reste quantité de mystères, mais la science est notre seul espoir réaliste de les percer. Ceux qui présentent la religion comme une source de connaissances de ce type, et s'en tiennent obstinément à des histoires immémoriales malgré une avalanche d'informations nouvelles, méritent le mépris qu'ils s'attirent. Mais je considère aussi cette collision particulière entre science et religion comme un simple à-côté. La religion est loin de se réduire aux articles de foi. La question n'est pas de savoir si elle est vraie ou fausse, mais comment elle façonne notre vie, et ce qui pourrait éventuellement prendre sa place si nous l'éliminions comme un prêtre aztèque arrache le cœur battant d'une vierge. Qu'est-ce qui pourrait combler le trou béant et remplir les fonctions de l'organe retiré ?

J'ai vu un jour, à New-York, une pièce « off-Broadway » intitulée *Freud's Last Session* [La Dernière Séance de Freud], où le psychanalyste toussotant et fumant son cigare faisait face à C.S. Lewis, devenu chrétien dévot, et défiait les convictions du jeune homme*. C'était une éblouissante démonstration de scepticisme, qui devait rendre ensuite ma lecture du vrai Freud un peu dégrisante. S'il récuse sans ambiguïté la religion, qu'il qualifie de création humaine et de pure « illusion », il n'est pas prêt à recommander son abandon. Il attend la fin de *L'Avenir d'une illusion* pour nous laisser sentir sa frousse :

* Il s'agit d'une pièce de Mark St Germain, qui, pour une œuvre « off-Broadway », c'est-à-dire ne jouissant pas de toute l'attention des médias, a connu un immense succès. L'écrivain irlandais C. S. Lewis (1898-1963), auteur des *Chroniques de Namia*, est un grand champion du christianisme.

> Si vous voulez éliminer la religion de notre culture européenne, cela ne peut se faire que par un autre système de doctrines et celui-ci reprendrait d'emblée, en vue de sa défense, tous les caractères psychologiques de la religion, le même caractère sacré, rigide, intolérant, le même interdit de pensée[27].

Toute l'expérience communiste n'a-t-elle pas été une tentative pour créer une société sans Dieu, et n'a-t-elle pas confirmé à la lettre les prédictions de Freud ? Avec ses chants à l'unisson, ses marches, ses serments publics et ses Petits Livres rouges agités en l'air, le mouvement a délibérément mimé la religion. Le dogmatisme, la rigidité et la ferveur religieuse (ou irréligieuse) étaient bien visibles et n'ont fait que grandir au fil des décennies, jusqu'au moment où le communisme s'est effondré sous son poids et son insuccès. Ayant assisté aux premiers stades de cette expérience, Freud en a peut-être deviné la futilité.

Une autre tentative curieuse pour se passer de Dieu a eu lieu en 1793 : l'autel de la cathédrale Notre-Dame de Paris a été remplacé par une maquette de montagne que couronnait un temple dédié à la philosophie. À ses côtés brûlait le « Flambeau de la Vérité ». Le Culte de la Raison a aboli le dimanche (le jour de repos n'était plus le septième mais le dixième), laïcisé les noms des jours de tous les saints et écrasé tout espoir de survie dans l'au-delà en faisant inscrire à l'entrée des cimetières : « La mort est un sommeil éternel. » Le Culte avait sa déesse, une dame vêtue à l'antique que l'on transportait dans les rues de Paris, suivie par une foule de fidèles agitant des palmes. Cette procession la conduisait jusqu'à la montagne dans la cathédrale où elle s'asseyait entre les bustes de Voltaire et de Rousseau.

Le Culte de la Raison a pris fin abruptement quand ses dirigeants ont été exécutés par Maximilien Robespierre. Celui-ci a alors lancé son propre Culte de l'Être suprême, dont il était le grand prêtre. Il a aussitôt rétabli l'immortalité de l'âme, et c'est heureux, vu le nombre d'innocents qu'il envoyait à la guillotine. Ce culte aussi n'a eu qu'une brève existence – aussi brève que celle de son grand prêtre.

Freud a mis le doigt sur un mouvement perpétuel de balancier dans la pensée occidentale : celle-ci oscille depuis des siècles entre la critique railleuse de la religion, cette construction irrationnelle, cet « opium du peuple », comme l'a dit Karl Marx, et l'inquiétude pour ce qui se passerait si on l'excluait de notre vie. Les néo-athées répètent aujourd'hui tous les arguments accumulés au fil des siècles contre la religion. Hitchens a parlé en vrai marxiste quand il a lancé : « la religion empoisonne tout » ; Harris a repris le Flambeau parisien de la Vérité en aspirant à une « religion de la raison » ; et l'« illusion » de Dawkins n'ajoute pas grand-chose à l'« illusion » de Freud[28]. Mais, inévitablement, nous entrons maintenant dans la phase froussarde du cycle. Même en laissant de côté la question de notre capacité à effectuer l'autoamputation que préconisent les athées, le problème de fond est de trouver comment combler un vide de la taille de Dieu si nous réussissons. Alain de Botton est un athée qui admet à contrecœur la religion parce qu'elle comprend les aspirations et les faiblesses humaines universelles, et Philip Kitcher presse les athées et les agnostiques d'aller plus loin que l'incroyance. Il est facile de critiquer la religion, explique Kitcher, mais tout être humain pensant qui envisage de rejoindre le mouvement athée veut savoir ce que ce mouvement défend, pas seulement ce qu'il attaque.

> Nous avons tous besoin d'une vision de nous-mêmes et de ce qui compte vraiment, de quelque chose qui donne un but auquel aspirer et des repères pour mener notre vie. [...] La pensée laïque fuit la question traditionnelle, posée par les Grecs à l'aube de la philosophie, de ce qui donne à une vie humaine, bien qu'elle soit finie, un sens et une valeur. [...] Aucune défense de l'incroyance, si éloquente soit-elle, ne fera la révolution laïque tant qu'on n'admettra pas ces faits. L'éradication temporaire de la superstition, si elle n'est pas accompagnée d'une attention aux fonctions que remplit la religion, crée un vide où les formes les plus grossières de mythologie littéraliste peuvent aisément s'engouffrer[29] [...].

Un œil vous surveille

Lors de mon récent passage à Vancouver, le psychologue canadien Ara Norenzayan m'a donné le titre de son nouveau livre, que j'ai noté trop vite « Big Dogs » [Grands Chiens]. Je dois être légèrement dyslexique, ou peut-être était-ce un lapsus freudien, puisque les animaux sont plus présents à mon esprit que les humains. Ara avait dit « Big Gods » [Grands Dieux].

Il étudie le rôle de la religion dans la vie quotidienne. Dans une de ses expériences, il a cherché à cerner l'impact d'un « amorçage » par des pensées religieuses sur la générosité des gens. « Amorcer », c'est implanter une préférence inconsciente : en l'occurrence, on avait demandé aux sujets de corriger la grammaire de quelques phrases comprenant des mots comme « Dieu », « prophète » et « divin ». Ils avaient rencontré ces termes sans autre information, et sans avoir la moindre idée de l'objet de l'expérience. Après quoi chacun d'eux s'est trouvé face à dix pièces de 1 dollar sur une table, avec cette directive : en prendre autant qu'il le voulait, en sachant que celles qu'il laisserait iraient au suivant. Le résultat a été spectaculaire. Les sujets non « amorcés » n'ont laissé en moyenne que 1,84 dollar pour l'autre ; ceux que l'on avait « amorcés » par des pensées sur Dieu et la religion ont laissé 4,22 dollars. Environ deux « amorcés » sur trois ont laissé au suivant plus de la moitié des pièces. Curieusement, il semble que la religiosité n'ait pas pesé bien lourd. Quand on leur avait demandé leur confession, environ la moitié des sujets avaient répondu : « aucune », mais beaucoup de ces incroyants se sont comportés comme les autres[30].

Comment expliquer cet effet ? On pense que, dans les sociétés très étendues, comme la nôtre, une surveillance – réelle ou imaginaire – est nécessaire pour garantir un haut niveau de coopération. Dans une foule anonyme, il est beaucoup trop facile de jouer impunément les passagers clandestins. Les participants à l'étude ont probablement imaginé dans leur tête un Dieu vigilant, qui approuve les bons sentiments et condamne la triche : « Les surveillés sont gentils », explique Ara. Ce mécanisme pourrait également rendre compte de l'« effet du dimanche » sur les chrétiens dévots : ce jour-là, ils donnent davantage pour les bonnes causes et regardent moins de porno sur Internet[31].

Mais le recours à un surveillant surnaturel est peut-être un phénomène récent, car, pendant notre préhistoire, nous n'en avions pas vraiment besoin. Dans nos petites bandes, semblables aux troupes de primates, tout le monde connaissait tout le monde. Entourés de parents, d'amis et d'autres membres de notre communauté, nous avions d'excellentes raisons de respecter les règles et de nous entendre entre nous. Nous avions une réputation personnelle à défendre. Ce n'est que lorsque nos ancêtres ont commencé à se rassembler en sociétés toujours plus vastes, qui ont d'abord compté des milliers, puis des millions de membres, que les mécanismes du face-à-face se sont effondrés. C'est pourquoi Ara est persuadé que ces grands regroupements ont eu besoin de grands dieux pour surveiller d'un œil d'aigle tous nos faits et gestes. Cette analyse cadre à merveille avec ma propre pensée, qui tient la morale pour antérieure à la religion, en tout cas aux religions qui dominent aujourd'hui. Nous, les humains, nous étions tout à fait moraux quand nous errions encore par petites bandes dans la savane. Ce n'est que lorsque l'échelle de la société s'est mise à croître et les règles de la réciprocité et de la réputation à s'affaiblir qu'un Dieu moralisateur est devenu nécessaire.

Si l'on voit les choses ainsi, ce n'est pas Dieu qui nous a appris la morale; c'est plutôt le contraire. Dieu a été mis en place pour nous aider à vivre comme nous estimions devoir le faire, ce qui confirme le trait d'esprit de Voltaire : nous avions bel et bien besoin de l'inventer. Pensons aussi à la question de Socrate à Euthyphron : une action est-elle morale parce que les dieux l'aiment ou les dieux l'aiment-ils parce qu'elle est morale? Le second terme de cette alternative – aimer ce qui est moral – est la raison d'être de Dieu. Nous lui avons conféré la capacité de nous maintenir sur la même piste étroite et droite que nous n'avons cessé de suivre depuis l'époque où nous vivions en petites bandes.

Sans la religion, le monde risquerait-il donc de manquer d'esprit social? Pour ceux qu'une telle conclusion désespère, il y a quelques rais de lumière. Premièrement, l'expérience initiale était incomplète. Elle «amorçait» uniquement avec des concepts religieux, sans tester d'autres possibilités. Cette lacune a été comblée dans une seconde expérience où les sujets ont été exposés à une terminologie citoyenne – des mots comme « civique », « jury » et « cour de justice » – avant d'être mis à l'épreuve. Et, merveille, ils sont devenus aussi altruistes que ceux qu'on avait « amorcés » avec des termes religieux : ils ont laissé en moyenne 4,44 dollars sur la table. Ce résultat offre un espoir aux sociétés laïques. Si l'appel aux valeurs communautaires, au contrat social et au respect de la loi est aussi efficace que la religion pour stimuler la générosité, peut-être pourront-elles reproduire les effets positifs de la religion, après tout.

Deuxièmement, une étude récente a comparé les raisons pour lesquelles les croyants et les incroyants viennent en aide à autrui. Elle a conclu que les incroyants sont plus sensibles à la situation des autres, car leur altruisme repose sur des sentiments de compassion. Les croyants, en revanche, semblent animés par un sens du devoir, du souci d'agir conformément à leur religion. Au final, le comportement est le même, mais les motivations qui le sous-tendent paraissent différentes[32]. Il est clair qu'il existe de nombreuses raisons d'être bon : la religion n'est que l'une d'entre elles.

On essaie actuellement le modèle laïque en Europe du Nord : il y a fait de tels progrès que les enfants demandent naïvement pourquoi il y a tant de « signes plus » sur les grands bâtiments nommés « églises », et que les gens ne sont plus du tout conscients de l'origine biblique de leurs expressions, du « je m'en lave les mains » à la « goutte d'eau dans le seau* ». Des institutions civiques ont repris nombre

* L'équivalent de notre « goutte d'eau dans l'océan » ; l'expression vient d'Isaïe 40,15, qui assimile les « nations » (païennes) à une goutte d'eau dans un seau, une miette sur une balance, qui ne peuvent en rien se comparer à Dieu.

des fonctions initialement remplies par les Églises, comme les soins aux malades, aux pauvres et aux personnes âgées. Bien qu'ils soient massivement agnostiques ou non pratiquants, les citoyens de ces pays appuient fermement leurs efforts. C'est une expérience géante, économiquement et moralement, qui nous dira si de grands États-nations peuvent forger sans la religion un contrat moral qui fonctionne. Si l'on est convaincu, comme moi, que la morale vient essentiellement de l'intérieur, on a toutes les raisons de soutenir cette entreprise, mais je pense aussi avec Freud, Kitcher et bien d'autres que son succès exigera beaucoup plus qu'un certificat de décès de Dieu.

Chapitre 8

La morale vient d'en bas

> *Si, avons beau monter sur des eschasses, car sur des eschasses encores faut il marcher de nos jambes. Et au plus haut eslevé throne du monde, si ne sommes assis que sur nostre cul.*
>
> Montaigne[1].

Je suis entré dans la salle 56 du musée national du Prado à Madrid pour la seconde fois de ma vie comme on pénètre dans un sanctuaire. Après avoir tant lu sur El Bosco et récemment visité, avec de vieux amis, le Jheronimus Bosch Art Center de ma ville natale, j'ai été agréablement surpris, malgré tout, de voir combien l'original du *Jardin* est gai et coloré. L'arrière-plan vert et bleu, les fruits rouges, les oiseaux flamboyants et la masse de nus rose pâle (plus une poignée de nus noirs) créent une atmosphère festive et délicieuse. Impression d'autant plus vive que j'étais entré dans la salle du côté où est accroché le sinistre *Triomphe de la Mort*, si brun et terne qu'en le regardant on se sent mourir sur place et sur-le-champ. C'était bien sûr l'intention de l'artiste, puisque Brueghel était parfaitement capable de produire d'éclatantes couleurs.

La salle 56 est une grande salle bien éclairée, où le *Jardin* est ceint d'un cordon pour qu'on ne puisse pas s'en approcher de trop près. En regardant par-dessus les têtes d'un groupe de touristes, j'ai inspecté les détails de ces cent-tableaux-en-un-seul-chef-d'œuvre dont la boutique du musée propose des tee-shirts, des calendriers, des agendas ou encore des tapis de souris. J'ai ressenti ce qu'a dû éprouver Antonio Damasio, le célèbre spécialiste des neurosciences, quand il a fait un pèlerinage dans la direction géographique opposée pour son livre *Spinoza avait raison*. Il est allé voir les domiciles du philosophe éclairé à La Haye et à Rijnsburg, aux Pays-Bas.

Damasio voulait en savoir plus sur Spinoza, Néerlandais d'origine portugaise. Ses parents juifs avaient fui l'Inquisition de leur pays natal pour échapper à la conversion forcée. Né lui-même portugais, Damasio ressent une affinité naturelle avec Spinoza, qu'il oppose à un autre philosophe, Kant : alors que Kant voulait combattre les périls de la passion par la raison, explique-t-il, Spinoza a fait de la passion le moteur de sa pensée. Damasio voit en Spinoza l'un des philosophes les plus attentifs à la biologie, et déplore que l'on ait discrédité son approche en raison du scepticisme que lui inspirait le Dieu abrahamique. De même, je me suis rendu au Prado pour y retrouver l'œuvre de Bosch en exil, car j'estime que le peintre a encore bien des choses à nous dire sur la question des origines de la morale et de la part qu'y prend la religion, même s'il est rarement, lui aussi, apprécié à sa juste valeur. Il a profondément influencé le surréalisme, que, quatre siècles après sa mort, on verrait comme une excitante nouveauté et le signe d'un élargissement de la conscience. Bosch a transformé des rêves en réalité et illustré les faiblesses éternelles de l'humanité comme le faisait par l'écriture son contemporain Érasme de Rotterdam. Dans son très populaire *Éloge de la folie*, celui-ci explique en latin érudit combien l'espèce humaine est vaine et naturellement stupide. Je ne peux que sympathiser avec ces premiers efforts pour faire redescendre sur terre le couronnement de la création.

On en a un bel exemple avec l'autre triptyque de Bosch exposé salle 56, qu'on appelle *Le Chariot de foin*. Il représente un chariot surmonté d'un énorme tas de foin qui traverse une foule. En regardant de près, nous voyons que les gens se battent pour de la paille. En moyen-néerlandais, *hoy* (le foin) signifiait vanité, néant, vide[2]. Dans ce tableau, des individus se sautent à la gorge pour du simple foin, sortent des couteaux et se poignardent mutuellement, tandis que d'autres sont écrasés sous les roues du chariot. Le clergé participe activement à l'empoignade : un moine corpulent attend que des nonnes remplissent son sac de foin. Les nobles et le pape suivent le chariot à cheval, sans rien perdre de leur dignité : les nantis n'ont pas besoin de se mêler aux gens de peu pour avoir ce qu'il leur faut. Le chariot poursuit sa route en attirant tous les personnages, comme un joueur de flûte, vers le panneau de droite où l'Enfer les attend. Le triptyque serait une parfaite image choc pour lancer le débat dans les églises qui prêchent l'« évangile de la prospérité* » – en promettant des bénédictions financières

* Selon cette doctrine apparue aux États-Unis (*prosperity theology* ou *prosperity gospel*) et professée dans certaines églises de ce pays, le succès financier est la preuve de la bénédiction divine et constitue le moyen choisi par Dieu pour assurer la domination des chrétiens dans la société.

aux fidèles –, puisque Bosch entend souligner la laideur et l'absurdité de la cupidité. C'est évidemment l'un des messages les plus anciens de la morale chrétienne, celui dont est porteur l'énoncé de Jésus : il est plus difficile à un riche d'entrer dans le royaume des cieux qu'à un chameau de passer par le chas d'une aiguille. Le triptyque montre l'influence corruptrice de la richesse matérielle : la rechercher, c'est littéralement passer sa vie à se disputer des fétus de paille.

Cela dit, nous comprenons encore très mal Bosch, dont nous connaissons fort peu la vie et moins encore les idées et les convictions. Nous l'interprétons du mieux que nous pouvons, mais nous ne sommes nullement certains que nos déductions correspondent à ses intentions. Le grand spécialiste allemand de l'histoire de l'art Erwin Panofsky conclut à son sujet : « Nous avons foré quelques trous dans la porte de la pièce condamnée, mais nous n'en avons pas encore trouvé la clef[3]. »

En examinant de près le panneau de gauche du *Jardin*, j'ai été à nouveau frappé par une suggestion stupéfiante : le paradis a peut-être été peuplé par un autre processus que la création. Non que Bosch ait été un évolutionniste. Les idées évolutionnistes modernes sont nées en France et en Angleterre au XVIIIe siècle – avant Darwin mais longtemps après Bosch. En revanche, il y a dans son triptyque des allusions à la « génération spontanée » d'Aristote, la théorie selon laquelle une mixture croupissante d'eau, de boue et de fumier peut produire des créatures vivantes (parfois avec des malformations). Le *Jardin* montre deux bassins de soupe primordiale dont émergent des bêtes à plumes et à nageoires, des poissons ailés, une licorne qui nage, un oiseau à trois têtes, un phoque muni de pattes de devant et toute une série d'amphibiens. Naturellement, l'eau obsède les Néerlandais, qui vivent au-dessous du niveau de la mer. Bosch choisit souvent l'eau stagnante pour symboliser le mal, mais ici elle produit la vie. Je ne connais aucune autre œuvre picturale représentant de telles scènes, qui ne peuvent qu'émouvoir un biologiste. L'être le plus sensationnel est une créature à bec de canard lisant tranquillement un livre, ce qui suggère que le fruit de la connaissance était en fait accessible dans la boue du paradis.

En mettant des espèces émergentes à côté d'Adam et Ève, le peintre semble suggérer un lien entre de modestes formes de vie et la création de l'humanité. Souvent présenté comme un chrétien dévot, Bosch n'en semait pas moins dans ses œuvres les graines du scepticisme.

Dans ce fragment (légèrement modifié) du *Jardin*, Bosch a représenté la génération spontanée de créatures étranges et difformes qui émergent de bassins fangeux. La scène comprend aussi deux cas de prédation. Est-ce par provocation que le peintre a placé cette scène d'allure évolutionniste juste aux pieds d'Adam et Ève ?

Humbles débuts

Ces animaux qui s'extraient de la fange nous rappellent nos humbles débuts. Tout a commencé simplement. Pas seulement notre corps – dont les mains dérivent de nageoires frontales et les poumons d'une vessie natatoire –, mais aussi notre esprit et nos comportements. Croire que la morale échappe à ces modestes origines, c'est professer une conviction qui nous a été inculquée par la religion et qu'a embrassée la philosophie. Mais elle est totalement contraire à ce que nous apprend la science moderne sur la primauté des intuitions et des émotions. Elle est contraire aussi à ce que nous savons des autres animaux. Certains prétendent que les animaux sont ce qu'ils sont tandis que notre espèce suit des idéaux, mais il est facile de les réfuter. Non parce que nous n'avons pas d'idéaux, mais parce que les autres espèces en ont aussi.

Pourquoi une araignée répare-t-elle sa toile ? Parce qu'elle a une structure idéale à l'esprit ; dès que sa toile s'en écarte, elle travaille dur pour lui rendre sa forme originelle. Comment une « maman grizzli[4] » conserve-t-elle en sécurité ses petits ? Quiconque passe entre une laie et sa progéniture découvrira qu'elle a à l'esprit une configuration idéale et n'aime pas du tout qu'on la brouille. Le monde animal abonde en réparations et en corrections – des barrages de castors endommagés et des fourmilières perturbées à la défense du territoire et au maintien du rang. S'il n'obéit pas à la hiérarchie, un singe subordonné contrarie l'ordre établi et l'enfer se déchaîne. Les corrections sont par définition normatives : elles reflètent le sentiment qu'ont les animaux de ce qui doit être. L'aspect le plus pertinent pour la morale, qui est normative aussi, est l'aspiration des mammifères sociaux à des relations harmonieuses. Ils s'efforcent d'éviter le conflit chaque fois qu'ils le peuvent. La vision de la nature comme combat de gladiateurs est entièrement fausse. Dans une expérience de terrain, deux babouins mâles adultes se sont refusés à toucher une cacahuète jetée entre eux, même s'ils l'avaient vue l'un et l'autre atterrir à leurs pieds. Hans Kummer, le primatologue suisse qui a consacré sa vie au travail en milieu naturel avec les babouins hamadryas, rapporte la conduite de deux chefs de harem qui se trouvaient ensemble sur un arbre fruitier trop petit pour nourrir à la fois leurs deux familles : ils ont conjuré un affrontement inévitable en se *fuyant*, littéralement. Leurs femelles et leurs rejetons respectifs les ont suivis, et les fruits n'ont pas été ramassés. Avec les énormes et terribles canines qu'ont les babouins, rares sont les ressources qui valent un combat[5]. Les mâles chimpanzés sont confrontés à un dilemme du même ordre. De la fenêtre de mon bureau, j'en vois souvent plusieurs traîner autour d'une femelle aux parties génitales turgescentes. Au lieu de se concurrencer, ces mâles s'efforcent de maintenir la paix. Tout en jetant de fréquents coups d'œil à la femelle, ils passent leur journée à se toiletter entre eux. C'est seulement quand ils seront tous suffisamment détendus que l'un d'eux tentera de s'accoupler.

Si le combat éclate, les primates réagissent comme l'araignée quand sa toile se déchire : ils passent en mode « réparation ». Le moteur de la réconciliation est l'importance des relations sociales. Comme l'attestent des études menées sur les espèces les plus diverses, plus deux individus sont proches, plus ils font de choses ensemble, et plus il est probable qu'ils se réconcilieront après une agression[6]. Ce comportement montre qu'ils ont conscience de la valeur des amitiés et des liens familiaux. Il les oblige souvent à surmonter leur peur ou à refouler leur agressivité. Sans ce besoin d'enterrer la hache de guerre, faire des baisers et des accolades à d'anciens adversaires n'aurait aucun sens pour les grands singes. La conduite avisée serait de ne pas les approcher.

Cela me ramène à ma vision de la morale « venue d'en bas ». La loi morale n'est ni imposée d'en haut, ni déduite de principes soigneusement raisonnés ; elle naît de valeurs bien ancrées, qui sont là depuis des temps immémoriaux. La plus fondamentale dérive de la valeur de la vie collective pour la survie. Le désir d'appartenance, l'envie de s'entendre, d'aimer et d'être aimé nous pousse à faire tout ce que nous pouvons pour rester en bons termes avec ceux dont nous dépendons. D'autres primates sociaux partagent cette valeur et s'appuient sur le même filtre entre émotion et action pour parvenir à un *modus vivendi* mutuellement agréable. C'est ce filtre que nous voyons à l'œuvre quand les chimpanzés mâles désamorcent une querelle au sujet d'une femelle ou quand les babouins mâles font comme s'ils n'avaient pas vu la cacahuète. C'est une simple question d'inhibitions.

Tara, la femelle la plus jeune de notre colonie de chimpanzés, a une habitude déplorable qui met en fureur les dames plus âgées. Elle trouve parfois un rat mort dans les espaces extérieurs du complexe ou en déterre un dans un trou abandonné. Elle traîne alors le cadavre par la queue en le tenant bien à l'écart de son propre corps, et elle le dépose discrètement sur le dos ou la tête d'une compagne endormie. Dès qu'elle sent le contact (ou la puanteur) du rat mort, sa victime se réveille en sursaut, hurle et se secoue frénétiquement pour se débarrasser de cette saleté. Il arrive même qu'elle frotte avec une poignée d'herbes l'endroit où le rat a touché son corps pour en dissiper l'odeur. Tara récupère prestement son rat et s'en va vers sa prochaine cible. Le plus remarquable est l'absence totale de sanctions. Les victimes sont furieuses, Tara se trouve tout en bas de l'échelle sociale, et pourtant elle ne subit aucune conséquence de ses actes. Elle profite de l'extrême patience des adultes à l'égard des jeunes.

Le contrôle des émotions se produit spontanément dans les situations critiques où la vie est en jeu, comme en témoigne ce récit que m'a fait Allan Schmidt, un chef-soigneur du zoo Taronga, à Sydney. Ce zoo présente un des plus beaux groupes de chimpanzés du monde, dont fait partie Sembe, deux ans. Un jour, elle s'est emmêlée dans le nœud d'une corde. Elle a paniqué, naturellement, et, entendant ses hurlements, sa mère Shiba s'est vite précipitée à son secours. Shiba a réussi à désenchevêtrer le nœud qui retenait Sembe, puis elle a ramené sa fille à terre pour la réconforter dans ses bras. Une fois Sembe rassurée, Shiba a grimpé à la corde et mordu le nœud coupable : elle l'a coupé pour réduire le danger à l'avenir. Réfléchissons à ce que cela demande de libérer un nourrisson d'un nœud mortel. La première impulsion est sans nul doute de tirer sur la corde ou sur le bébé, ce qui aggraverait sûrement les choses. Mais non : la mère a fait ce qu'il fallait, elle a desserré le nœud, donc elle a montré qu'elle comprenait le danger. Et c'est bien parce qu'elle le comprenait qu'elle a pris la mesure de précaution qui a suivi.

« Négociation » par la toilette entre trois chimpanzés mâles adultes près d'une femelle sexuellement attirante (au premier plan). Les mâles subordonnés ont plus de chances de pouvoir s'accoupler sans opposition après avoir toiletté leurs supérieurs.

Nous sommes des mammifères, et cette classe d'animaux se caractérise par la sensibilité aux émotions de chacun. Même si je privilégie les primates dans mes exemples, ce que je décris est souvent vrai aussi des autres mammifères. Prenons le travail du zoologue américain Marc Bekoff, qui analyse des vidéos de chiens, de loups et de coyotes en train de jouer. Il conclut que le jeu des canidés obéit à des règles, développe la confiance, exige la prise en considération de l'autre et enseigne aux jeunes la bonne conduite. Une posture stéréotypée, la « révérence » (l'animal aplatit son avant-train en relevant son arrière-train), permet de distinguer le jeu du sexe ou du conflit, avec lesquels il risque d'être confondu. Mais le jeu cesse abruptement dès qu'un partenaire se conduit de façon inappropriée ou fait mal accidentellement à l'autre. Le transgresseur « s'excuse » en faisant une nouvelle révérence, ce qui peut conduire l'autre à « pardonner » l'offense et à reprendre le jeu. L'inversion des rôles peut rendre le jeu encore plus excitant, par exemple lorsqu'un membre dominant de la meute se met sur le dos devant un petit chiot, exposant ainsi son ventre dans un acte de soumission. C'est une façon de laisser le petit « gagner », ce qu'il ne lui permettrait jamais dans la vie réelle. Bekoff aussi fait le lien avec la morale :

> Pendant le jeu social, tout en prenant du plaisir dans un environnement relativement sûr, les individus apprennent les règles de base sur ce qui est acceptable pour les autres – jusqu'où ils peuvent mordre ou faire pression dans leurs interactions – et sur le règlement des conflits. Le fair-play est valorisé, et la confiance dans celui des autres aussi. Il y a des codes de conduite en société qui fixent ce qui est autorisé et ce qui est interdit, et l'existence de ces codes a peut-être quelque chose à voir avec l'évolution de la morale[7].

Bekoff entend par fair-play la façon dont un chien est tenu de se conduire pour être un bon compagnon de jeu. Un gros chien qui poursuit un petit doit y aller doucement, et tous les chiens doivent contrôler la façon dont ils mordent. Ces règles constituent ce que j'ai appelé la « morale en tête à tête ». Mais le fair-play joue aussi sur un autre plan : la répartition des ressources. Même si l'on a formulé toutes sortes de nobles principes sur la justice distributive, les émotions sous-jacentes sont, là encore, plus fondamentales qu'on ne le croit souvent. Après tout, même les jeunes enfants font une crise s'ils ont une tranche de pizza plus petite que leur frère ou leur sœur. « C'est pas juste ! » hurlent-ils. Ils font preuve d'équité de premier niveau – le ressentiment parce qu'on reçoit moins qu'un autre. Sans cette émotion, pourquoi se soucierait-on de la répartition des choses ?

L'égalitarisme des chasseurs-cueilleurs suggère que notre souci du partage des ressources a une longue histoire évolutionniste. On n'autorisait même pas les chasseurs à découper leurs propres prises pour éviter qu'ils favorisent leurs parents et amis. Les anthropologues ont déployé le jeu de l'ultimatum dans le monde entier et constaté que les humains se préoccupent de l'équité partout. Dans le jeu de l'ultimatum, deux joueurs partagent une somme entre eux. Mais c'est seulement s'ils acceptent tous deux la répartition qu'ils auront l'argent. Universellement, notre espèce se prononce pour le partage à égalité, peut-être parce que la partie qui propose la répartition comprend qu'elle ne pourra pas s'avantager impunément. Les scans du cerveau des joueurs confrontés à des propositions inéquitables révèlent des émotions négatives, comme le mépris et la colère[8].

Les humains jouent au jeu de l'ultimatum de façon extrêmement complexe : non seulement nous manifestons l'équité de premier niveau, la protestation parce que nous recevons moins, mais nous anticipons cette réaction chez les autres et tentons de la prévenir. Nous le faisons en devenant les actifs promoteurs de l'équité, donc en atteignant l'équité de second niveau, qui est une préférence générale pour les résultats équitables. Thomas Hobbes suggérait déjà le rôle crucial de l'évitement du conflit : « Chacun recherche par nature ce qui est *bon pour lui*, et ne recherche la *justice* que pour la *paix*, et par accident[9]. » Je suis d'accord avec le philosophe, sauf sur un point : je n'aurais jamais utilisé l'expression « par accident ». Une tendance humaine aussi prononcée et universelle a nécessairement une raison.

Nous avons vu clairement combien cette tendance est ancienne lorsque nous l'avons découverte, Sarah Brosnan et moi, chez les singes capucins. Cette expérience est devenue immensément populaire. Pour la même tâche, une guenon recevait des tranches de concombre tandis qu'une autre recevait des raisins. Les guenons accomplissaient la tâche sans problème si elles recevaient toutes les deux des récompenses identiques, quelle que fût leur qualité, mais elles rejetaient les récompenses inégales avec une telle véhémence que leurs sentiments ne faisaient guère de doute. Je montre souvent leurs réactions à des publics qui rient à en tomber de leur chaise – ce que j'interprète comme une manifestation de surprise de se reconnaître[10]. Jusqu'ici, ils ne s'étaient pas rendu compte de la proximité de leurs émotions avec celles des singes. La guenon qui reçoit du concombre mâche la première tranche avec satisfaction, puis pique une colère noire quand elle remarque que sa compagne reçoit des raisins. À partir de là, elle jette ses tranches de concombre minables et se met à secouer la chambre d'essai de manière si forte que celle-ci menace de se rompre. La motivation sous-jacente n'est pas si différente des manifestations humaines contre le chômage ou les bas salaires. Tout « Occupy Wall Street » est là : certains nagent dans les raisins quand nous vivons tous au pays des concombres.

Le refus d'un aliment parfaitement convenable parce que quelqu'un d'autre est mieux loti ressemble au comportement humain dans le jeu de l'ultimatum. Les économistes qualifient cette réaction d'« irrationnelle », puisque quelque chose vaut toujours mieux que rien. Aucun singe, selon eux, ne devrait refuser un aliment qu'il mangerait dans d'autres circonstances, et aucun humain ne devrait rejeter aucune offre, si réduite soit-elle. *Money is money.* Mais si ces réactions sont irrationnelles, c'est une irrationalité qui transcende l'espèce. À la voir à l'œuvre avec tant d'éclat chez un singe, nous comprenons mieux que notre propre sens de l'équité, loin d'être un produit de notre rationalité tant admirée, vient de nos émotions de base.

J'ajouterai toutefois que notre expérience avec les guenons n'a pas révélé d'équité de second niveau. Nous n'avons jamais vu la détentrice des raisins partager sa récompense avec la mangeuse de concombre. N'en concluons pas, cependant, que cette équité avancée est exclusivement humaine. Nous devons aussi prendre en compte nos plus proches parents, les grands singes. D'abord, ceux-ci pratiquent régulièrement la résolution de conflits sur des aliments qui ne sont pas à eux. J'ai vu un jour une adolescente interrompre une querelle entre deux jeunes pour une branche feuillue. Elle leur a pris la branche, l'a cassée en deux puis en a donné une partie à chacun. Voulait-elle simplement mettre fin à l'affrontement, ou avait-elle compris quelque chose sur la répartition ? Les mâles de haut rang, eux aussi, interrompent souvent les combats sans rien prendre des aliments qui les ont provoqués. On a vu également Panbanisha, une bonobo, s'inquiéter d'être privilégiée. Au cours d'un test dans un laboratoire d'étude des mécanismes cognitifs, elle recevait de grosses quantités de lait et de raisins, mais elle sentait les regards envieux de ses amis et parents peser sur elle à distance. Au bout d'un moment, elle a refusé toute récompense. Regardant l'expérimentateur, elle faisait sans cesse des gestes en direction des autres, jusqu'au moment où eux aussi ont reçu une partie des aliments. C'est alors seulement qu'elle a fini les siens. Les grands singes sont capables d'anticiper, et si Panbanisha avait mangé publiquement tout ce qu'elle avait, peut-être y aurait-il eu des répercussions négatives à son retour parmi les autres en fin de journée[11].

Mais la preuve la plus convaincante d'une équité de second niveau vient des travaux de Sarah sur les chimpanzés. Quand nous eûmes mené à bien tous les tests supplémentaires que nous avaient demandés les sceptiques pour prouver que les singes se soucient effectivement de l'injustice, Sarah a mis au point un projet chimpanzé de grande envergure. Nous avions découvert que la sensibilité à l'équité ne fonctionne qu'en association avec l'effort[12]. Si l'on se contente de nourrir des primates de façon inégale, on n'obtient aucune réaction négative. Il faut que l'aliment serve de paiement pour un travail. Avec cette idée à l'esprit, nous avons récompensé les chimpanzés, pour une tâche simple, par des raisins et des morceaux de carotte. Là encore, les raisins faisaient office d'aliment privilégié. Comme on pouvait s'y attendre, les détenteurs de carottes ont refusé de s'exécuter ou ont jeté leurs aliments si leur partenaire recevait des raisins. Jusque-là, les résultats confirmaient le travail sur les singes. Mais nul n'avait prévu que les détenteurs de raisins, eux aussi, seraient perturbés. « Nous avons fait une découverte inattendue, écrit Sarah dans son rapport : un chimpanzé est plus enclin à refuser de précieux raisins quand l'autre reçoit une carotte sans grande valeur que quand il reçoit aussi du raisin[13]. »

La meilleure façon d'appréhender l'équité et la justice est donc de les regarder comme des aptitudes très anciennes. Elles sont nées du besoin de préserver l'harmonie face à la compétition pour les ressources. Nous partageons les deux stades de l'équité avec les grands singes, et le premier avec les singes et les chiens. À l'université de Vienne, Friederike Range a découvert que les chiens refusent de donner la patte pour « serrer la main » à un humain s'ils n'obtiennent rien en échange tandis qu'un autre chien est récompensé[14].

Ne soyons pas surpris de constater cette réaction chez les chiens, qui dérivent d'une longue lignée d'animaux coopératifs. Se soucier de ce que les autres obtiennent peut sembler mesquin, mais à long terme cela nous évite de nous faire duper. Qualifier cette réaction d'« irrationnelle » est une erreur totale. Si nous chassons souvent ensemble, vous et moi, et que vous prenez toujours les meilleurs morceaux de viande, il me faudra un autre compagnon de chasse. Ce n'est probablement pas par hasard que les trois espèces animales allergiques à l'injustice – les chimpanzés, les capucins et les canidés – adorent la viande et chassent en groupe. La sensibilité à la répartition contribue à assurer des récompenses dignes de l'effort fourni, ce qui est crucial pour une coopération durable.

Ce point m'amène au niveau suivant de la morale, celui où nous nous distinguons des autres primates. Nous nous soucions intensément du niveau du groupe, et nous développons des notions du bien et du mal pour tous ceux qui nous entourent, pas seulement pour nous et nos proches parents. Non que ce niveau soit totalement absent chez les grands singes – je l'ai analysé sous le nom de « souci de la communauté » –, mais il exige une puissance d'abstraction supérieure, ainsi que l'anticipation de ce qui pourrait se produire si nous laissions les autres mal se conduire impunément, même si leur comportement ne nous touche pas directement. Nous avons la capacité d'imaginer son impact sur l'intérêt général. Les valeurs implicites, là encore, ne sont pas si compliquées, car le bon fonctionnement d'une communauté est sûrement dans l'intérêt de tous ses membres, mais il est plus difficile de trouver des parallèles avec d'autres animaux. Nous acquérons progressivement une réputation d'honnêteté et de fiabilité, et nous désapprouvons jusqu'à les frapper d'ostracisme ceux qui trichent et ne veulent pas coopérer. Notre objectif est de maintenir tout le monde dans le droit chemin, pour que chacun fasse passer l'intérêt collectif avant ses visées égoïstes. La morale sert à étendre les bienfaits de la vie de groupe et à empêcher toute exploitation par une élite puissante. Je suis ici l'analyse, traditionnelle en biologie – elle remonte à Darwin –, qui fait de la morale un phénomène interne au groupe. Comme le résume Christopher Boehm :

> Nos codes moraux ne sont pleinement applicables qu'au sein du groupe, qu'il s'agisse d'un groupe linguistique, d'une population analphabète qui partage la même base foncière ou la même identité ethnique, ou d'une nation. Il semble qu'une « décote » morale spéciale, péjorative, soit appliquée aux étrangers à la culture – que souvent on ne juge même pas pleinement humains[15] [...].

Mais, bien qu'il soit pratiquement sûr que l'évolution a créé la morale pour des raisons internes au groupe, sans grand souci de l'humanité en général, cette situation n'est pas nécessairement incontournable. Aujourd'hui, nous tentons désespérément de dépasser l'« esprit de clocher » moral et d'appliquer ce que nous avons appris de la dignité humaine au monde entier, y compris aux étrangers, et même aux ennemis. Les ennemis aussi ont des droits : c'est une idée neuve – la Convention de Genève sur les prisonniers de guerre ne date que de 1929. Plus nous étendons le champ de la morale, plus nous devons nous fier à notre intellect, pour une raison simple : bien que je croie la morale fermement ancrée dans les émotions, la biologie ne nous a guère préparés à des droits et obligations à l'échelle du monde moderne. Nous avons évolué en animaux sociaux, pas en citoyens du monde. Nous n'en sommes pas moins en train de réfléchir à ces problèmes, par exemple aux droits humains universels, et il n'y a aucune raison de regarder l'éthique naturalisée que préconise ce livre comme une prison dont nous ne pourrions pas nous échapper. Cette éthique explique comment nous sommes arrivés où nous en sommes, mais nous avons une longue histoire d'édification de nouvelles structures sur de vieux fondements.

Le bonobo et l'athée

Qu'est-ce qu'un bonobo dirait à un athée ? J'ai rencontré le bonobo le plus compétent linguistiquement du monde, Kanzi, qui a vécu à Atlanta avec sa jeune sœur, Panbanisha. Bien que la compréhension qu'a Kanzi de l'anglais parlé soit stupéfiante et qu'il soit l'un des bonobos les plus intelligents que j'aie jamais vus, ses énoncés (sur un tableau numérique couvert de symboles) ne sont pas du niveau d'un débat d'idées universitaire. Mais faisons semblant.

Pour commencer, le bonobo conseillerait vivement à l'athée d'arrêter de « dormir furieusement ». Rien ne sert de se mettre dans tous ses états à propos de l'absence de quelque chose, surtout quelque chose d'aussi sujet à interprétation que Dieu. Certes, si l'athée affiché est stigmatisé, comme c'est malheureusement le cas aux États-Unis, sa frustration est compréhensible. La haine nourrit la haine, et c'est pourquoi certains athées fustigent la religion et parlent comme si sa disparition serait un immense soulagement. Qu'importe si la religion plonge de trop profondes racines pour être éliminée et si, historiquement, les tentatives pour l'extirper par la force n'ont apporté que du malheur ! Peut-être est-ce plutôt faisable progressivement, en douceur, mais il nous faudrait pour cela apprécier et valoriser notre héritage religieux au moins dans une certaine mesure, même si nous le jugeons dépassé. Peut-être faut-il voir la religion comme un bateau qui nous a fait traverser l'océan, en nous permettant de créer de vastes sociétés dotées d'une morale qui fonctionne. Maintenant que la terre est en vue, certains d'entre nous sont prêts à débarquer. Mais qui dit que la terre est aussi ferme qu'elle en a l'air ?

Réduire le rôle de la religion, mettre moins l'accent sur Dieu tout-puissant et davantage sur les potentialités humaines, j'y suis tout à fait favorable. Cette position n'a évidemment rien de nouveau : c'est le programme humaniste. Aujourd'hui, on perçoit souvent l'humanisme comme un mouvement antireligieux, mais il ne l'était sûrement pas au départ[16]. L'humanisme initial critiquait effectivement la théologie de l'Église, qui lui paraissait déconnectée de la vie pratique, mais il était globalement compatible avec les valeurs chrétiennes. Ici, je devrais toutefois être prudent : qualifier de « religieuses » des valeurs, quelles qu'elles soient, est problématique. Il semble plutôt que les diverses religions se soient approprié des valeurs humaines universelles : chacune les a soutenues par ses propres récits et les a faites siennes. Ce n'est qu'au XVIIIe siècle que l'humanisme est devenu une alternative à la religion, en séduisant massivement parce qu'il offrait une éthique de vie fondée sur la raison et non sur le surnaturel. Il demeure néanmoins un mouvement non religieux, pas antireligieux. En tolérant la religion, même si la religion n'est pas toujours tolérante en retour, il peut se concentrer sur le plus important : construire une société meilleure sur la base des aptitudes naturelles des êtres humains. Le résultat est l'expérience en cours en Occident : une société de plus en plus laïque. Comme celui des plaques tectoniques, le glissement est extrêmement graduel. L'humanité ne peut pas changer et ne changera pas en un clin d'œil, et l'on ne peut pas dire non plus que la religion soit une influence extérieure. Elle est vraiment notre création, une part de ce que nous sommes, totalement enchevêtrée avec nos cultures respectives. Nous ferions mieux de nous entendre avec elle et d'apprendre d'elle, même si notre but final est de fixer un nouveau cap.

Le bonobo conseillerait à l'athée d'adopter une perspective de ce genre, de longue durée. La bonne nouvelle est que les principaux ingrédients d'une société morale ne nécessitent pas la religion, puisqu'ils viennent de l'intérieur. Malgré l'accent qu'il met sur la raison, l'humanisme voit dans notre espèce une créature de passion autant que d'intellect. C'est là que le bonobo est en prise directe avec nous. Nous avons les émotions d'un animal social, et pas de n'importe quel animal : d'un mammifère. Les tentatives antérieures pour expliquer biologiquement le comportement humain ont trop insisté sur les gènes et trop comparé avec les insectes sociaux. Comprenez-moi bien : les fourmis et les abeilles coopèrent merveilleusement, et en les étudiant nous avons considérablement amélioré notre compréhension de l'altruisme. C'est un triomphe de la théorie évolutionniste que sa logique se vérifie sur une si large gamme d'espèces. Néanmoins, les insectes ne possèdent aucun des circuits neuronaux tournés vers l'empathie et la sollicitude que les mammifères ont élaborés au cours de leur évolution. Bien que leur comportement ressemble superficiellement au nôtre, il ne s'appuie pas sur les mêmes processus. C'est comme comparer, aux échecs, le jeu des ordinateurs et celui des grands maîtres : ils peuvent en fin de compte effectuer le même coup, mais ils y parviennent par des voies totalement différentes.

Le bonobo fait joyeusement remarquer qu'il n'est pas un insecte non plus. La comparaison avec nos semblables primates nous protège contre les schémas réducteurs selon lesquels nous sommes esclaves de nos instincts. Ceux qui pensent de cette façon sont prompts à décocher le mot « erreur » chaque fois que les humains s'écartent de la ligne du parti évolutionniste. Nous blâmer leur paraît plus simple que réviser leur théorie. Le problème est qu'il existe bien des strates entre les gènes et le comportement, du codage des protéines (c'est ce que font les gènes) aux processus neuronaux et à la psychologie. Nous sommes dynamisés par des valeurs et des émotions internes qui guident, et non dictent, notre conduite. Elles nous poussent dans une certaine direction, mais en nous laissant beaucoup de marge. C'est pourquoi nous sommes capables de prendre soin de ceux qui ne peuvent nous rendre la pareille, d'adopter des jeunes sans lien de parenté avec nous, de coopérer avec des étrangers et d'avoir de l'empathie pour les membres d'une autre espèce. Et nous ne sommes pas les seuls : l'exemple le plus récent est l'intervention de baleines à bosse pour aider une baleine grise qui défendait son petit contre l'agression d'un orque[17]. Les mammifères sont émus par la détresse des autres, ce qui aboutit à un degré d'altruisme très supérieur aux prédictions des théories génocentriques.

C'est aussi pour cela que le bonobo n'est pas d'accord avec ceux qui opposent évolution et morale, comme le célèbre neurochirurgien américain Benjamin Carson, qui a déclaré : « En dernière analyse, si l'on accepte la théorie de l'évolution, on récuse l'éthique, on n'a pas à se conformer à un ensemble de codes moraux, on détermine sa conscience sur la base de ses désirs[18]. » On voit le problème que pose ce type d'énoncé : si les humains développent partout un sens du bien et du mal, l'un de nos désirs les plus profonds est sûrement de vivre dans un monde moral. Carson suppose que la morale heurte de front notre nature, et que nos désirs sont tous mauvais, alors que toute la visée de ce livre est de démontrer le contraire. Dieu merci, si je puis dire, nous partageons avec les autres primates un fond d'animaux sociaux qui nous amène à valoriser les relations sociales. Sans ce fond, la religion pourrait prêcher sur la vertu et le vice jusqu'à épuisement, nous ne saisirions jamais. Si nous sommes réceptifs, c'est uniquement parce que l'évolution nous a permis de comprendre la valeur des relations, les bienfaits de la coopération, la nécessité de la confiance et de l'honnêteté, etc. Même notre sens de l'équité vient de ce fond.

Ici, le bonobo prendrait le parti de l'athée : quel que soit le rôle de la religion dans la morale, dirait-il, c'est celui d'un ouvrier de la onzième heure. La morale est apparue la première, et la religion moderne s'y est raccrochée. Loin de nous donner la loi morale, les grandes religions ont été inventées pour la soutenir. Nous ne faisons que commencer à explorer la façon dont elles y parviennent, en unissant les gens et en faisant respecter la bonne conduite. Je n'ai nullement l'intention de minimiser ce rôle de la religion, qui a été crucial dans le passé et pourrait bien le rester dans l'avenir prévisible, mais la source de la morale, ce n'est pas elle.

Enfin, l'effort pour séparer l'« être » du « devoir-être », torture intellectuelle qui entrave tout débat sur l'évolution morale, fait bien rire le bonobo. Il est largement admis en philosophie que nous ne pouvons pas passer de ce que sont les humains ou les animaux à des idéaux éthiques. Le premier phénomène est descriptif, dit-on dans la discipline, le second prescriptif. C'est un problème sérieux qu'il n'est pas facile de résoudre, mais rectifier nos prémisses serait un bon début. Si nous partons de l'idée que les animaux sont des « impulsifs » absolus qui n'ont aucun contrôle sur les élans que la nature leur a donnés, nous nous fourvoyons. Comme nous, les animaux favorisent certains résultats et réagissent par la peur ou la violence à toute déviance. Qui dit que le bonobo peut faire tout ce qu'il veut ? Même sur le plan sexuel, où il subit moins de contraintes que nous, il lui faut malgré tout une partenaire consentante et l'absence de mâles dominants. Sa conduite fait l'objet de nombreuses attentes, que les autres n'hésiteront pas à lui rappeler dès qu'il menacera un nourrisson ou tentera de voler la nourriture d'une femelle. Même s'il n'a pas de notions du bien et du mal qui transcendent sa situation personnelle, ses valeurs ne sont pas entièrement différentes de celles qui sous-tendent la morale humaine. Lui aussi s'efforce de s'adapter, obéit aux règles sociales, exprime son empathie aux autres, répare les relations brisées et s'élève contre les dispositions injustes. Peut-être ne souhaitons-nous pas appeler cela une « morale », mais on ne peut pas dire non plus que son comportement soit libre de toute prescription.

C'est sur cette observation que le bonobo conclut ses conseils à l'athée, qui est à ses yeux dans la protestation plus que dans la proposition. Le grand défi, c'est d'aller de l'avant, au-delà de la religion, et surtout au-delà de l'éthique imposée d'en haut. Nos « lois morales » les plus connues offrent de bons résumés *a posteriori* de ce que nous jugeons moral, mais leur champ d'application est limité et lacunaire. La morale a de bien plus humbles origines, discernables dans le comportement d'autres animaux. Tous les acquis scientifiques de ces dernières décennies plaident contre la vision pessimiste qui fait d'elle un mince vernis recouvrant une nature humaine abominable. Bien au contraire, notre passé évolutionniste nous tend une main puissante et secourable, sans laquelle nous ne serions jamais parvenus aussi loin.

Remerciements

Passer du comportement des primates à la religion et à l'humanisme peut paraître abusif, mais cette démarche a sa logique. Ce sont mes travaux sur la coopération et la résolution des conflits chez les primates qui ont éveillé mon intérêt pour ces questions. Ils m'ont conduit à réfléchir sur l'évolution de l'empathie et, en dernière analyse, de la morale humaine. Mon premier livre sur le sujet, *Le Bon Singe* (1997), faisait à peine mention de la religion, mais beaucoup estiment que la morale et la religion sont inséparables, tandis que d'autres contestent ce lien. J'ai estimé qu'il était temps d'ajouter à mon propos les visions religieuses et non religieuses de la vie. Elles sont essentielles pour répondre à la question : pourquoi notre espèce est-elle si encline à diviser les comportements en bons et mauvais ?

Il y a aussi l'inclusion de Jérôme Bosch, qui pour moi a toujours été présent en arrière-plan. J'ai nommé l'un des chimpanzés d'Arnhem Yeroen en référence à Bosch, dont le prénom en néerlandais est Jeroen. Connaissant mon affection pour le peintre, les étudiants qui travaillaient avec moi à l'époque, dans les années 1970, m'ont fait la surprise de m'offrir après ma soutenance de thèse un livre richement illustré sur Bosch. Marianne Oertl, journaliste allemande et peintre elle-même, a encore accru mon intérêt pour lui en éclairant le lien entre Bosch et ma vision de la nature humaine. Elle voyait en lui un humaniste de la première heure, et c'est sous ce jour que je le présente dans *Le Bonobo, Dieu et nous.*

En 2009, l'anthropologue américaine Sarah Hdry et moi-même avons été faits docteurs *honoris causa* de l'Université des études humanistes d'Utrecht, ce qui a encore stimulé mon exploration du point de vue humaniste dans des discussions avec le philosophe Harry Kunneman, entre autres. Mais, bien évidemment, la source principale de ma vision de la morale a toujours été mon travail scientifique sur la face «sociable» du comportement animal. Au fil des décennies de recherche qui ont nourri ce livre, beaucoup trop de collègues, d'étudiants et de sources de financement ont contribué à mes travaux pour que je les cite nommément. Je voudrais remercier mes collaborateurs et coéquipiers les plus récents, qui ont contribué aux découvertes rapportées ici, notamment aux récits de faits réels qui donnent vie à mes analyses : Kristin Bonnie, Sarah Brosnan, Sarah Calcutt, Matthew Campbell, Devyn Carter, Zanna Clay, Marietta Dindo, Tim Eppley, Pier Francesco Ferrari, Katie Hall, Victoria Horner, Kristi Leimgruber, Tara McKenney, Teresa Romero, Malini Suchak, Joshua Plotnik, Jennifer Pokorny, Amy Pollick, Darby Proctor, Diana Reiss, Taylor Rubin, Andy Whiten et Yuko Hattori. J'exprime ma reconnaissance au Centre national Yerkes de recherche sur les primates de l'université Emory pour nous avoir donné la possibilité de mener à bien nos études, et ma gratitude aux nombreux singes, grands et petits, qui y ont participé et sont entrés dans ma vie.

J'ai dialogué au fil des ans avec de nombreux philosophes, qui m'ont fait comprendre avec plus d'acuité comment leur discipline envisage la morale. Les philosophes méditent sur ces questions depuis des millénaires, les biologistes ne font que commencer. Je les remercie tous, ainsi que d'autres experts et amis pour leurs conseils et commentaires sur des parties du manuscrit : Isabel Behncke, Nathan Bupp, Patricia Churchland, Bettina Cothran, Peter Derkx, Ursula Goodenough, Orin Harman, Sarah Hrdy, Philip Kitcher, Harry Kunneman, Robert McCauley, Ara Norenzayan, Jared Rothstein et Christopher Ryan. Thomas Vriens, du Jheronimus Bosch Art Center à Den Bosch, a vérifié l'exactitude des faits dans certains passages concernant le peintre – je reste bien sûr seul responsable des interprétations.

Je remercie mon agent Michelle Tessler pour son soutien permanent, et mon éditrice chez Norton, Angela von der Lippe, pour sa lecture critique du manuscrit. Mais, comme toujours, la commentatrice en chef a été Catherine, mon épouse, qui lit ardemment ma production quotidienne et m'aide à améliorer le texte par ses opinions franches et directes. Mieux encore, elle me gâte et fait de moi un homme heureux.

Notes

NOTES DU CHAPITRE I

1. Nietzsche [1889] (2005), p. 122.

2. Également nommée 's-Hertogenbosch, et en français Bois-le-Duc. Fondée au XIIe siècle, elle est le chef-lieu d'une province du sud des Pays-Bas. Du vivant de Bosch (vers 1450-1516), c'était la deuxième ville du pays après Utrecht.

3. En 2007, Al Sharpton et Christopher Hitchens ont débattu de la religion à la New York Public Library. Voir <www.fora.tv>.

4. Ce billet a été mis en ligne sur le forum « The Stone » le 17 octobre 2010, à l'adresse <http://opinionator.blogs.nytimes.com/2010/10/17/morals-without-god/>.

5. Dalaï-lama (2009), p. 153-154. Voir aussi Marc Kaufman, « Dalai Lama gives talk on science », *Washington Post*, 13 novembre 2005.

6. Conseillant de s'intéresser aux chimpanzés plutôt qu'aux bonobos, Melvin Konner (2002, p. 199) écrit : « Et de toute manière, les chimpanzés ont infiniment mieux réussi que les bonobos, qui sont tout près de l'extinction. »

7. « Homininés » est le nouveau terme qui désigne les humains et leurs ancêtres bipèdes ; auparavant, c'était « hominidés ».

8. Habermas (2002), p. 160. Cette phrase se trouve dans son discours d'acceptation du prix de la Paix 2001 de la Foire du livre allemande, traduit en français dans Habermas (2002). Le texte allemand emploie le mot *Schuld*, qui signifie à la fois qu'on mérite le blâme et qu'on est coupable : « *Als sich Sünde in Schuld verwandelte, ging etwas verloren.* »

9. Gray (2011), p. 235.

10. Botton (2012), p. 11.

11. Pearson (1914), p. 91.

12. Le sous-titre de ce livre de Sam Harris (2010) est *How Science Can Determine Human Values* [Comment la science peut déterminer les valeurs humaines].

13. PLoS Medicine Editors (2011).

NOTES DU CHAPITRE 2

1. Charles Darwin [1871] (1981), t. I, p. 104.
2. Crockford *et al.* (2012).
3. J. B. S. Haldane, cité *in* Harman (2009), p. 158.
4. John Maynard Smith, cité *in* Harman (2009), p. 167.
5. Sur Ronald Fisher et John von Neumann, voir Harman (2009), p. 110.
6. De Waal (1997a), p. 53.
7. George Price dans une lettre de 1971 à Henry Morris, le père du créationnisme moderne, citée *in* Harman (2009), p. 248.
8. Robert Trivers, interviewé par Carole Jahme dans le *Guardian*, 7 octobre 2011.
9. Ernst Mayr (1998, p. 265) écrit : « Huxley, qui croyait en des causes finales, n'acceptait pas la théorie de la sélection naturelle, et ses écrits n'ont pas du tout reflété le véritable darwinisme. [...] Étant donné ces conceptions erronées, il est malheureux que l'on considère souvent, et c'est encore le cas aujourd'hui, son essai sur la morale et l'évolution comme une référence faisant autorité. »
10. Pour l'affirmation de Joseph Hooker et d'autres détails sur le débat Wilberforce-Huxley, voir Numbers (2009), p. 155.
11. Lettre de T. H. Huxley à Charles Darwin, 23 novembre 1859, *in* Leonard Huxley (1901), p. 189.
12. Lettre de T. H. Huxley à Frederick Dyster, 10 octobre 1854, *in* Leonard Huxley (1901), p. 122.
13. Leonard Huxley (1916), p. 322.
14. T. H. Huxley (1894), p. 81.
15. Desmond (1994), p. 599.
16. Ghiselin (1974), p. 247.
17. Wright (2005), p. 557.
18. Défendant son évaluation, George Williams (1988, p. 180) écrit : « Je concède qu'"indifférence morale" pourrait être le mot juste si on l'applique à l'univers physique. Pour le monde biologique, il faut un terme plus fort. »
19. Interviewé par Frans Roes (1997, p. 3), Richard Dawkins déclare : « Ce que je dis, avec beaucoup d'autres, parmi lesquels T. H. Huxley, c'est que dans notre vie sociale et politique nous sommes en droit de mettre à la porte le darwinisme, de dire que nous ne voulons pas vivre dans un monde darwinien. »
20. Collins (2010), p. 200.
21. Richard Dawkins au talk-show *Real Time with Bill Maher*, 11 avril 2008.

22. Lettre de Charles Darwin à T. H. Huxley, 27 mars 1882, *in* Francis Darwin (éd.), *La Vie et la Correspondance de Charles Darwin*, 2 vol., trad. fr. de Henry-C. de Varigny, Paris, C. Reinwald, 1888, t. II, p. 745.

23. Charles Darwin (1871), p. 98. [Nous ne pouvons citer ici l'édition française de 1981 car elle traduit une autre rédaction de ce passage – *NdT.*]

24. Robert Boyd et Peter Richerson (2005) appellent cette position l'« hypothèse de la grosse erreur ».

25. Jessica Flack *et al.* (2005). On trouvera des données sur l'arbitrage impartial dans de Waal (1992b).

26. Fouts et Mills (1998), p. 174.

27. Pruetz (2011).

28. Boesch *et al.* (2010).

29. Nietzsche [1887] (1964), p. 108.

30. Marc Aurèle (1964), p. 126 : « Personne ne se lasse de recevoir un service. Or, rendre service est agir conformément à la nature. Ne te lasse donc point de te rendre service, en obligeant les autres. » [Cette traduction française rend exactement le texte grec de Marc Aurèle. Mais la traduction anglaise citée par l'auteur préfère expliciter l'idée en la développant librement : « Personne ne se lasse de recevoir un service, et les actes qui sont conformes à la nature, comme rendre service, sont leur propre récompense. Comment peux-tu donc te lasser de rendre service aux autres puisqu'en le faisant tu te rends service à toi-même ? » – *NdT.*]

31. Aknin *et al.* (2012).

Notes du chapitre 3

1. Paraphrase courante d'une réplique d'Abraham Lincoln. S'offusquant de l'entendre parler des rebelles sudistes avec quelque sympathie, une femme lui avait dit qu'il ferait mieux d'anéantir ses ennemis que de leur exprimer de l'amitié. Lincoln avait rétorqué (Ury 2006, p. 194) : « Pourquoi, madame ? Est-ce que je n'anéantis pas mes ennemis en en faisant des amis ? »

2. Lamarck [1809] (1994), p. 298-299, n. 2.

3. L'Éloge funèbre de M. de Lamarck par Georges Cuvier a été lu devant l'Académie des Sciences à Paris le 26 novembre 1832.

4. De Waal (1999a), p. 85.

5. Wrangham et Peterson (1996), p. 204.

6. De Waal (1992a), p. 270.

7. De Waal (1999a), p. 81.

8. Voir les vidéos d'Isabel Behncke Izquierdo à l'adresse <www.ted.com/talks>.

9. Robert Ardrey écrit : « Nous sommes issus d'anthropoïdes et non d'anges déchus. Et, qui mieux est, d'un anthropoïde tueur, possesseur d'armes » (Ardrey 1977, p. 329).

10. Gottfried Hohmann, cité *in* Parker (2007).

11. Susan Block, « Bonobo Bashing in the New Yorker », *Counterpunch*, 25 juillet 2007, en ligne à l'adresse <http://www.counterpunch.org/2007/07/25/bonobo-bashing-in-the-new-yorker>.

12. Takeshi Furuichi *in* Parker (2007).

13. Shepard (2011).

14. Dixon (1981).

15. Hieronymus est la forme latine de Jérôme. Les Néerlandais prénomment couramment le peintre « Jeroen », mais lui même signait ses œuvres « Jheronimus Bosch ».

16. Érasme (1518), *Encomium matrimonii.* [Dans *Déclamation des Louenges de mariage* [1525] (1976, p. b3), Louis de Berquin traduit : « Et ne serait à ouïr celui qui dirait que l'aiguillon de Vénus et la délectation de l'œuvre charnelle ne seraient point procédés de nature, [mais] de péché : car il n'est rien si contraire à vérité. Car certes le mariage dont l'œuvre ne se peut accomplir sans lesdits aiguillons a précédé la coulpe. Et avant que l'homme eut commis le péché, le mariage était institué et ordonné. Et davantage nous voyons les autres créatures et bêtes avoir lesdits aiguillons. Et d'où procèdent-ils : ou de péché ou de nature. À mon avis, ils procèdent de nature » – *NdT.*]

17. Furuichi (2011), p. 136.

18. Hohmann et Fruth (2011), p. 72.

19. « Si je parlais de son comportement altruiste et de sa sympathie manifeste à l'égard de Panzee [un chimpanzé malade], on me soupçonnerait d'idéaliser un singe » (Yerkes 1925, p. 246).

20. On appelle aussi ces cellules fusiformes « neurones Von Economo » ou « neurones VEN ». Voir Allman *et al.* (2002).

21. Rilling *et al.* (2011), p. 369.

22. Prüfer *et al.* (2012). Pour en savoir plus sur les « singes bipolaires », voir de Waal (2006).

23. Coolidge (1933), p. 56.

Notes du chapitre 4

1. Jonathan Swift (1667-1745), cité *in* Maturin Murray Ballou (1872), p. 433.

2. L'expression « nouveaux athées » – je dirai ici : « néo-athées » – désigne essentiellement quatre auteurs de best-sellers antireligieux, Sam Harris, Dan Dennett, Richard Dawkins et Christopher Hitchens, et leurs partisans.

3. A. C. Grayling dans une interview publiée par le *Guardian*, 3 avril 2011.

4. Né en 1525 dans la même région, Pieter Brueghel l'Ancien a été beaucoup influencé par Bosch. Mais il avait moins de préoccupations morales et s'intéressait plus à la vie quotidienne. Il a surtout vécu et travaillé à Anvers et à Bruxelles.

5. *The O'Reilly Factor*, 4 janvier 2011, à l'adresse <www.youtube.com/watch?v=2BCipg71LbI>.

6. Christopher Hitchens rappelle avec fierté qu'avant son grand tournant vers l'athéisme il a été anglican, éduqué selon les préceptes méthodistes, marié selon le rite grec orthodoxe, adepte de la secte de Sai Baba et marié par un rabbin (Hitchens 2008).

7. Hitchens (2008), p. 170.

8. « Un fruit particulièrement facile à cueillir, l'islam conservateur » (Harris 2010, p. 74).

9. *Les Conflits de la science et de la religion* de John Draper (1874 ; trad. fr., Paris, Alcan, 1888) et *Histoire de la lutte entre la science et la théologie* d'Andrew White (1896 ; trad. fr., Paris, Guillaumin, 1899).

10. Blanke et Arzy (2005), p. 17.

11. De Waal *et al.* (1996).

12. Les néo-athées sont « sûrs que le monde serait meilleur si l'on accélérait le processus d'extinction de la religion », observe Dan Dennett (2006), « mais je suis agnostique sur ce point. Je ne sais pas ce que l'on pourrait trouver – ou ce qui apparaîtrait spontanément – pour la remplacer, donc je reste très désireux d'explorer la perspective d'une réforme de la religion ».

13. Smith (1938).

14. Barber (1961), p. 596.

15. Jerry A. Coyne, « Science and religion aren't friends », *USA Today*, 11 octobre 2010.

16. Michael Gazzaniga, interviewé dans les *Annals of the New York Academy of Sciences* (The Year in Cognitive Neuroscience), 1224 (2011), p. 8

17. Albert Einstein : « Ce qui me déplaît dans ce type d'argumentation [celui de Niels Bohr et autres], c'est l'attitude fondamentale positiviste, qui de mon point de vue est intenable. [...] L'"étant" est toujours quelque chose que nous construisons mentalement, donc quelque chose que nous posons librement. » Cité *in* Dickson (1999), article sur l'enchevêtrement de la théorie et de l'observation.

18. Matt Ridley (2001) relate la première présentation publique de grands singes au zoo de Londres.

19. Dans le sondage Gallup réalisé aux États-Unis en mai 2011, 30 % des personnes interrogées ont répondu que la Bible est la parole même de Dieu, 49 % qu'il s'agit d'un texte inspiré, et 17 % que c'est un livre de fables et de légendes.

20. J'ai écrit une recension de cet ouvrage sur le viol dans la *New York Times Book Review* du 2 avril 2000.

21. En 2009, le Centre de recherche Pew a demandé aux Américains s'ils étaient d'accord avec la phrase : « L'évolution est la meilleure explication de l'origine de la vie humaine sur terre. » Les pourcentages d'approbation ont été très élevés chez les bouddhistes (81 %) et les hindouistes (80 %), moyens chez les catholiques (58 %) et les protestants modérés (51 %), et au plus bas chez les protestants évangéliques (24 %) et les mormons (22 %).

22. Matthieu Ricard formule ce jugement sur la science au cours d'une discussion avec son père, l'éminent philosophe français Jean-François Revel (Revel et Ricard 1997).

23. Léon Tolstoï [1882] cherchait les réponses à des questions comme : « quel est le sens de ma vie ? », « que résultera-t-il de ma vie ? », « pourquoi tout ce qui existe existe et pourquoi moi, j'existe ? » (1998, p. 49).

24. Albert Einstein écrivait dans une lettre du 25 octobre 1929 (Jammer 1999, p. 51) : « Nous autres, disciples de Spinoza, nous voyons notre Dieu dans la merveilleuse ordonnance et régularité de l'étant et dans son âme telle qu'elle se révèle en l'homme et en l'animal. Autre est la question de savoir si la croyance en un Dieu personnel doit être combattue. [...] Pour moi, je ne m'engagerai jamais dans une telle entreprise. Une telle croyance me semble toujours meilleure que le manque de toute conception transcendantale de la vie. Et je doute que l'on puisse offrir avec succès à la plupart des hommes un moyen plus sublime de satisfaire leurs besoins métaphysiques » (Lettre à Buesching ; voir Einstein, *Œuvres choisies*, t. V, Paris, Seuil-CNRS, 1991, p. 157-158, n. 3).

25. Entretien en 2011 avec Paul Kurtz : <www.superscholar.org/interviews/paul-kurtz>.

26. Renouvier (1859), p. 390.

27. Goodenough (1999).

28. Steinbeck [1951] (2009), p. 299-300.

Notes du chapitre 5

1. Montaigne [1580-1595] (1962), t. I, p. 100 (Livre I, chap. XXI).

2. Jensen *et al.* (2006), p. 1013 : « Les chimpanzés fondent leurs choix exclusivement sur le gain personnel, sans prendre en considération ce qu'obtiendra un congénère. »

3. Fehr et Fischbacher (2003).

4. Silk *et al.* (2005), p. 1359 : « L'absence de préférences concernant les autres chez les chimpanzés pourrait indiquer que ces préférences constituent une caractéristique dérivée propre à l'espèce humaine, liée à [d'autres] capacités complexes. »

5. Horner *et al.* (2011a).

6. Skoyles (2011) ; voir la réponse de Horner *et al.* (2011b).

7. Les tactiques de vengeance ont été confirmées statistiquement par Frans de Waal (1992b).

8. Freedberg et Gallese (2007), p. 197.

9. La première démonstration neurophysiologique des neurones miroirs humains a été effectuée par Roy Mukamel *et al.* (2010).

10. Skinner [1953] (2008), p. 155.

11. Grandin et Johnson (2006), p. 19-20.

12. Norscia et Palagi (2011).

13. De Waal (2010), p. 97.

14. Lettre à Joshua Speed du 24 août 1855. Voir Abraham Lincoln, *Le Pouvoir des mots : lettres et discours*, trad. fr. de Bernard Vincent, Paris, L'Archipel, 2009,

p. 52. Dans la même lettre, Lincoln écrit : « [C'est] une chose qui a le pouvoir de me rendre malheureux, et l'exerce continuellement. » [Cette phrase ne figure pas dans la traduction française de la lettre, qui n'est pas intégrale – *NdT.*] Texte original en ligne à l'adresse <http://showcase.netins.net/web/creative/lincoln/speeches/speed.htm>.

15. Hein *et al.* (2010).

16. Langford *et al.* (2006).

17. Buchanan *et al.* (2011).

18. Bartal *et al.* (2011), p. 1429.

19. Darley et Batson (1973).

20. Romero *et al.* (2010).

21. Yamamoto *et al.* (2012).

22. Pruetz et Lindshield (2011).

Notes du chapitre 6

1. Emmanuel Kant, *Critique de la raison pratique* [1788], trad. fr. de François Picavet, Paris, PUF, coll. « Quadrige », 4e éd., 1993, p. 173.

2. Westermarck [1908] (1928-1929), t. I, p. 22.

3. Comparaison effectuée, selon les médias français, par Tristane Banon.

4. Philip Kitcher (2006, p. 136) a emprunté le terme *wanton* à Harry Frankfurt (1971), qui l'analysait dans le contexte du libre arbitre. [Dans sa traduction française de l'article de Frankfurt « La liberté de la volonté et la notion de personne », Marc Neuberg traduit *wanton* par le néologisme « irréflexif », au sens d'« indifférent à la nature de ses désirs », et explique pourquoi il ne peut pas retenir des termes existants, notamment « impulsif » (voir Marc Neuberg, *Théorie de l'action. Textes majeurs de la philosophie analytique*, Liège, Pierre Mardaga, 1991, p. 258*n*). Néanmoins, dans l'usage qui est fait ici de *wanton*, il nous paraît préférable de le traduire par « impulsif » – *NdT.*]

5. Boesch (2010).

6. Scherer (1994), p. 127.

7. Pour la taille relative du cortex, voir Semendeferi *et al.* (2002) et Herculano-Houzel (2009).

8. Pour la satisfaction différée chez les singes, voir Evans et Beran (2007).

9. Prinz (2006), p. 37.

10. Lorenz (1970), p. 250.

11. Chris Coe et Leonard Rosenblum (1984) décrivent l'expérience, dans laquelle les mâles subordonnés ont réagi « sur un mode qui montrait clairement qu'ils avaient le sentiment d'une violation du code social ».

12. De Waal (1995), p. 104.

13. Flack *et al.* (2004).

14. Voir Langergraber *et al.* (2007), Silk *et al.* (2009) et Carl Zimmer, « Friends with benefits », *Time*, 20 février 2012.

15. David Hume note combien il est fréquent que les auteurs passent de descriptions de ce qui est à des énoncés sur ce qui doit être, et il ajoute : « C'est un changement imperceptible, mais il est néanmoins de la plus grande importance. Car, puisque ce *doit* ou ce *ne doit pas* expriment une certaine relation ou affirmation nouvelle, il est nécessaire qu'elle soit soulignée et expliquée, et qu'en même temps soit donnée une raison de ce qui semble tout à fait inconcevable, à savoir, de quelle manière cette relation nouvelle peut être déduite d'autres relations qui en diffèrent du tout au tout » (Hume 1739/1993, t. III, p. 65).

16. Churchland (2011).

17. De Bruyn (2010).

18. Fränger (1951).

19. Miller (1972), p. 45.

20. Kitcher (2011), p. 207.

21. Chez les juges israéliens de la commission des libérations conditionnelles, les décisions favorables étaient proches de 0 % avant leur pause déjeuner mais d'environ 65 % après (Danziger *et al.* 2011).

22. Blaise Pascal, *Pensées* [1669], éd. Jacques Chevalier, Paris, Le Livre de poche, 1962, p. 236-237.

23. Von Rohr *et al.* (2012).

24. Subiaul *et al.* (2008).

25. Horner *et al.* (2010).

26. Westermarck [1908] (1928-1929), t. I, p. 123.

27. *Ibid.*, t. I, p. 41.

28. Boehm (2012).

29. Lee (1969).

30. Alvard (2004) et Henrich *et al.* (2001).

31. Diamond (1990), p. 423, un peu condensé ici.

32. Sur la diversité sexuelle humaine, et des comparaisons avec les bonobos, voir Hrdy (2009), Ryan et Jethá (2010), Walker *et al.* (2010) et de Waal (2006).

33. Le représentant de la Géorgie Lynn Westmoreland à l'émission *The Colbert Report*, 14 juin 2006.

34. Hitchens (2008), p. 113.

35. Harris (2010).

36. Le philosophe britannique Simon Blackburn a avancé cet argument du « paradis des imbéciles » dans une réfutation publique de Harris, en 2010 : <www. youtube.com/watch?v=W8vYq6Xm2To&feature=related>.

37. Pour la reconnaissance de parenté par les plantes, voir Dudley et File (2007).

38. Débat au cours des conférences Tanner à l'université de Princeton en 2004. Voir Macedo et Ober (2006).

39. Michael Specter, « The dangerous philosopher », *New Yorker*, 6 septembre 1999.

40. Le philosophe américain Mark Johnson écrit : « Il est moralement irresponsable de penser et d'agir comme si nous possédions une raison universelle, désincarnée, qui produit des règles absolues, des procédures de prise de décision et des lois universelles ou catégoriques nous permettant de distinguer le bien du mal quelle que soit la situation où nous pouvons nous trouver » (Johnson 1993, p. 5).

41. Ce débat est trop complexe pour être exposé en détail par un non-philosophe comme moi. Outre les livres susmentionnés de Kitcher et de Churchland, je recommande Nussbaum (2001) et Joyce (2005).

42. Histoires sur les bonobos du zoo du comté de Milwaukee, racontées à Jo Sandin (2007) et à moi par Barbara Bell, qui s'occupe de ces grands singes.

Notes du chapitre 7

1. Voltaire (1877-1885), t. X, p. 402 (Épître 104, 1768).
2. En raison d'une infection chronique, il a fallu faire amputer le doigt de Makali par un vétérinaire.
3. Teleki (1973).
4. Anderson *et al.* (2010), p. R351.
5. Tokuyama *et al.* (2012).
6. Documentaire de Bert Haanstra, 1984.
7. Levin (1994) et Strawbridge *et al.* (1997).
8. Goodall (2005), p. 1304.
9. Horner et Whiten (2005).
10. Dray (2005).
11. Wrangham et Peterson (1996) et Byrne (1995).
12. Mathias Osvath (2009).
13. Mathias et Helena Osvath (2008).
14. Mendes *et al.* (2007).
15. Matsuzawa (2011), p. 304.
16. Norenzayan et Hansen (2006).
17. Linfert (1972), p. 112.
18. BBC, *The Forum*, 10 octobre 2010.
19. Roberta Smith, « Just when you thought it was safe », *New York Times*, 16 octobre 2007.
20. Everett (2010), p. 107. Nevins *et al.* (2009) exprime ses doutes sur l'absence de mythes et de croyances chez les Pirahã.
21. Sosis et Bressler (2003).
22. Cohen *et al.* (2010).
23. Wilson (2002), p. 159.
24. Boyer (2010), p. 85.
25. Michael Fitzgerald, « Why science is more fragile than faith », *Boston Globe*, 8 janvier 2012. Voir aussi McCauley (2011).

26. Arsenio et Killen (1996).
27. Freud [1928] (1999), p. 52.
28. À la question : « À quoi pourrait ressembler un monde sans Dieu ? », Sam Harris a répondu : « Il y aurait une religion de la raison » (Gary Wolf, « The church of the non-believers », *Wired*, novembre 2006).
29. Kitcher (2009).
30. Norenzayan et Shariff (2008) et Shariff et Norenzayan (2007).
31. Malhotra (2010) et Edelman (2009).
32. Saslow *et al.* (2013).

Notes du chapitre 8

1. Montaigne [1580-1595] (1962), t. II, p. 577 (Livre III, chap. XIII).
2. Une expression néerlandaise du XVe siècle définissait ainsi la vie : « *Tis al hoy en stof* » (elle n'est que foin et poussière).
3. Panofsky (1992), p. 654-655.
4. C'est Sarah Palin, candidate à la vice-présidence des États-Unis en 2008, qui a rendu populaire l'expression « maman grizzli ».
5. Kummer (1993), p. 218.
6. De Waal (2000).
7. Bekoff (2001), p. 85.
8. Henrich *et al.* (2001) et Sanfey *et al.* (2003).
9. Hobbes [1651] (2010), p. 134 (partie I, chap. III, § 21).
10. La vidéo sur l'esprit de justice des singes conclut ma conférence TED 2012, en ligne à l'adresse <www.ted.com/talks>.
11. L'attitude de Panbanisha est rapportée dans Frans de Waal (1999a, p. 42) par Sue Savage-Rumbaugh, qui estime que ses bonobos sont les plus heureux lorsque chacun reçoit la même chose.
12. Van Wolkenten *et al.* (2007).
13. Brosnan *et al.* (2010).
14. Range *et al.* (2008).
15. Boehm (2012).
16. Derkx (2011).
17. Candace Calloway Whiting, « Humpback whales intervene in orca attack on gray whale calf », *Digital Journal*, 8 mai 2012, en ligne à l'adresse <http://digital journal.com/article/324348>.
18. Jonathan Gallagher, « Evolution ? No : A conversation with Dr. Ben Carson », *Adventist Review*, 26 février 2004.

Bibliographie

Aknin, Lara B., Hamlin, J. Kiley, et Dunn, Elizabeth W. (2012), « Giving leads to happiness in young children », *PLoS ONE*, 7, e39211.

Allman, John, Hakeem, Atiya, et Watson, Karli (2002), « Two phylogenetic specializations in the human brain », *Neuroscientist*, vol. 8, p. 335-346.

Alvard, Michael (2004), « The Ultimatum Game, fairness, and cooperation among big game hunters », *in* Joseph Henrich *et al.* (éd.), *Foundations of Human Sociality : Ethnography and Experiments from Fifteen Small-Scale Societies*, Londres, Oxford University Press, p. 413-435.

Anderson, James R., Gillies, Alasdair, et Lock, Louise C. (2010), « Pan thanatology », *Current Biology*, vol. 20, p. R349-R351.

Ardrey, Robert (1977), *Les Enfants de Caïn*, trad. fr. de Philippe-Vincent Huguet, Paris, Stock.

Arsenio, William F., et Killen, Melanie (1996), « Conflict-related emotions during peer disputes », *Early Education and Development*, vol. 7, p. 43-57.

BAKEWELL, Margaret A., SHI, Peng, et ZHANG, Jianzhi (2007), « More genes underwent positive selection in chimpanzee evolution than in human evolution », *Proceedings of the National Academy of Sciences USA*, vol. 104, p. 7489-7494.

BALLOU, Maturin M. (1872), *Treasury of Thought*, Boston, Osgood.

BARBER, Bernard (1961), « Resistance by scientists to scientific discovery », *Science*, vol. 134, p. 596-602.

BARTAL, Inbal Ben-Ami, DECETY, Jean, et MASON, Peggy (2011), « Empathy and pro-social behavior in rats », *Science*, vol. 334, p. 1427-1430.

BEKOFF, Marc (2001), « Social play behaviour cooperation, fairness, trust, and the evolution of morality », *Journal of Consciousness Studies*, vol. 8, p. 81-90.

BELTING, Hans (2005), *Hieronymus Bosch : Garden of Earthly Delights*, Munich, Prestel.

BLANKE, Olaf, et ARZY, Shahar (2005), « The out-of-body experience : Disturbed self-processing at the Temporo-Parietal Junction », *Neuroscientist*, vol. 11, p. 16-24.

BOEHM, Christopher (2012), *Moral Origins : The Evolution of Virtue, Altruism, and Shame*, New York, Basic Books.

BOESCH, Christophe (2010), « Patterns of chimpanzee's intergroup violence », *in* Henrik Høgh-Olesen (éd.), *Human Morality and Sociality : Evolutionary and Comparative Perspectives*, Basingstoke (UK), Palgrave Macmillan, p. 132-159.

BOESCH, Christophe, BOLÉ, Camille, ECKHARDT, Nadin, et BOESCH, Hedwige (2010), « Altruism in forest chimpanzees : The case of adoption », *PLoS ONE*, 5, e8901.

BOTTON, Alain de (2012), *Petit Guide des religions à l'usage des mécréants*, trad. fr. de Jean-Pierre Aoustin, Paris, Flammarion.

BOWLES, Samuel, et GINTIS, Herbert (2003), « The origins of human cooperation », *in* Peter Hammerstein (éd.), *The Genetic and Cultural Origins of Cooperation*, Cambridge (MA), MIT Press, p. 429-444.

Boyd, Robert, et Richerson, Peter J. (2005), « Solving the puzzle of human cooperation », *in* Steven Levinson (éd.), *Evolution and Culture*, Cambridge (MA), MIT Press, p. 105-132.

Boyer, Pascal (2010), *The Fracture of an Illusion : Science and the Dissolution of Religion*, Göttingen, Vandenhoeck & Ruprecht.

Brosnan, Sarah F., et de Waal, Frans B. M. (2003), « Monkeys reject unequal pay », *Nature*, vol. 425, p. 297-299.

Brosnan, Sarah F., *et al.* (2010), « Mechanisms underlying responses to inequitable outcomes in chimpanzees », *Animal Behaviour*, vol. 79, p. 1229-1237.

Brown, Stephanie L., Nesse, Randolph M., Vinokur, Amiram D., et Smith, Dylan M. (2003), « Providing social support may be more beneficial than receiving it : Results from a prospective study of mortality », *Psychological Science*, vol. 14, p. 320-327.

Buchanan, Tony W., Bagley, Sara L., Stansfield, R. Brent, et Preston, Stephanie D. (2011), « The empathic, physiological resonance of stress », *Social Neuroscience*, vol. 7, p. 191-201.

Byrne, Richard (1995), *The Thinking Ape*, Oxford, Oxford University Press.

Churchland, Patricia S. (2011), *Braintrust : What Neuroscience Tells Us about Morality*, Princeton (NJ), Princeton University Press.

Coe, Chris L., et Rosenblum, Leonard A. (1984), « Male dominance in the bonnet macaque : A malleable relationship », *in* Patricia R. Barchas et Sally P. Mendoza (éd.), *Social Cohesion : Essays toward a Sociophysiological Perspective*, Westport (CT), Greenwood, p. 31-63.

Cohen, Emma E. A., Ejsmond-Frey, Robin, Knight, Nicola, et Dunbar, Robin I. M. (2010), « Rowers' high : Behavioural synchrony is correlated with elevated pain thresholds », *Biology Letters*, vol. 6, p. 106-108.

Collins, Francis (2010), *De la génétique à Dieu : la confession de foi d'un des plus grands scientifiques*, trad. fr. d'Alessia Weil, Paris, Presses de la Renaissance.

Coolidge, Harold J. (1933), « *Pan paniscus :* Pygmy chimpanzee from south of the Congo River », *American Journal of Physical Anthropology*, vol. 18, p. 1-57.

Crockford, Catherine, Wittig, Roman M., Mundry, Roger, et Zuberbühler, Klaus (2012), « Wild chimpanzees inform ignorant group members of danger », *Current Biology*, vol. 22, p. 142-146.

Dalaï-lama (2009), « La science à la croisée des chemins », in *L'Esprit en éveil. Conseils de sagesse aux hommes d'aujourd'hui*, trad. fr. de Colette Joyeux, Paris, Presses du Châtelet, p. 145-155.

Damasio, Antonio (2008), *Spinoza avait raison*, trad. fr. de Jean-Luc Fidel, nouvelle éd., Paris, Odile Jacob.

Danziger, Shai, Levav, Jonathan, et Avnaim-Pesso, Liora (2011), « Extraneous factors in judicial decisions », *Proceedings of the National Academy of Sciences USA*, vol. 108, p. 6889-6892.

Darley, John M., et Batson, C. Daniel (1973), « From Jerusalem to Jericho : A study of situational and dispositional variables in helping behavior », *Journal of Personality and Social Psychology*, vol. 27, p. 100-108.

Dart, Raymond A. (1953), « The predatory transition from ape to man », *International Anthropological and Linguistic Review*, vol. 1, p. 201-217.

Darwin, Charles [1871] (1981), *La Descendance de l'Homme et la Sélection sexuelle*, 2 vol., trad. fr. d'Edmond Barbier, Bruxelles, Complexe.

Darwin, Francis (éd.) (1888), *La Vie et la Correspondance de Charles Darwin*, 2 vol., trad. fr. de Henry-C. de Varigny, Paris, C. Reinwald.

Dawkins, Richard (1990), *Le Gène égoïste*, trad. fr. de Laura Ovion, Paris, Armand Colin.

— (2008), *Pour en finir avec Dieu*, trad. fr. de Marie-France Desjeux-Lefort, Paris, R. Laffont.

De Bruyn, Eric (2010), « Hieronymus Bosch's Garden of Delights triptych : The eroticism of its central panel and Middle Dutch », in *Jheronimus Bosch : His Sources*, s'Hertogenbosch [Bois-le-Duc], Jheronimus Bosch Art Center, p. 94-106.

Dennett, Dan (2006), « Review of Richard Dawkins, *The God Delusion* », *Free Inquiry*.

Derkx, Peter (2011), *Humanisme, Zinvol Leven en Nooit meer « Ouder Worden »*, Bruxelles, VUBPress.

Desmond, Adrian (1994), *Huxley : From Devil's Disciple to Evolution's High Priest*, Reading (MA), Perseus.

de Waal, Frans B. M. (1992a), *De la réconciliation chez les primates*, trad. fr. de Marianne Robert, Paris, Flammarion ; rééd., coll. « Champs », 2002.

— (1992b), « Coalitions as part of reciprocal relations in the Arnhem chimpanzee colony », *in* Alexander Harcourt et Frans B. M. de Waal (éd.), *Coalitions and Alliances in Humans and Other Animals*, Oxford, Oxford University Press, p. 23-57.

— (1995), *La Politique du chimpanzé*, trad. fr. de U. Ammicht, Paris, Odile Jacob.

— (1997a), *Le Bon Singe. Les bases naturelles de la morale*, trad. fr., Paris, Bayard.

— (1997b), « The chimpanzee's service economy : Food for grooming », *Evolution and Human Behavior*, vol. 18, p. 375-386.

— (1999a), *Bonobos : le bonheur d'être singe*, trad. fr. de Jean-Paul Mourlon, Paris, Fayard.

— (1999b), « Anthropomorphism and anthropodenial : Consistency in our thinking about humans and other animals », *Philosophical Topics*, vol. 27, p. 255-280.

— (2000), « Survival of the rapist. Review of Thornhill and Palmer, *A Natural History of Rape* », *New York Times Book Review*, 2 avril, p. 24-25.

— (2006), *Le Singe en nous*, trad. fr. de Marie-France de Paloméra, Paris, Fayard ; rééd., coll. « Pluriel », 2011.

— (2010), *L'Âge de l'empathie : leçons de la nature pour une société solidaire*, trad. fr. de Marie-France de Paloméra, Paris, LLL ; rééd., Actes Sud, coll. « Babel », 2011.

DE WAAL, Frans B. M., UNO, Hideo, LUTTRELL, Lesleigh M., MEISNER, Lorraine F., et JEANNOTTE, Lisa A. (1996), « Behavioral retardation in a macaque with autosomal trisomy and aging mother », *American Journal of Mental Retardation*, vol. 100, p. 378-390.

DIAMOND, Milton (1990), « Selected cross-generational sexual behavior in traditional Hawai'i : A sexological ethnography », *in* Jay R. Feierman (éd.), *Pedophilia : Biosocial Dimensions*, New York, Springer, p. 422-444.

DICKSON, Michael (1999), « The light at the end of the tunneling : Observation and underdetermination », *Philosophy of Science*, vol. 66, p. 47-58.

DINDO, Marietta, THIERRY, Bernard, DE WAAL, Frans B. M., et WHITEN, Andrew (2010), « Conditional copying fidelity in capuchin monkeys (*Cebus apella*) », *Journal of Comparative Psychology*, vol. 124, p. 29-37.

DIXON, Laurinda S. (1981), « Bosch's Garden of Delights : Remnants of a "fossil" science », *Art Bulletin*, vol. 63, p. 96-113.

— (2003), *Bosch*, Londres, Phaidon.

DOUGLAS-HAMILTON, Iain, BHALLA, Shivani, WITTEMYER, George, et VOLLRATH, Fritz (2006), « Behavioural reactions of elephants towards a dying and deceased matriarch », *Applied Animal Behaviour Science*, vol. 100, p. 87-102.

DRAY, Philip (2005), *Stealing God's Thunder : Benjamin Franklin's Lightning Rod and the Invention of America*, New York, Random House.

DUDLEY, Susan A., et FILE, Amanda L. (2007), « Kin recognition in an annual plant », *Biology Letters*, vol. 3, p. 435-438.

EDELMAN, Benjamin G. (2009), « Red light states : Who buys online adult entertainment ? », *Journal of Economic Perspectives*, vol. 23, p. 209-220.

ÉRASME (1518), *Encomium Matrimonii* ; trad. fr. de Louis de Berquin, *Déclamation des Louenges de mariage*, 1525 ; reprint fac-similé, Genève, Droz, 1976.

EVANS, Theodore A., et BERAN, Michael J. (2007), « Chimpanzees use self-distraction to cope with impulsivity », *Biology Letters*, vol. 3, p. 599-602.

EVERETT, Daniel L. (2005), « Cultural constraints on grammar and cognition in Pirahã : Another look at the design features of human language », *Current Anthropology*, vol. 46, p. 621-646.

— (2010) *Le Monde ignoré des Indiens pirahãs*, trad. fr. de Jean-Luc Fidel, Paris, Flammarion.

FEHR, Ernst, et FISCHBACHER, Urs (2003), « The nature of human altruism », *Nature*, vol. 425, p. 785-791.

FEHR, Ernst, BERNHARD, Helen, et ROCKENBACH, Bettina (2008), « Egalitarianism in young children », *Nature*, vol. 454, p. 1079-1083.

FESSLER, Daniel M. T. (2007), « From appeasement to conformity : Evolutionary and cultural perspectives on shame, competition, and cooperation », *in* Jessica L. Tracy, Richard W. Robins et June Price Tangney (éd.), *The Self-Conscious Emotions : Theory and Research*, New York, Guilford, p. 174-193.

FLACK, Jessica C., JEANNOTTE, Lise A., et DE WAAL, Frans B. M. (2004), « Play signaling and the perception of social rules by juvenile chimpanzees », *Journal of Comparative Psychology*, vol. 118, p. 149-159.

FLACK, Jessica C., KRAKAUER, David C., et DE WAAL, Frans B. M. (2005), « Robustness mechanisms in primate societies : A perturbation study », *Proceedings of the Royal Society of London B*, vol. 272, p. 1091-1099.

Foerder, Preston, Galloway, Marie, Barthel, Tony, Moore, Donald E., et Reiss, Diana (2011), « Insightful problem solving in an Asian elephant », *PLoS ONE*, 6, e23251.

Fouts, Roger, et Mills, Stephen (1998), *L'École des chimpanzés : ce que les chimpanzés nous apprennent sur l'humanité*, trad. fr. de Claude-Christine Farny, Paris, J. C. Lattès ; rééd., J'ai lu, 2000.

Fränger, Wilhelm [1951] (1976), *The Millennium of Hieronymus Bosch : Outlines of a New Interpretation*, New York, Hacker Art Books.

Frankfurt, Harry G. (1971), « Freedom of the will and the concept of a person », *Journal of Philosophy*, vol. 68, p. 5-20 ; trad. fr. de Marc Neuberg, « La liberté de la volonté et la notion de personne », *in* Marc Neuberg, *Théorie de l'action. Textes majeurs de la philosophie analytique*, Liège, Pierre Mardaga, 1991.

Freedberg, David, et Gallese, Vittorio (2007), « Motion, emotion and empathy in esthetic experience », *Trends in Cognitive Sciences*, vol. 5, p. 197-203.

Freud, Sigmund [1928] (1999), *L'Avenir d'une illusion*, trad. fr. d'Anne Balseinte, Jean-Gilbert Delarbre et Daniel Hartmann, Paris, PUF, coll. « Quadrige », 4e éd.

Furuichi, Takeshi (2011), « Female contributions to the peaceful nature of bonobo society », *Evolutionary Anthropology*, vol. 20, p. 131-142.

Ghiselin, Michael (1974), *The Economy of Nature and the Evolution of Sex*, Berkeley, University of California Press.

Goodall, Jane (2005), « Primate spirituality », *in* Bron Taylor (éd.), *The Encyclopedia of Religion and Nature*, New York, Continuum, p. 1303-1306.

Goodenough, Ursula (1999), « The holes in Gould's semipermeable membrane between science and religion », *American Scientist*, mai-juin.

— (2000), *The Sacred Depths of Nature*, New York, Oxford University Press.

GOULD, Stephen Jay (1997), « Nonoverlapping Magisteria », *Natural History*, vol. 106, n° 2, p. 16-22.

GRANDIN, Temple, et JOHNSON, Catherine (2006), *L'Interprète des animaux*, trad. fr. d'Inès Farny, Paris, Odile Jacob.

GRAY, John (2011), *The Immortalization Commission : Science and the Strange Quest to Cheat Death*, Londres, Allen Lane.

HABERMAS, Jürgen (2002), *L'Avenir de la nature humaine : vers un eugénisme libéral ?*, trad. fr. de Christian Bouchindhomme, Paris, Gallimard.

HAIDT, Jonathan (2001), « The emotional dog and its rational tail : A social intuitionist approach to moral judgment », *Psychological Review*, vol. 108, p. 814-834.

HAMLIN, J. Kiley, WYNN, Karen, et BLOOM, Paul (2007), « Social evaluation by preverbal infants », *Nature*, vol. 450, p. 557-559.

HARE, Brian, et KWETUENDA, Suzy (2010), « Bonobos voluntarily share their own food with others », *Current Biology*, vol. 20, p. R230-R231.

HARE, Brian, *et al.* (2007), « Tolerance allows bonobos to outperform chimpanzees on a cooperative task », *Current Biology*, vol. 17, p. 1-5.

HARMAN, Oren (2009), *The Price of Altruism*, New York, Norton.

HARRIS, Sam (2006), *Letter to a Christian Nation*, New York, Knopf.

— (2010), *The Moral Landscape : How Science Can Determine Human Values*, New York, Free Press.

HEIN, Grit, SILANI, Giorgia, PREUSCHOFF, Kerstin, BATSON, C. Daniel, et Tania SINGER (2010), « Neural responses to ingroup and outgroup members' suffering predict individual differences in costly helping », *Neuron*, vol. 68, p. 149-160.

HENRICH, Joseph, BOYD, Robert, BOWLES, Samuel, CAMERER, Colin, FEHR, Ernst, GINTIS, Herbert, et MCELREATH, Richard (2001), « In search of *Homo economicus* : Experiments in 15 small-scale societies », *American Economic Review*, vol. 91, p. 73-79.

HERCULANO-HOUZEL, Suzana (2009), « The human brain in numbers : A linearly scaled-up primate brain », *Frontiers in Human Neuroscience*, vol. 3, p. 1-11.

HITCHENS, Christopher (2008), *Dieu n'est pas grand : comment la religion empoisonne tout*, trad. fr. d'Ana Nessun, Paris, Belfond.

HOBAITER, Catherine, et BYRNE, Richard W. (2010), « Able-bodied wild chimpanzees imitate a motor procedure used by a disabled individual to overcome handicap », *PLoS ONE*, 5, e11959.

HOBBES, T. [1651] (2010), *Du citoyen*, trad. fr. de Philippe Crignon, Paris, Flammarion, coll. « GF ».

HOHMANN, Gottfried, et FRUTH, Barbara (2011), « Is blood thicker than water? », *in* Martha M. Robbins et Christophe Boesch (éd.), *Among African Apes*, Berkeley, University of California Press, p. 61-76.

HORNER, Victoria, et WHITEN, Andrew (2005), « Causal knowledge and imitation/emulation switching in chimpanzees (*Pan troglodytes*) and children (*Homo sapiens*) », *Animal Cognition*, vol. 8, p. 164-181.

HORNER, Victoria, CARTER, Devyn J., SUCHAK, Malini, et DE WAAL, Frans B. M. (2011a), « Spontaneous prosocial choice by chimpanzees », *Proceedings of the Academy of Sciences USA*, vol. 108, p. 13847-13851.

— (2011b), « Reply to Skoyles : Misplaced assumptions of perfect human prosociality », *Proceedings of the Academy of Sciences USA*, vol. 108, p. E836.

HORNER, Victoria, PROCTOR, Darby, BONNIE, Kristin E., WHITEN, Andrew, et DE WAAL, Frans B. M. (2010), « Prestige affects cultural learning in chimpanzees », *PLoS-ONE*, 5, e10625.

HRDY, Sarah B. (2009), *Mothers and Others : The Evolutionary Origins of Mutual Understanding*, Cambridge (MA), Belknap Press of Harvard University Press.

HUME, David [1739] (1993), *Traité de la nature humaine*, 3 vol., trad. fr. de Philippe Saltel, Paris, Flammarion, coll. « GF ».

HUXLEY, Leonard (éd.) (1901), *Life and Letters of Thomas Henry Huxley*, t. I, New York, Appleton.

— (1916), *Life and Letters of Thomas Henry Huxley*, t. II, New York, Appleton.

HUXLEY, Thomas Henry (1989) [original 1894], *Evolution and Ethics*, Princeton (NJ), Princeton University Press.

JAMMER, Max (1999), *Einstein and Religion*, Princeton (NJ), Princeton University Press.

JENSEN, Keith, HARE, Brian, CALL, Josep, et TOMASELLO, Michael (2006), « What's in it for me? Selfregard precludes altruism and spite in chimpanzees », *Proceedings of the Royal Society B*, vol. 273, p. 1013-1021.

JOHNSON, Mark (1993), *Moral Imagination : Implications of Cognitive Science for Ethics*, Chicago, University of Chicago Press.

JOYCE, Richard (2005), *The Evolution of Morality*, Cambridge (MA), MIT Press.

KANO, Takayoshi (1992), *The Last Ape : Pygmy Chimpanzee Behavior and Ecology*, Stanford (CA), Stanford University Press.

KING, Barbara J. (2007), *Evolving God : A Provocative View of the Origin of Religion*, New York, Doubleday.

KITCHER, Philip (2006), « Ethics and evolution : How to get here from there », *in* Stephen Macedo et Josiah Ober (éd.), *Primates and Philosophers : How Morality Evolved*, Princeton (NJ), Princeton University Press, p. 120-139.

— (2009), « Beyond Disbelief », *in* Russell Blackford et Udo Schuklenk (éd.), *50 Voices of Disbelief : Why We Are Atheists*, Hoboken (NJ), Wiley-Blackwell, p. 87-96.

— (2011), *The Ethical Project*, Cambridge (MA), Harvard University Press.

Konner, Melvin (2002), « Some obstacles to altruism », *in* Stephen G. Post *et al.* (éd.), *Altruistic Love : Science, Philosophy, and Religion in Dialogue*, Oxford, Oxford University Press, p. 192-211.

Kummer, Hans (1993), *Vies de singes : mœurs et structures sociales des babouins hamadryas*, trad. fr. d'Olivier Mannoni, Paris, Odile Jacob.

Lamarck, Jean-Baptiste [1809] (1994), *Philosophie zoologique ou Exposition des considérations relatives à l'histoire naturelle des animaux*, Paris, Flammarion, coll. « GF ».

Langergraber, Kevin E., Mitani, John C., et Vigilant, Linda (2007), « The limited impact of kinship on cooperation in wild chimpanzees », *Proceedings of the Academy of Sciences USA*, vol. 104, p. 7786-7790.

Langford, Dale J., *et al.* (2006), « Social modulation of pain as evidence for empathy in mice », *Science*, vol. 312, p. 1967-1970.

Lee, Richard B. (1969), « Eating Christmas in the Kalahari », *Natural History*, vol. 78, n° 12, p. 14-22, 60-63.

Levin, Jeffrey S. (1994), « Religion and health : Is there an association, is it valid, and is it causal ? », *Social Science and Medicine*, vol. 38, p. 1475-1482.

Linfert, Carl (1972), *Jérôme Bosch*, trad. fr. de Jacques Chavy, Paris, Éd. Cercle d'art.

Lorenz, Konrad (1970), *Tous les chiens, tous les chats*, trad. fr. de Boris Villeneuve, Paris, Flammarion ; rééd., J'ai lu, 1974.

Macedo, Stephen, et Ober, Josiah (éd.) (2006), *Primates and Philosophers : How Morality Evolved*, Princeton (NJ), Princeton University Press.

Malenky, Richard K., et Wrangham, Richard W. (1994), « A quantitative comparison of terrestrial herbaceous food consumption by *Pan paniscus* in the Lomako Forest, Zaire, and

Pan troglodytes in the Kibale Forest, Uganda », *American Journal of Primatology*, vol. 32, p. 1-12.

MALHOTRA, Deepak (2010), « (When) are religious people nicer ? Religious salience and the "Sunday Effect" on pro-social behavior », *Judgment and Decision Making*, vol. 5, p. 138-143.

MARC AURÈLE [170-180 ap. J.-C.] (1964), *Pensées pour moi-même*, trad. fr. de Mario Meunier, Paris, Garnier-Flammarion.

MATSUZAWA, Tetsuro (2011), « What is uniquely human ? A view from comparative cognitive development in humans and chimpanzees », *in* Frans B. M. de Waal et Pier Francesco Ferrari (éd.), *The Primate Mind*, Cambridge (MA), Harvard University Press, p. 288-305.

MAYR, Ernst (1998), *Qu'est-ce que la biologie ?*, trad. fr. de Marcel Blanc, Paris, Fayard.

MCCAULEY, Robert N. (2011), *Why Religion Is Natural and Science Is Not*, New York, Oxford University Press.

MENDES, Natacha, HANUS, Daniel, et CALL, Josep (2007), « Raising the level : Orangutans use water as a tool », *Biology Letters*, vol. 3, p. 453-455.

MERCADER, Julio, *et al.* (2007), « 4,300-year-old chimpanzee sites and the origins of percussive stone technology », *Proceedings of the National Academy of Sciences USA*, vol. 104, p. 3043-3048.

MERCIER, Hugo, et SPERBER, Dan (2011), « Why do humans reason ? Arguments for an argumentative theory », *Behavioral and Brain Sciences*, vol. 34, p. 57-111.

MIDGLEY, Mary (2010), *The Solitary Self : Darwin and the Selfish Gene*, Durham (UK), Acumen.

MILLER, Henry (1972), *Big Sur et les oranges de Jérôme Bosch*, trad. fr. de Roger Giroux, Paris, Le Livre de poche.

MONTAIGNE, Michel de [1580-1595] (1962), *Essais*, 2 vol., Paris, Garnier.

MUKAMEL, Roy, EKSTROM, Arne D., KAPLAN, Jonas, IACOBONI, Marco, et FRIED, Itzhak (2010), « Single neuron responses in humans during execution and observation of actions», *Current Biology*, vol. 20, p. 750-756.

MUSCARELLA, Frank, et CUNNINGHAM, Michael R. (1996), «The evolutionary significance and social perception of male pattern baldness and facial hair», *Ethology and Sociobiology*, vol. 17, p. 99-117.

NEVINS, Andrew, PESETSKY, David, et RODRIGUES, Cilene (2009), «Pirahã exceptionality : A reassessment», *Language*, vol. 85, p. 355-404.

NIETZSCHE, Friedrich (1964) [original 1887], *Généalogie de la morale*, trad. fr. d'Henri Albert, Paris, Gallimard, coll. «Idées».

— (2005) [original 1889], *Crépuscule des idoles*, in *Le Cas Wagner; Crépuscule des idoles*, trad. fr. d'Éric Blondel et Patrick Wotling, Paris, Flammarion.

NORENZAYAN, Ara, et HANSEN, Ian G. (2006), «Belief in supernatural agents in the face of death», *Personality and Social Psychology Bulletin*, vol. 32, p. 174-187.

NORENZAYAN, Ara, et SHARIFF, Azim F. (2008), «The origin and evolution of religious prosociality», *Science*, vol. 322, p. 58-62.

NORSCIA, Ivan, et PALAGI, Elisabetta (2011), «Yawn contagion and empathy in *Homo sapiens*», *PLoS ONE*, 6, e28472.

NOWAK, Martin, et HIGHFIELD, Roger (2011), *SuperCooperators : Altruism, Evolution, and Why We Need Each Other to Succeed*, New York, Free Press.

NUMBERS, Ronald (éd.) (2009), *Galileo Goes to Jail and Other Myths about Science and Religion*, Cambridge (MA), Harvard University Press

NUSSBAUM, Martha C. (2001), *Upheavals of Thought : The Intelligence of Emotions*, Cambridge, Cambridge University Press.

OSVATH, Mathias (2009), «Spontaneous planning for future stone throwing by a male chimpanzee», *Current Biology*, vol. 9, p. R190–R191.

OSVATH, Mathias, et OSVATH, Helena (2008), «Chimpanzee (*Pan troglodytes*) and orang utan (*Pongo abelii*) forethought :

Self-control and pre-experience in the face of future tool use », *Animal Cognition*, vol. 11, p. 661-674.

Oxnard, Charles, Obendorf, Peter J., et Kefford, Ben J. (2010), « Post-cranial skeletons of hypothyroid cretins show a similar anatomical mosaic as *Homo floresiensis* », *PLoS ONE*, 5, e13018.

Panofsky, Erwin (1992), *Les Primitifs flamands*, trad. fr. de Dominique Le Bourg, Paris, Hazan.

Parker, Ian (2007), « Swingers », *The New Yorker*, 30 juillet.

Parr, Lisa A., et de Waal, Frans B. M. (1999), « Visual kin recognition in chimpanzees », *Nature*, vol. 399, p. 647-648.

Paukner, Annika, *et al.* (2009), « Capuchin monkeys display affiliation toward humans who imitate them », *Science*, vol. 325, p. 880-883.

Pearson, Karl (1914), *The Life, Letters and Labours of Francis Galton*, Londres, Cambridge University Press.

Perelman, Polina, *et al.* (2011), « A molecular phylogeny of living primates », *PLoS Genetics*, 7, e1001342.

Perry, Susan (2009), « Conformism in the food processing techniques of white-faced capuchin monkeys (*Cebus capucinus*) », *Animal Cognition*, vol. 12, p. 705-716.

PLoS Medicine Editors (2011), « Medical complicity in torture at Guantánamo Bay : Evidence is the first step toward justice », *PLoS Medicine*, 8, e1001028.

Plotnik, Joshua M., de Waal, Frans B. M., et Reiss, Diana (2006), « Self-recognition in an Asian elephant », *Proceedings of the Academy of Sciences USA*, vol. 103, p. 17053-17057.

Plotnik, Joshua M., Lair, Richard C., Suphachoksakun, Wirot, et de Waal, Frans B. M. (2011), « Elephants know when they need a helping trunk in a cooperative task », *Proceedings of the Academy of Sciences USA*, vol. 108, p. 5116-5121.

Prinz, Jesse (2006), « The emotional basis of moral judgments », *Philosophical Explorations*, vol. 9, p. 29-43.

PRÜFER, Kay, *et al.* (2012), « The bonobo genome compared with the chimpanzee and human genomes », *Nature*, vol. 486, p. 527-531.

PRUETZ, Jill D. (2011), « Targeted helping by a wild adolescent male chimpanzee (*Pan troglodytes verus*) : Evidence for empathy ? », *Journal of Ethology*, vol. 29, p. 365-368.

PRUETZ, Jill D., et LINDSHIELD, Stacy (2011), « Plant-food and tool transfer among savanna chimpanzees at Fongoli, Senegal », *Primates*, vol. 53, p. 133-145.

RANGE, Friederike, HORN, Lisa, VIRANYI, Zsófia, et HUBER, Ludwig (2008), « The absence of reward induces inequity aversion in dogs », *Proceedings of the National Academy of Sciences USA*, vol. 106, p. 340-345.

RENOUVIER, Charles (1859), *Essais de critique générale*, 2e essai, *Traité de psychologie rationnelle d'après les principes du criticisme*, Paris, Ladrange.

REVEL, Jean-François, et RICARD, Matthieu (1997), *Le Moine et le Philosophe*, Paris, Nil.

RIBBERINK, Egbert, et HOUTMAN, Dick (2010), « Te ongelovig om atheïst te zijn : Over deprivatisering van ongeloof », *Religie & Samenleving*, vol. 5, p. 209-226.

RIDLEY, Matt (2001), « Re-reading Darwin », *Prospect*, vol. 66, p. 74-76.

RILLING, James K., SCHOLZ, Jan, PREUSS, Todd M., GLASSER, Matthew F., ERRANGI, Bhargav K., et BEHRENS, Timothy E. (2011), « Differences between chimpanzees and bonobos in neural systems supporting social cognition », *Social Cognitive and Affective Neuroscience*, vol. 7, p. 369-379.

ROES, Frans (1997), « An Interview of Richard Dawkins », *Human Ethology Bulletin*, vol. 12, n° 1, p. 1-3.

ROMERO, M. Teresa, CASTELLANOS, Miguel A., et DE WAAL, Frans B. M. (2010), « Consolation as possible expression of sympathetic concern among chimpanzees », *Proceedings of the National Academy of Sciences USA*, vol. 107, p. 12110-12115.

RYAN, Christopher, et JETHÁ, Cacilda (2010), *Sex at Dawn : The Prehistoric Origins of Modern Sexuality*, New York, Harper Collins.

SANDIN, Jo (2007), *Bonobos : Encounters in Empathy*, Milwaukee (WI), Zoological Society of Milwaukee.

SANFEY, Alan G., RILLING, James K., ARONSON, Jessica A., NYSTROM, Leigh E., et COHEN, Jonathan D. (2003), « The neural basis of economic decision-making in the ultimatum game », *Science*, vol. 300, p. 1755-1758.

SASLOW, Laura R., *et al.* (2013), « My brother's keeper ? Compassion predicts generosity more among less religious individuals », *Social Psychological and Personality Science*, vol. 4, n° 1, p. 31-38.

SCHERER, Klaus R. (1994), « Emotion serves to decouple stimulus and response », *in* Paul Ekman et Richard J. Davidson (éd.), *The Nature of Emotion : Fundamental Questions*, New York, Oxford University Press, p. 127-130.

SCHWARTZ, Gary (2009), « Visual arts : The humanist meets the exorcist », *ArtsFuse*, 21 février.

SEMENDEFERI, Katerina, LU, A., SCHENKER, Natalie, et DAMASIO, Hannah (2002), « Humans and great apes share a large frontal cortex », *Nature Neuroscience*, vol. 5, p. 272-276.

SHARIFF, Azim F., et NORENZAYAN, Ara (2007), « God is watching you : Priming God concepts increases prosocial behavior in an anonymous economic game », *Psychological Science*, vol. 18, p. 803-809.

SHEPARD, Glenn H. (2011), « The Mark and Olly Follies », *Anthropology News*, mai, p. 18.

SILK, Joan B., BROSNAN, Sarah F., VONK, Jennifer, HENRICH, Joseph, POVINELLI, Daniel, et RICHARDSON, Amanda S. (2005), « Chimpanzees are indifferent to the welfare of unrelated group members », *Nature*, vol. 437, p. 1357-1359.

SILK, Joan B., *et al.* (2009), « The benefits of social capital : Close social bonds among female baboons enhance offspring survival », *Proceedings of the Royal Society London B*, vol. 276, p. 3099-3114.

SKINNER, Burrhus Frederic [1953] (2008), *Science et comportement humain*, trad. fr. d'André et Rose-Marie Gonthier-Werren, Paris, In Press, 2e éd.

SKOYLES, John R. (2011), « Chimpanzees make mean-spirited, not prosocial, choices », *Proceedings of the Academy of Sciences USA*, vol. 108, p. E835.

SMITH, Joseph (1981), *Enseignements du prophète Joseph Smith* [...] *choisis et arrangés par* [...] *Joseph Fielding Smith*, Salt Lake City, Église de Jésus-Christ des saints des derniers jours.

SMUTS, Barbara B. (1985), *Sex and Friendship in Baboons*, New York, Aldine.

SOSIS, Richard, et BRESSLER, Eric R. (2003), « Cooperation and commune longevity : A test of the costly signaling theory of religion », *Cross-Cultural Research*, vol. 37, p. 211-239.

STEINBECK, John [1951] (2009), *Dans la mer de Cortez*, trad. fr. de Rosine Fitzgerald, Arles, Actes Sud, coll. « Babel ».

STRAWBRIDGE, William J., COHEN, Richard D., SHEMA, Sarah J., et KAPLAN, George A. (1997), « Frequent attendance at religious services and mortality over 28 years », *American Journal of Public Health*, vol. 87, p. 957-961.

SUBIAUL, Francys, VONK, Jennifer, BARTH, Jochen, et OKAMOTO-BARTH, Sanae (2008), « Chimpanzees learn the reputation of strangers by observation », *Animal Cognition*, vol. 11, p. 611-623.

TAN, Amy (2007), *Noyade interdite*, trad. fr. d'Annick Le Goyat, Paris, Buchet-Chastel.

TANNEN, Deborah (2001), *Décidément, tu ne me comprends pas ! Comment surmonter les malentendus entre hommes et femmes*, trad. fr. d'Évelyne Gasarian et Simon Smith, Paris, R. Laffont.

TELEKI, Geza (1973), « Group response to the accidental death of a chimpanzee in Gombe National Park, Tanzania », *Folia primatologica*, vol. 20, p. 81-94.

THORNHILL, Randy, et PALMER, Craig T. (2000), *The Natural History of Rape : Biological Bases of Sexual Coercion*, Cambridge (MA), MIT Press.

TOKUYAMA, Nahoko, *et al.* (2012), « Bonobos apparently search for a lost member injured by a snare », *Primates*, vol. 53, p. 215-219.

TOLSTOÏ, Léon [1882] (1998), *Confession ; suivi de Quelle est ma foi ? ; et de Pensées sur Dieu : textes inconnus*, trad. fr. de Luba Jurgenson, Paris, Pygmalion.

TRIVERS, Robert L. (1971), « The evolution of reciprocal altruism », *Quarterly Review of Biology*, vol. 46, p. 35-57.

TURNBULL, Colin M. (1963), *Le Peuple de la forêt*, trad. fr. de Sonia Campos, Paris, Stock.

URY, William (2006), *Comment négocier avec les gens difficiles : de l'affrontement à la coopération*, trad. fr. de Michèle Garène, Paris, Éd. du Seuil, 3e éd.

VAN WOLKENTEN, Megan, BROSNAN, Sarah F., et DE WAAL, Frans B. M. (2007), « Inequity responses of monkeys modified by effort », *Proceedings of the National Academy of Sciences USA*, vol. 104, p. 18854-18859.

VOLTAIRE (1877-1885), *Œuvres complètes*, 52 vol., Paris, Garnier.

VON ROHR, Claudia R., *et al.* (2012), « Impartial third-party interventions in captive chimpanzees : A reflection of community concern », *PLoS ONE*, 7, e32494.

WALKER, Robert S., FLINN, Mark V., et HILL, Kim R. (2010), « Evolutionary history of partible paternity in lowland South America », *Proceedings of the National Academy of Sciences USA*, vol. 107, p. 19195-19200.

WARNEKEN, Felix, HARE, Brian, MELIS, Alicia P., HANUS, Daniel, et TOMASELLO, Michael (2007), « Spontaneous altruism by chimpanzees and young children », *PLoS-Biology*, 5, 1414-1420.

WESTERMARCK, Edvard [1908] (1928-1929), *L'Origine et le Développement des idées morales*, 2 vol., trad. fr. de Robert Godet, Paris, Payot, coll. « Bibliothèque scientifique ».

WHITEN, Andrew, HORNER, Victoria, et DE WAAL, Frans B. M. (2005), « Conformity to cultural norms of tool use in chimpanzees », *Nature*, vol. 437, p. 737-740.

WILKINSON, Anna, SEBANZ, Natalie, MANDL, Isabella, et HUBER, Ludwig (2011), « No evidence of contagious yawning in the red-footed tortoise, *Geochelone carbonaria* », *Current Zoology*, vol. 57, p. 477-484.

WILLIAMS, George C. (1988), « A sociobiological expansion of "Evolution and Ethics" », *in* James Paradis et George C. Williams (éd.), *Evolution and Ethics*, Princeton (NJ), Princeton University Press, p. 179-214.

WILSON, David Sloan (2002), *Darwin's Cathedral : Evolution, Religion, and the Nature of Society*, Chicago, University of Chicago Press.

WOODS, Vanessa, et HARE, Brian (2010), « Bonobo but not chimpanzee infants use sociosexual contact with peers », *Primates*, vol. 52, p. 111-116.

WRANGHAM, Richard W., et PETERSON, Dale E. (1996), *Demonic Males : Apes and the Evolution of Human Aggression*, Boston, Houghton Mifflin.

WRIGHT, Robert (2005), *L'Animal moral. Psychologie évolutionniste et vie quotidienne*, trad. fr. d'Anne Béraud-Butcher, Paris, Gallimard, coll. « Folio ».

YAMAMOTO, Shinya, HUMLE, Tatyana, et TANAKA, Masayuki (2012), « Chimpanzees' flexible targeted helping based on an understanding of conspecifics' goals », *Proceedings of the National Academy of Sciences USA*, vol. 109, p. 3588-3592.

YERKES, Robert M. (1925), *Almost Human*, New York, Century.

Table

BABEL

Extrait du catalogue

1133. HODA BARAKAT
Mon maître, mon amour

1134. MOUSTAFA KHALIFÉ
La Coquille

1135. JEREMY RIFKIN
Une nouvelle conscience pour un monde en crise

1136. PRALINE GAY-PARA
Récits de mon île

1137. KATARINA MAZETTI
Le Caveau de famille

1138. JÉRÔME FERRARI
Balco Atlantico

1139. EMMANUEL DONGALA
Photo de groupe au bord du fleuve

1140. INTERNATIONALE DE L'IMAGINAIRE N° 27
Le patrimoine, oui, mais quel patrimoine ?

1141. KATHRYN STOCKETT
La Couleur des sentiments

1142. MAHASWETA DEVI
Indiennes

1143. AKI SHIMAZAKI
Zakuro

1144. MAXIM LEO
Histoire d'un Allemand de l'Est

1145. JOËL DE ROSNAY
Surfer la vie

1146. VASSILI PESKOV
Des nouvelles d'Agafia

1147. CAMILLA GIBB
Le Miel d'Harar

1148. MARIE-SABINE ROGER
La Théorie du chien perché

1149. MARIA ERNESTAM
Les Oreilles de Buster

1150. KHALIL GIBRAN
Les Esprits rebelles

1151. SIRI HUSTVEDT
La Femme qui tremble

1152. JEANNE BENAMEUR
Les Insurrections singulières

1153. MATHIAS ÉNARD
Parle-leur de batailles, de rois et d'éléphants

1154. LAURENT GAUDÉ
Les Oliviers du Négus

1155. FRÉDÉRIQUE DEGHELT
La Nonne et le Brigand

1156. NICOLE ROLAND
Kosaburo, 1945

1157. LAURENT SAGALOVITSCH
Dade City

1158. JOUMANA HADDAD
J'ai tué Schéhérazade

1159. MAURICE AUDEBERT
Tombeau de Greta G.

1160. ÉMILIE FRÈCHE
Le Film de Jacky Cukier

1161. CAROLE ZALBERG
À défaut d'Amérique

1162. JEAN-LUC OUTERS
Le Voyage de Luca

1163. CÉCILE LADJALI
Aral

1164. JÉRÔME FERRARI
Aleph zéro

1165. YÔKO OGAWA
Cristallisation secrète

1166. JAVIER CERCAS
Anatomie d'un instant

1167. JEAN-JACQUES SCHMIDT
Le Livre de l'humour arabe

1168. BRUNO TACKELS
Walter Benjamin

1169. NICOLAS CHAUDUN
Haussmann, Georges Eugène, préfet-baron de la Seine

1170. ALAA EL ASWANY
Chroniques de la révolution égyptienne

1171. PIERRE RABHI
Vers la sobriété heureuse

1172. LE COLLEGIUM INTERNATIONAL
Le monde n'a plus de temps à perdre

1173. FRANÇOIS RUFFIN
Leur grande trouille

1174. MARINE JOBERT ET FRANÇOIS VEILLERETTE
Gaz de schiste

1175. LES ÉCONOMISTES ATTERRÉS
Changer d'économie !

1176. SIRI HUSTVEDT
Un été sans les hommes

1177. PAUL AUSTER
Sunset Park

1178. KATARINA MAZETTI
Mon doudou divin

1179. ROOPA FAROOKI
La Petite Boutique des rêves

1180. A. M. HOMES
Le Sens de la famille

1181. MARION SIGAUT
La Marche rouge

1182. JOËL POMMERAT
Cendrillon

1183. JOSÉ LENZINI
Les Derniers Jours de la vie d'Albert Camus

1184. METIN ARDITI
Le Turquetto

1185. ANNE DELAFLOTTE MEHDEVI
La Relieuse du gué

1186. JEAN GUILAINE
Pourquoi j'ai construit une maison carrée

1187. W. G. SEBALD
Austerlitz

1188. CARLA GUELFENBEIN
Le reste est silence

1189. TAYEB SALIH
Les Noces de Zeyn

1190. INTERNATIONALE DE L'IMAGINAIRE N° 28
À la rencontre des cultures du monde

1191. JÉRÔME FERRARI
Le Sermon sur la chute de Rome

1192. LYONEL TROUILLOT
La Belle Amour humaine

1193. ARNAUD RYKNER
Le Wagon

1194. CAROLINE LUNOIR
La Faute de goût

1195. SÉBASTIEN LAPAQUE
La Convergence des alizés

1196. DENIS LACHAUD
J'apprends l'hébreu

1197. AHMED KALOUAZ
Une étoile aux cheveux noirs

1198. MATHIEU LARNAUDIE
Les Effondrés

1199. SYLVAIN COHER
Carénage

1200. NANCY HUSTON
Reflets dans un œil d'homme

1201. RUSSELL BANKS
Lointain souvenir de la peau

1202. CLARO
CosmoZ

1203. DAVID VAN REYBROUCK
Le Fléau

1204. ALAIN CLAUDE SULZER
Une autre époque

1205. ELIAS KHOURY
Yalo

1206. JULI ZEH
L'Ultime Question

1207. RAPHAËL JERUSALMY
Sauver Mozart

1208. DON DELILLO
Point Oméga

1209. FERNANDO MARÍAS
L'Enfant des colonels

1210. CLAUDE LORIUS ET LAURENT CARPENTIER
Voyage dans l'Anthropocène

1211. ROLAND GORI
La Dignité de penser

1212. JEREMY RIFKIN
La Troisième Révolution industrielle

1213. JEAN-LOUIS GOURAUD
Le Pérégrin émerveillé

1214. OLIVIER ASSOULY
Les Nourritures divines

1215. YÔKO OGAWA
La Mer

1216. KHALIL GIBRAN
Les Ailes brisées

1217. YU HUA
La Chine en dix mots

1218. IMRE KERTÉSZ
Dossier K.

1219. VÉRONIQUE MORTAIGNE
Cesaria Evora

1220. SHABESTARÎ
La Roseraie du Mystère

1221. JUNAYD
Enseignement spirituel

1222. CAROLE ZALBERG
Mort et vie de Lili Riviera

1223. ANNA ENQUIST
Contrepoint

1224. AKIRA YOSHIMURA
Un spécimen transparent

1225. JUSTIN CARTWRIGHT
La Promesse du bonheur

1226. AREZKI MELLAL
Maintenant, ils peuvent venir

1227. JEAN CLAUDE AMEISEN
Sur les épaules de Darwin

1228. JOSEPH E. STIGLITZ
Le Prix de l'inégalité

1229. MARIE GROSMAN ET ROGER LENGLET
Menace sur nos neurones

1230. FRANCIS HALLÉ
La Condition tropicale

1231. DAVID VAN REYBROUCK
Contre les élections

1232. HÉLÈNE FRAPPAT
Inverno

1233. HÉLÈNE GAUDY
Si rien ne bouge

1234. RÉGINE DETAMBEL
Opéra sérieux

1235. ÉRIC VUILLARD
La Bataille d'Occident

1236. ANNE DELAFLOTTE MEHDEVI
Fugue

1237. ALEX CAPUS
Léon et Louise

1238. CLAUDIA PIÑEIRO
Les Veuves du jeudi

1239. MIEKO KAWAKAMI
Seins et Œufs

1240. HENRY BAUCHAU
L'Enfant rieur

1241. CLAUDE PUJADE-RENAUD
Dans l'ombre de la lumière

1242. LYNDA RUTLEDGE
Le Dernier Vide-Grenier de Faith Bass Darling

1243. FABIENNE JUHEL
La Verticale de la lune

1244. W. G. SEBALD
De la destruction

1245. HENRI, JEAN-LOUIS ET PASCAL PUJOL
Question(s) cancer

1246. JOËL POMMERAT
Le Petit Chaperon rouge

1247. JÉRÔME FERRARI
Où j'ai laissé mon âme

1248. LOLA LAFON
Nous sommes les oiseaux de la tempête

qui s'annonce

1249. JEANNE BENAMEUR
Profanes

1250. PATRICK DEWITT
Les Frères Sisters

1251. ALAN DUFF
Un père pour mes rêves

1252. JAN GUILLOU
Les Ingénieurs du bout du monde

1253. METIN ARDITI
Prince d'orchestre

1254. DON DELILLO
Great Jones Street

1255. ROOPA FAROOKI
Le Choix de Goldie

1256. MARIA ERNESTAM
Toujours avec toi

1257. JEAN-YVES LOUDE
Lisbonne, dans la ville noire

1258. PRALINE GAY-PARA
Contes très merveilleux

1259. MATHIAS ÉNARD
Rue des Voleurs

1260. LAURENT GAUDÉ
Pour seul cortège

1261. WAJDI MOUAWAD
Anima

1262. ÉRIC VUILLARD
Congo

1263. CÉLINE CURIOL
L'Ardeur des pierres

1264. ANNE PERCIN
Le Premier Été

1265. LAURENCE VILAINE
Le silence ne sera qu'un souvenir

1266. CÉCILE LADJALI
Louis et la Jeune Fille

1267. PHILIPPE DE LA GENARDIÈRE
Le Roman de la communauté

1268. YÔKO OGAWA
Les Tendres Plaintes

1269. HANAN EL-CHEIKH
Toute une histoire

1270. HERBJØRG WASSMO
Un verre de lait, s'il vous plaît

1271. JAUME CABRÉ
L'Ombre de l'eunuque

1272. JEAN-CLAUDE GRUMBERG
45 ça va

1273. ANDRÉ BRINK
Mes bifurcations

1274. PAUL AUSTER
Chronique d'hiver

1275. JÉRÔME FERRARI
Variétés de la mort

1276. ALICE FERNEY
Cherchez la femme

1277. CLAUDIE GALLAY
Une part de ciel

1278. FLEMMING JENSEN
Le Blues du braqueur de banque

1279. DAVID VAN REYBROUCK
Congo. Une histoire

1280. ANNE MARTIN-FUGIER
Galeristes

1281. ANTON TCHEKHOV
Platonov

1282. AHMED KALOUAZ
À l'ombre du jasmin

1283. HUGH HOWEY
Silo

1284. NAGUIB MAHFOUZ
Karnak Café

1285. INTERNATIONALE DE L'IMAGINAIRE N° 29
Alerte : patrimoine immatériel en danger

1286. AKI SHIMAZAKI
Tonbo

1287. LAURENT GAUDÉ
Onysos le furieux

1288. RAPHAËLLE RIOL
Amazones

1289. ANTOINE PIAZZA
Un voyage au Japon

1290. RUSSELL BANKS
La Relation de mon emprisonnement

1291. KAMEL DAOUD
La Préface du nègre

1292. MARC BIANCARELLI
Murtoriu

1293. FERNANDO MARÍAS
Je vais mourir cette nuit

1294. TOMAS ESPEDAL
Marcher

1295. SIRI HUSTVEDT
Vivre, penser, regarder

1296. MARILYNNE ROBINSON
Gilead

1297. MICHEL TREMBLAY
La Traversée du continent

1298. CAROLINE DE MULDER
Ego tango

1299. KAOUTAR HARCHI
L'Ampleur du saccage

1300. VALENTINE GOBY
Kinderzimmer

1301. CAROLE ZALBERG
Chez eux

1302. CATHERINE O'FLYNN
Ce qui était perdu

1303. BILL CLEGG
Portrait d'un fumeur de crack en jeune homme

1304. JEAN-PAUL FITOUSSI
Le Théorème du lampadaire

1305. LES ÉCONOMISTES ATTERRÉS
Changer l'Europe !

1306. MARIE-SABINE ROGER
Bon rétablissement

1307. PIERRE LOTI
Les Désenchantées

1308. ALAIN QUELLA-VILLÉGER
Évadées du harem

1309. CLAUDIA PIÑEIRO
Bétibou

1310. JESPER MALMOSE
Borgen

OUVRAGE RÉALISÉ
PAR L'ATELIER GRAPHIQUE ACTES SUD.
ACHEVÉ D'IMPRIMER
EN MARS 2015
PAR NORMANDIE ROTO IMPRESSION S.A.S
61250 LONRAI
POUR LE COMPTE
DES ÉDITIONS ACTES SUD
LE MÉJAN
PLACE NINA-BERBEROVA
13200 ARLES.

DÉPÔT LÉGAL
1re ÉDITION : AVRIL 2015
N° impr. :1501191
(Imprimé en France)